U0165512

凝煉知識品味閱讀

營建工程法律實務QA（一）

林更盛、黃正光 著

Case Studies on Construction Contract (I)

五南圖書出版公司 印行

序

在時間的縱軸，舉凡皇宮殿堂、貴族富賈的豪門宅第、反映當代文化、宗教或藝術背景之建築、遷徙貿易交通之空海港口設施、突顯國強富庶的指標性建築物……等，均能透過該營造工程或建築改良物，訴說著當時之社會背景、經濟、歷史、文化。且該等營造工程或建築改良物，亦多數為現今世人所稱頌。

然而，舉凡上述具其各種意義的營造工程與建築改良物，大多皆均係藉由定作人與承攬人之營建工程承攬行為所完成。如吾人所知，營建工程承攬金額之鉅、社會成本之高、牽涉經濟層面之廣、影響大眾利益之深，自古至今皆無所例外，亦多有跡可循。也因此，有關營造建築工程承攬之程序正義與契約締結、內容、履行及效果的完整，誠信、平等、安全、穩定、互助等諸多因素，皆不可或缺。

時下之情，在我國內營造建築工程承攬實務中，不論其該次之工程承攬規模如何，吾人於交易上一般所為常見者，在契約締結前程序及契約之締結與履行，常因當事人之地位落差及利害對立，造成當事人間信賴基礎之鬆動。而於客觀上，程序與契約內容充斥著不利益契約一方當事人之條款內容約定者，亦屢見不鮮，甚至已然成為營造建築工程承攬實務中之契約生態或習慣。

有鑑於此，本書以我國現行工程法律及相關規定、學說及司法實務等，及余多年國內及中國大陸之實務經驗，透過 Q&A 之方式，提供營造建築工程承攬實務當事人，對於營建工程承攬招投標程序、契約之締結與履行等，常見問題的分析、說明與建議。並期藉此讓工程承攬實務當事人，與對工程法律及工程承攬有興趣的讀者，能對於營建工程承攬實務之問題，及工程法律的相關規定與運用等，有更多的認識。

關於本書，在家人的支持與期待中著作，期間更感謝我碩士論文的指導老師——林更盛教授，百忙撥冗，給予不斷地指導、修正、建議與幫助，始能完成本書。對於這一切，由衷珍惜。僅將此書獻給尊敬的父親黃清華先生、親愛的媽媽黃蔡如香女士、妹妹佳文、馥茗，以及恩師——林更盛教授。

黃正光

2021.春.東海

代序

以誠信原則建立公平合理的建築工程承攬契約

林更盛

法律規範可認為主要是由規則（rule）以及原則（principle）所構成。誠信原則（民法第 184 條第 2 項）乃法律原則中最重要的，學者有稱之為帝王條款[1]。特別是在英文法律用語當中，公平交易常與誠信並列，且為多數法制所共同承認者[2]。例如：

◇1980 年的「聯合國國際商品買賣公約」（CISG）第 7 條第 1 項即規定「本公約之解釋，應當考慮到其所具有之國際特性、促進其適用上的一致性的需求，以及遵守國際貿易上的誠信」。國際統一私法協會（International Institute for the Unification of Private Law, UNIDROIT）所提出的 2016 年版的「國際商事契約通則」（Principles of International Commercial Contracts）中的第 1.7 條（第 1 項：任何國際貿易的當事人之行為皆應符合誠信與公平交易，good faith and fair dealing。第 2 項：當事人不得限制或排除前項所定之義務），該條官方版註釋的第 1 點標題[3]即明示：「誠信與公平交易」作為一個重要的理念，是本國際商事契約通則之基礎（“Good faith and fair dealing” as a fundamental idea underlying the Principles），其他如第 1.8 條、第 4.8 條、第 5.1.2 條、第 5.3.4 條亦多次提及「誠信與公平交易」[4]。

1　王澤鑑老師，誠信原則僅適用於債之關係？收錄於王澤鑑老師，民法學說與判例研究（一），2002 年，第 329 頁以下、第 330 頁。

2　另參陳聰富，誠信原則的理論與實踐；收錄於陳聰富，契約自由與誠信原則，2015 年，元照，第 103 頁以下。

3　https://www.unidroit.org/instruments/commercial-contracts/unidroit-principles-2016（本文網路資料造訪時間皆爲 2021.05.08，以下不再另爲註記）。

4　Vgl. MüKoBGB/Schubert, 8. Aufl. 2019, BGB § 242 Rn. 148.

◇2002 年的「歐洲契約法原則」第 1-3 部分（Principles of European Contract Law 2002, Parts I, II, and III），其第 1：201 條即規定：「（第 1 項）當事人之任一方的行為必須合乎誠信與公平交易」；其第 1：102 條第 1 項規定：當事人得自由決定締結契約，並決定其內容，惟須受誠信與公平交易之要求的限制。第 6：102 條規定：契約內容除當事人明確約定者外，得包括從誠信與公平交易所產生的默示條款（implied terms）。另 2009 年版的「共同參考架構草案」（全名為：原則，定義與歐洲私法模範規定，共同參考架構草案；Principles, Definitions and Model Rules of European Private Law, Draft Common Frame of Reference, DCFR）第三編（Book）第一章第 1：103 條（誠信與公平交易）規定：「（第 1 項）於履行債務、請求履約之權、請求債務不履行之救濟或抗辯、終止債務或契約關係時，每一個人皆有義務遵守誠信與公平交易。（第 2 項）本義務不得以契約或其他法律行為加以限制或排除。（第 3 項）本義務之違反不當然產生債務不履行的救濟的效果，但得排除違反者原本可能信賴或主張的權利、救濟或抗辯。」針對商業交易，「共同參考架構草案」第二編第九章（商業契約的不公平的定義）第 II-9：405 條規定「商業契約的條款，僅當這是當事人一方所提出定型化約款的一部分，而且其使用重大偏離了善良的商業習慣，以及違反誠信和公平交易，方才構成本節所規定的不公平。」另 2011 年「歐洲通用買賣法建議書」（Proposal for a Regulation of the European Parliament and of the Council on a Common European Sales Law of 11 October 2011）第 86 條規定：「企業經營者之間契約，非有下列情事者，不構成本章所稱之不公平，（a）構成本法第 7 條所稱之非個別協商條款的一部分，且（b）使用該約款在性質上將重大偏離了善良的商業習慣、違反誠信和公平交易。」（it is of such a nature that its use grossly deviates from good commercial practice, contrary to good faith and fair dealing.）[5]

---

5 https://eur-lex.europa.eu/legal-content/EN/TXT/PDF/?uri=CELEX:52011PC0635&from=EN.

◇針對建築工程承攬契約，幾個國際上通用的模範契約也明定了當事人間之誠信與公平交易。例如英國土木工程師學會（Institution of Civil Engineers, ICE）在 2005 第三版的「新工程合約」（New Engineering Contract, NEC 3）第 10.1 條明定：「定作人、承攬人、專案經理與監造人之行為，應遵守契約之約定以及互信與合作之精神。」（The Employer, the Contractor, the Project Manager, and the Supervisor shall act as stated in this contract and in a spirit of mutual trust and cooperation.）在 2017 年第四版的「新工程合約」（NEC 4）則是將上述規定一分為二，第 10.1 條規定：「當事人、專案經理與監造人應遵守契約之約定。」（The Parties, the Project Manager and the Supervisor shall act as stated in this contract.）第 10.2 條規定：「當事人、專案經理與監造人之行為應符合互信與合作之精神。」[6]國際顧問工程師協會（Fédération Internationale Des Ingénieurs-Conseils, FIDIC）所公布的國際工程合約範本對此雖未設一般的規定，但 2019 年公布的黃金準則（The FIDIC Golden Principles）[7]則針對「作為其所提出的準則的基礎的一般考量」（3. GENERAL CONSIDERATIONS UNDERLYING THE GPS）作如下的說明：「當事人之任一方不得藉其締約實力獲取不當利益……在可能的前提下，應增進當事人間的合作與信賴，對立的態度不應被鼓勵，而是應當被避免。」（No Party shall take undue advantage of its bargaining power……To the extent possible, co-operation and trust between the contracting Parties is promoted, and adversarial attitudes are discouraged and should be avoided.）

◇就台灣所繼受的德國法，德國民法第 242 條規定債務人有義務依誠信以及考慮到交易習慣，提出其給付。針對定型化約款——包括針對建築承攬契約常用的 VOB/B[8]定型化約款——的管制，在通過「一般交易條款管制法」

---

6 Vgl. Hök: Internationale Vertragsstandards im Vergleich – Gegenüberstellung von FIDIC, ENAA und NEC4, ZfBR 2021, 3.

7 https://fidic.org/sites/default/files/_golden_principles_1_123.pdf.

8 此係由定作人方與承攬人方共同組成之「德國建築工程招標與契約協會」（Deutschen

（AGBG）之前，1974 年於漢堡舉行的德國法學家第 50 次年會即決議對於商業契約之間的一般交易條款亦應一併加以管控。相對地，之後 2012 年在慕尼黑舉行的第 69 次德國法學家年會，雖然建議仍為相當的鬆綁。但 2013 年 4 月，32 個工業協進會共同發表聲明，贊成維持現有將定型化約款的契約控制援用到商業之間的交易[9]。現狀是德國民法第 310 條對於商業契約定型化約款——相較於在消費關係之較高的審查與管制密度——仍予以管制，但持相對較寬鬆的標準。

◇就美國法而言，1981 年的美國契約法整編第二版（Restatement (Second) of Contracts, 1981）第 205 條規定「每一個契約都課予當事人之任一方於履約及執行時，負有誠信以及公平交易之義務」。另依 2003 年修訂的美國統一商法典（Uniform Commercial Code, UCC）第 1-201 條第 20 項之定義，除第 5 條另有規定外，誠信指的是「實際上是誠實的，並遵守根據合理的商業標準所應有的公平交易」。依同法第 2-302 條第 1 項之規定，若法院認為一契約或其約款於約定時是顯失公平的（unconscionable），法院得拒絕執行；亦得僅就除去該顯失公平的其他部分為執行；或得限制任何顯失公平條款之適用以避免顯失公平的結果。近來引起重視的是 2014 年的 Metcalf Constr. Co., Inc. v. United States 案[10]，就聯邦公部門的建築承攬契約，法院明確承認定應適用誠信與公平協商原則；依此原則，當事人負有義務不干擾他方當事人義務之履行，並且不使他方當事人對於履約成果的合理期待歸於落空。另此原則對於私人間的建築承攬契約亦有適用[11]。

◇其他普通法系（common law）的國家之法律狀態亦有與此相似者。例如澳

Vergabe- und Vertragsausschuss für Bauleistungen, DVA）所制定之「關於建築工程的招標與契約規範」（Vergabe- und Vertragsordnung für Bauleistungen, VOB）的 B 部分：「建築工程履約的一般契約條款」（Teil B: Allgemeine Vertragsbedingungen für die Ausführung von Bauleistunge）。此條款爲公部門所必須遵循，私人契約亦多援用。

9 Armbrüster: AGB-Kontrolle im unternehmerischen Geschäftsverkehr, NZA-Beilage 2019, 44, 46 f.

10 742 F.3d 984 (Fed. Cir. 2014).

11 William E. Dorris, Reginald A. Williamson, Revisiting the Duty of Good Faith and Fair Dealing in Construction Contracts, 37-SPG CONSLAW 18, at 21 f.

洲，在 2014 年的 Insurance Commission of Western Australia v. Antony Leslie John Woodings as Liquidator of The Bell Group Ltd.（in liq）案[12]，審理法院即表示：「對於全部的商業契約是否都蘊含著誠信原則，雖有爭論。但誠如當事人 ICWA 所指出的，許多法院都願意在下列契約類型時，承認有這樣的義務：在如合作投資契約、合夥契約時，當事人之間必須有高度的合作，而且所有的當事人都必須倚賴對方在工作上的誠信，方能達成共同的目標」（in contracts for joint ventures or partnerships where there is a need for a high degree of cooperation and reliance by all the parties on the good faith of each other party, particularly in the context of their working together to achieve a common objective）。後續審理本件的西澳最高法院上訴庭（the Supreme Court of Western Australia）[13]一方面表示：承認本件當事人間有合作義務是沒有爭議的（The duty to co-operate is not controversial）（at [92]），另一方面則認為上述義務應受到必要性標準（the criterion of necessity）以及必須與契約所企圖實現者有所相關（must relate to bringing about something which the contract requires to happen.）之限制（at [113]）。對於前述義務，維多利亞最高法院（Supreme Court of Victoria）上訴庭於 2020 年 8 月 7 日的 Adaz Nominees Pty Ltd v. Castleway Pty Ltd. 案[14]中表示：系爭義務要求給予他方當事人締約所企圖實現之利益，而非普遍地必須為了他方當事人之最佳利益而有所作為（The relevant duty “is a duty to afford the other party the benefit of what he has contracted for; not a duty to act generally in the other party’s best interests”）（at [118]）。本件當事人互負義務：採取所有必要的行動，以令他方獲得系爭契約所生之利益，並且不得阻止或防免契約明定之目的的完整實現（at [139]）。

另加拿大最高法院於 2014 年 11 月 13 日在 Bhasin v. Hrynew 案[15]明確表

---

12 [2017] WASC 122 at [57] , https://jade.io/article/528505.

13 Bell Group NV (in liq) v Insurance Commissioner of Western Australia [2017] WASCA 229, [113].

14 [2020] VSCA 201 https://jade.io/article/758794/citation/370892060.

15 [2014] 3 SCR 494 at [63], https://scc-csc.lexum.com/scc-csc/scc-csc/en/item/14438/index.do.

示：「首先應當承認的是：針對所有的契約有一個結構性的誠信原則，它是許多具體的有關契約履行的原則的基礎，並彰顯於其中。簡要地說，此一結構性原則要求當事人普遍地必須誠實地、合理地履行其契約義務，不得違反期待或恣意為之。」（The first step is to recognize that there is an organizing principle of good faith that underlies and manifests itself in various more specific doctrines governing contractual performance. That organizing principle is simply that parties generally must perform their contractual duties honestly and reasonably and not capriciously or arbitrarily.）

◇英國法過往並不承認有一個可以對所有契約普遍適用的誠信原則[16]。例如在 1987 年 11 月 12 日 Interfoto Picture Library Ltd. v. Stiletto Visual Programmes Ltd.[17]案，審理法院表示：在許多甚或絕大多數普通法以外的大陸法系中，其債法承認並執行一個重要的原則：在締結與履約時，當事人須依誠信為之……但英國法的特徵在於並不接受此一原則，而是針對所顯示的不公平的問題，就個案發展出不同的解決之道。1992 年 1 月 23 日的 Walford v. Miles 案[18]，英國上議院法院也表示：認為締約人應遵守誠信，以至於應繼續協商，這是和當事人在協商當中是處於利益對立地位是本質上相牴觸的。但是這在 2013 年 2 月 1 日的 Yam Seng Pte Ltd. v. International Trade Corp Ltd. 案[19]似乎有了重大改變。本件審理法官 Leggatt 表示：英國法不承認一個廣泛的誠信原則，與歐盟的立法趨勢是背道而馳的；因為在轉換歐盟指令到內國法時，經常要求必須遵守誠信原則，而如美國法或其他普通法系的國家如加拿大、澳洲、紐西蘭，都（傾向於）承認有誠信原則之適用。由於本件所涉及的是長期契約、當事人對此曾為重大實質的承諾（即所謂的「關係性契約」），因此應承認有誠信原則的適用。法院認為：「無論如何，依循英國法上向來對契約解釋的方法，將一般的商務契約的條款，

16 陳聰富，同註 2，頁 125 以下。
17 [1989] Q.B. 433; 439.
18 [1992] 2 A.C. 128; 138.
19 [2013] EWHC 111 (QB).

基於當事人可推知之意圖，解釋為包含了遵守誠信的義務，對我而言並無困難。」(at [131])「許多契約實際上涉及了當事人間的長期關係，對此作出了實質重大的承諾（a longer term relationship between the parties which they make a substantial commitment.）。這種有時被稱為『關係性』契約（"relational" contracts）可能基於互信與依賴，要求高度的溝通、合作、可預期的履約，以及涉及合乎忠誠的期待；雖然這並未明訂於契約條款，但卻隱含於當事人的理解，為該契約安排能發揮其商業效力所必要（are implicit in the parties' understanding and necessary to give business efficacy to the arrangements）。『關係性』契約的可能的例子是合作投資協議、加盟契約、長期銷售契約。」(at [142])。

至於工程承攬契約屬於前述所稱的「關係性契約」，在英國法上當無爭議。於 2014 年 2 月 13 日 Northern Ireland Housing Executive v. Healthy Building (Ireland) Ltd. 案[20]，審理法院認為在解釋當事人間的約定，必須在當時的 NEC 3 職業服務契約的第 10.1 條所規定「符合相互信賴與合作之精神之行為」(act in a spirit of mutual trust and cooperation）的脈絡下加以理解。後續在 2017 年 Northern Ireland Housing Executive v. Healthy Buildings (Ireland) Limited[21]，法院認為該工程顧問拒絕提出他作為請求增加顧問費用的基礎：實際的工作時間、工作項目等相關表單，是完全牴觸了相互信賴與合作的精神。另於 2017 年 2 月 28 日的 Costain Ltd v. Tarmac Holdings Ltd. 案[22]，審理法院援引了 Keating 對於 NEC 3 有關誠信原則的說明，認為這包括了禁止不當地剝削他方當事人之利益；而當事人約定的互信條款，無非就是將所有建築契約都已經蘊含的原則加以明文化而已。

基於上述比較法的觀點與國際建築工程模範契約，當建築工程承攬契約，特別是在涉及相對長期，工作物能否順利完成涉及繁多且不確定的因素——尤其是工作物之完成（承攬人之主給付義務）受到定作人指示（及其變

20 [2014] NICA 27 at [29].
21 [2017] NIQB 43 at [43].
22 [2017] EWHC 319 (TCC) at [123].

更）、增／減項的影響（當然這也同時影響了定作人的主給付義務：報酬）」——，以至於建築工程承攬契約能否順利完成，相當程度有賴當事人間的充分合作，吾人可認為這屬於前述英國法上的「關係性契約」，或類似於我國學說所稱的繼續性債之關係，故基於民法第 148 條之規定，要求當事人必須負較高的誠信義務，其行為須符合公平交易之精神，因而當事人彼此間應當盡最大的善意，以促使順利履約，這應當是合理的。

至於如何依據個別契約情事，將上述義務予以具體化，發揮其補充、調整與控制契約之功能[23]？有待深入探討；但這已超過本書範圍。以下僅提出幾個思考方向，或可供進一步思考的基礎：

◇誠信原則與公平交易，在性質上既屬法律原則，如何適用於個案，有待價值判斷補充；在此，善良的交易習慣毋寧扮演著重要的角色，因此像 FIDIC、NEC 或是 VOB/B 這種廣泛被使用的模範契約，即具有相當的參考價值。

◇在法規的適用上：若已有較誠信原則更為具體的規定，原則上即應優先適用之。如定型化約款之優先適用民法第 247 條之 1。又如針對（沒收）相關保證金、其金額是否過高？於其具有（類似）違約金性質時，應（類推）適用民法第 252 條。

◇若有妥當的法律理論，亦應優先使用，並藉以維持法律價值判斷的一致性。例如投標、決標，以及後續磋商契約具體／全部內容的程序，似可分別理解為：訂立預約之要約、獲得締約預約之優先權，以及締結預約之後雙方之協商本約之努力。

◇契約若有相關條款（如有關因物價調整而增減報酬之約定），固應優先適用。但這得否、或在何種程度內可以排除如民法第 227 條之 2 之情事變更原則，或民法第 148 條第 2 項之誠信原則的適用，則為另一問題。又例如施工地質（於締約時既已存在之狀態）與當事人擁有之資訊／合理預期有相當出入者，將該風險一概歸由一方承擔，似與情事變更原則之精神，甚

23　王澤鑑老師，民法總則，2017 年，頁 625。

或民法第 148 條第 2 項之誠信原則恐不相符。

◇又建築工程承攬契約本身，及其各項約款各有其企圖實現之合理的商業目的，因此雙方權利義務是否不對等以至於顯失公平（民法第 247 條之 1），自得據此加以判斷。這也可能同時意味著：締約過程中所面臨的風險（招標程序上義務的違反或瑕疵，如文件不齊、重複投標與圍標，所涉風險／當事人間利害關係容有差異），和締約後履約的風險也不相同；履約期間、工程進行中（已完成部分工作）和工作物完成後或交付後（瑕疵擔保）的風險亦不盡相同。因此，上述不同期間中承攬人所擔保數額應否相同？可否無限制地轉換？誠有疑義。

目　錄

招標、領標行為

A 市政府辦理市政辦公大樓新建工程承攬招標，該次市政辦公大樓新建工程承攬招標採通常合理標為決標條件。今甲營造公司有意承攬該市政府辦公大樓新建工程，並令公司投標專員 Y 為該次投標業務之指定辦理人員，業經正常程序，該次工程承攬招標之確定得標人為甲營造公司，嗣後於締結該市政辦公大樓新建工程承攬契約時，雙方因投標文書內容以外之條款內容發生歧見，且幾經磋商仍為未果，導致該市政辦公大樓新建工程承攬契約無法如期締結。最終，A 市政府以甲營造公司未履行締結該市政辦公大樓新建工程承攬契約義務，進而沒收甲營造公司於投標時所繳納押標金之全部數額。

Q1. 招標行為之法律性質

A 市政府辦理市政辦公大樓新建工程承攬招標，則該次市政辦公大樓新建工程承攬招標之法律性質為何？

A1 解題說明

首先，關於契約自由，國內學者有謂：「契約自由原則使市民社會的成員，……可以自主地決定其法律關係；……在當事人締約實力對等的情形下（這也是傳統民法的基本出發點），契約自由原則通常也可以保障契約內容至少在當事人間同時具有的實質妥當性。」[1]可知在當事人契約地位平等、締約實力對等及信守承諾之前提下，契約自由可謂社會進步的諸多重要因素之一。然有關契約成立之諸多要件，其中亦包含當事人之要約引誘、要約及承諾等行為。觀諸國內學說，有關於要約引誘、要約與承諾之論述，通常大致如下：

1. 要約引誘

「要約引誘，即指喚起相對人向自己為要約之意思通知，目的僅在引起相對人向自己要約而已。」「要約引誘本身不生法律上之效果」[2]，「要約之引誘乃表示意思，使他人向自己為要約。是為契約的準備行為，並不發生法律上效果，亦即無結約意思，其性質為意思通知。」[3]「要約引誘係為一種意思通知，其目的是相對人向自己為要約，必須自己承諾後，才可成立契約，其並非為要約。換言之，表意人欲對他方當事人所為之表示，保留是否為承諾之決定權限。」[4]

2. 要約

「要約係指以訂立契約為目的之意思表示，其內容須確定或可得確定，因相對人之承諾而使契約成立。」[5]「所謂要約，係指要約人以締結契約為目的而使相對人對之為承諾之意思表示，其要件如下：(1)要約須由特定人為之；(2)要約須向相對人為之；(3)要約內容須足以確定必要之點而締結契約；(4)要約須有法效意思。」[6]

---

1 林更盛，論契約控制—從 Rawls 的正義論到離職後競業禁止約款的控制，自版，2009 年 3 月，第 2 頁。

2 王澤鑑，債法原理，三民書局，2012 年 3 月，增訂三版，第 174 頁。

3 孫森焱，民法債編總論上冊，自版，2012 年 2 月，修訂版，第 51 頁。

4 姚志明，契約法總論，自版，2011 年 9 月，初版一刷，第 67 頁。

5 陳自強，契約之成立與生效，元照出版，2014 年 2 月，三版一刷，第 72 頁。

6 林誠二，債法總論新解，體系化解說（上），瑞興書局，2010 年 9 月，初版，第 137 頁。

3. 承諾

「承諾者，係指要約的受領人，向要約人表示其欲使契約成立之意思表示。」[7]「所謂承諾，係指受領要約之相對人以與要約人訂立契約為目的所為同意之意思表示。」[8]「承諾乃答覆要約之同意的意思表示也。……承諾須具備左列要件，始能有效成立：(1)須由受領要約之人向要約人為之；(2)須於要約有效期間內為之；(3)須與要約之內容一致。」[9]

今如以前述國內學者關於要約引誘、要約及承諾之看法與觀點，作為工程承攬招標程序之招標、投標與決標等三個階段行為，其各自於法律上定性分辨之依據者。則於一般營造建築工程承攬之招標程序言，定作人或招標辦理人之招標行為，應可認為係要約引誘之行為，此從招標人對於相對人之當事人資格的重視[10]，亦可得知。

本文以為，僅招標公告行為可視為要約引誘性質。而招標人之投標須知、施工規範、藍晒圖說、投標文件及相關表單提供（提出）的法律性質，則應認係招標人之定作要約性質。蓋於工程承攬契約，其成立之前置程序及所需之相關行為，通常繁瑣且多樣。是須將各個程序的每一行為，做一精準合宜的法律性質認定，始能符合要約及承諾之性質，與其拘束力之解釋。且對於目前實務紛爭之解決，亦能有所助益。

亦即，A 市政府該次市政辦公大樓新建工程承攬招標行為，屬於要約引誘之法律性質，而要約引誘本身不生法律上之效果。此與甲營造公司之投標專員 Y，於閒暇時在網路上購物商場觀看各種商品情形一樣。在投標專員 Y 尚未對該商品為購買確認前，該網路上購物商場所展示之各個商品種類、價格標示與相關訊息說明，僅是期待投標專員 Y 購買的要約引

7 王澤鑑，債法原理，三民書局，2012 年 3 月，增訂三版，第 195 頁。

8 林誠二，債法總論新解，體系化解說（上），瑞興書局，2010 年 9 月，初版，第 164 頁。

9 鄭玉波著、陳榮隆修訂，民法債編總論，三民書局，2010 年 3 月，修訂二版七刷，第 62 頁。

10 姚志明，契約法總論，自版，2011 年 9 月，初版一刷，第 71 頁。林誠二，債法總論新解，體系化解說（上），瑞興書局，2010 年 9 月，初版，第 142 頁。王澤鑑，債法原理，三民書局，2012 年 3 月，增訂三版，第 175 頁。

誘行為。易言之，投標專員 Y 對該商品為購買確認之行為，始為購買要約。而此一商品購買要約內容，即為該商品出賣人為承諾之標的。

關於招標、審標、決標等爭議之救濟程序之適用，司法實務有認為：

➲「公立學校及公營事業之員工，如依『政府採購法』之規定承辦、監辦採購之行為，其採購內容，縱僅涉及私權或私經濟行為之事項，惟因公權力介入甚深，仍宜解為有關公權力之公共事務。其所謂『公共事務』，係指『公權力事務』，其具體及形式化之表徵，就是行政程序法第 92 條所規定之『行政處分』。……進一步言之，政府機關依『政府採購法』規定進行採購之行為，究為政府機關執行公權力之行為，抑為立於私法地位所為之私經濟行為，未可一概而論。依該法第 74 條、第 75 條、第 76 條、第 83 條、第 85 條之 1 至 4 規定，**僅於政府機關採招標、審標、決標等訂約前之作為，得以異議、申訴程序救濟，申訴審議判斷視同訴願決定。訂約後之履約、驗收等爭議，則以調解或仲裁程序解決。則關於招標、審標、決標爭議之審議判斷既視同訴願決定，自應認政府機關之招標、審標、決標行為始為執行公權力之行為，**亦即就公法上具體事件所為之決定或其他公權力措施而對外直接發生法律效果之單方行政行為，始屬行政處分，而許其依行政訴訟法規定救濟。」[11]

➲「政府採購法第 74 條規定：『廠商與機關間關於招標、審標、決標之爭議，得依本章規定提出異議及申訴。』採購申訴審議委員會對申訴所作之審議判斷，依同法第 83 條規定，視同訴願決定。準此，立法者已就政府採購法中廠商與機關間關於招標、審標、決標之爭議，規定屬於公法上爭議，其訴訟事件自應由行政法院審判。採購申訴審議委員會對申訴所作之審議判斷，依同法第 83 條規定，視同訴願決定。準此，**立法者已就政府採購法中廠商與機關間關於招標、審標、決標之爭議，規定屬於公法上爭議，其訴訟事件自應由行政法院審判。**……廠商對不予發還押標金行為如有爭議，即為關於決標之爭議，屬公法上爭議。廠商雖

11　最高法院 102 年度台上字第 1448 號刑事判決。

僅對機關不予發還押標金行為不服，而未對取消其次低標之決標保留權行為不服，惟此乃廠商對機關所作數不利於己之行為一部不服，並不影響該不予發還押標金行為之爭議，為關於決標之爭議之判斷。因此，廠商不服機關不予發還押標金行為，經異議及申訴程序後，提起行政訴訟，行政法院自有審判權。至本院 93 年 2 月份庭長法官聯席會議決議之法律問題，係關於採購契約履約問題而不予發還押標金所生之爭議，屬私權爭執，非公法上爭議，行政法院自無審判權，與本件係廠商與機關間關於決標之爭議，屬公法上爭議有間，附此敘明。」[12]

由前述司法實務關於招標、審標、決標等爭議之見解，可知於定作人為行政機關或公法人時，有關該定作人之招標、審標、決標等爭議行為，認係公法上爭議，當事人得以異議、申訴程序及行政爭訟救濟，該管行政法院有其審判權。亦即，於系爭工程承攬契約締結前，關於程序上爭議，當事人應以異議、申訴程序及行政爭訟等，為其救濟途徑。然在該工程承攬契約締結後之契約上爭議，則屬於私法上爭議，該管普通法院有其審判權。

除前述司法實務關於招標、審標、決標等爭議之相關見解外，國內學者另有謂：「目前行政法院實務原則上採修正的二元模型，以決標與否作為區分政府採購行為之前階段公法行為和後階段私法契約行為。原則上，決標同時具有行政處分和要約之承諾的雙重性質。因此，依政府採購法訂立契約後，因履約問題所生之爭議，因屬私權糾紛而非公法爭議，行政法院無審判權，……」[13]

依前述學者之論述，可知於定作人為行政機關或公法人時，如以經招標程序作為工程承攬契約締結要件之情形，該契約締結前之完整招標程序應屬於公法行為。亦即，於招標程序完結前，如發生程序當事人對於程序有任何爭執之情形者，則該程序當事人應依行政爭訟程序為救濟管道。

---

12 最高行政法院 97 年 5 月份第 1 次庭長法官聯席會議（二）。

13 陳英鈴，追繳押標金之救濟途徑，月旦法學教室，元照出版，2009 年 4 月，第 78 期，第 16-17 頁。

除前述情形外，如定作人為行政機關或公法人以外之私法人或自然人，若該工程承攬契約締結係以經招標程序作為要件之情形，則該契約締結前之完整招標程序屬於私法行為。亦即，於招標程序完結前，如發生程序當事人對於程序有任何爭執之情形者，則該程序當事人應依約定或依法律規定，循私法救濟程序向有管轄權之法院為主張。

Q2. 領標行為之法律性質

今甲營造公司有意承攬該市政府辦公大樓新建工程，並令公司投標專員 Y 為該次投標業務之指定辦理人員，則該投標專員 Y 之市政府辦公大樓新建工程招標的領標行為法律性質為何？

A2 解題說明

按一般營造建築工程承攬招標之通常習慣，於投標前，投標人均須按招標公告所明示之規定，於一定期間內依規定之方式為領取該次招標之投標文件及藍晒圖說等相關文件，並繳納領標費用。因此，投標專員 Y 隨後進入 A 市政府之辦理招標單位，繳納領標費用及請領相關投標文件，完成領標手續。而前述之領標費用，通常為該次招標承攬標的之藍晒圖（圖說）費用的繳納。於日後未得標時，領標人得將該次工程招標承攬標的之藍晒圖返還予招標人，而招標人則將領標人於領標時所繳納之圖說費用，無息返還予領標人。惟近來招標實務之習慣，則大多數已經採不返還圖說費用。

據此，投標專員此一領標行為，應為締約前之要約行為的準備行為，而該領標時所繳納之圖說部分費用，應可解釋為附條件之藍晒圖說買回行為[14]。按我國營造建築工程承攬招標實務之作業習慣，招標辦理人通常會

14 民法第 379 條：「出賣人於買賣契約保留買回之權利者，得返還其所受領之價金，而買回其標的物。前項買回之價金，另有特約者，從其特約。原價金之利息，與買受人就標的物所得之利益，視爲互相抵銷。」

先預定一個公開閱覽期間，將該次營造建設工程承攬招標內容等為公告或公開閱覽。於此一公告或公開閱覽期間過後，再以一定期間為該次招標之領標期間，提供投標人領取該次招標之投標文件資料。於該領標期間經過後，另以一定期間為該次招標之投標期間[15]。因此，按招標程序之先為領標行為，再為投標行為，嗣後為開標、審標、決標行為，最終為該次招標之工程承攬契約締結行為之程序進行順序觀之，亦可認領標行為係契約締結前之準備行為，亦為投標行為前之準備行為，或係要約準備行為之一種。前述之領標期間通常係為較短期間，而投標期間（即有效等標期間）則須較長之期間。

Q3. 投標行為之法律性質

今甲營造公司令公司投標專員 Y 為該次投標業務之指定辦理人員，則該投標專員 Y 所為之 A 市政府辦公大樓新建工程招標的投標行為法律性質為何？

A3 解題說明

於投標人將招標文件或投標須知內容所示之參與投標所需之相關文件（例如：投標人之資料訊息、工程承攬施作期間、工程承攬報酬價金、押標金提出之證明文件……）等確定、備妥，並遞交予招標辦理人之投標行為，應屬於要約人之要約行為。

國內學者有謂：「要約者，以訂立契約為目的所為之意思表示也。……要約之目的在於訂立契約。即要約受領人對於要約為承諾，契約

15 最高法院 109 年度台上字第 34 號民事判決所涉案例：「被上訴人於 100 年 6 月 13 日公告系爭勞務採購案，辦理招標文件（含系爭契約草稿及規範書）公開閱覽，期間爲 100 年 6 月 15 日至同年月 21 日，同年 7 月 18 日公告公開投標，領標及投標期間爲同年月 20 日至同年 8 月 29 日，於同年月 30 日開標，由上訴人分別得標，兩造於同年 9 月 13 日分別簽立系爭契約，爲兩造所不爭，並有公告、規範書及系爭契約在卷可稽，堪信爲真實。」

即成立。是要約的作用即在徵求相對人的承諾，……」[16]依前述學者之論述，亦可得知投標人之投標行為，係以其投標內容即要約，徵求要約受領人即招標人（定作人）的承諾，即決標確定得標人之意思表示。

惟本文以為，前述之投標人的實際投標行為，應認係投標人之承攬要約行為。蓋該投標行為，係在投標人對於招標人之定作要約內容為承諾之基礎上，所作之定作標的內容的承攬要約（詳細請參閱 A38）。

因此，甲營造公司投標專員 Y 將招標文件或投標須知內容所示之參與投標所需相關文件（例如：投標人之資料訊息、工程承攬材料清單及報價單、工程承攬預算書、工程承攬施工計畫書、工程承攬報酬價金、押標金提出之證明文件……）等，依一定密封方式，至郵局交寄與招標辦理人之行為，屬於要約人之承攬要約行為。換句話說，即甲營造公司於等標期間內，以符合規定之一定文件資料詢問 A 市政府，是否願意以甲營造公司所提出之條件，讓甲營造公司承攬該次市政辦公大樓新建工程。

所謂投標期間（行業實務習慣亦有稱等標期間），係為契約締結前準備行為之要約人要約作成期間，應無所議。惟對於營造建築工程承攬而言，此一契約締結前準備行為之要約人要約作成期間，應給予合理之一定期間，令承攬要約人即投標人得以充分清楚定作人之招標文件內容，及該次承攬要約內容即投標文件之作成，始為公允。蓋營造建築工程承攬招標之投標文件作成，具有相當之複雜性及繁瑣性，且要約人為要約行為時起，該要約即須受到要約拘束力之拘束，為保障招標程序當事人之正當程序利益，招標辦理人應訂定一定合理之投標期間[17]，以利投標人即承攬要約人

16　孫森焱，民法債編總論上冊，自版，2012 年 2 月，修訂版，第 51 頁。

17　最高法院 104 年度台上字第 1513 號民事判決所涉案例：「其次，系爭工程自 93 年 9 月 10 日起公告領標，於同年月 20 日辦理投標，其間僅有 10 日可供被上訴人閱覽、核對施工圖說

為完整承攬要約之作成。

Q4. 二次（重複）投標之法律效果

甲營造公司之投標專員 Y 最近喜觀夜間星象，時常還來不及睡覺就已經天亮，因而誤將他案之 B 市圖書館新建工程預算書，與本件 A 市政辦公大樓新建工程招標之其他文件，一併遞交予該次 A 市政辦公大樓新建工程承攬之招標人 A 市政府。該投標專員 Y 一覺醒來發現誤遞他案之 B 市圖書館新建工程預算書，投標專員 Y 遂將本件 A 市政辦公大樓新建工程預算書另為密封，再次遞交予該 A 市政辦公大樓新建工程承攬之招標人 A 市政府。A 市政府可否主張該投標專員 Y 所二次遞交之本件市政辦公大樓新建工程預算書，為無效之投標文件內容？

A4 解題說明

目前於營造建築工程承攬之招標實務上，業內所謂二次（重複）投標之情形，大多係指參與該次招標程序之投標人，於同一承攬標的之有效等標期間內，發生二次投遞標書之行為。其通常係因該要約人即投標人，於投標文書及相關文件資料封袋遞交予招標人後，始發現該封袋內之投標相關文件資料有所遺漏，投標人於開標程序前之有效等標期間內，將該漏未遞交之相關文件資料，再次封袋遞交予招標人之情形。

關於投標人二次投遞標書之行為，最高法院所涉案例：

➲「本件工程之投標須知既明定同一廠商投遞同一工程有標封二封以上者，其所投之標無效，所繳之押標金不予退還。上訴人竟對該工程投遞

及標單；而自得標後迄於同年 10 月 18 日正式開工，亦僅有 26 日可資分析圖說、標單，較諸系爭工程自規劃時起至完成招標文件，約耗時 1 年 2 月以觀，足徵系爭工程之工項、圖說繁雜，非經相當期間投入大量人力比對查核，不能發覺契約漏項進而請求釋疑，被上訴人顯無充足時間閱覽標單及圖說，自無可歸責事由，上訴人尚不得執此作為其拒絕變更契約之正當理由。」

標封二封，被上訴人以其違反上開須知規定，認定其投標無效，不予發還兩標之押標金一百二十萬元，核無違背法律禁止規定，公序良俗或誠實信用原則之可言。」[18]

➲「被上訴人招標之『小港高松里截水溝一期工程』投標須知第 19 條第 1 項第 17 款及第 2 項所載『同一廠商投遞同一工程二封以上者，其所投之標無效；所繳之押標金不予退還』，係依照經高雄市政府第 386 次市政會議審議修正通過之『高雄市政府所屬各機關學校營繕工程投標須知』所訂，係屬依現行有效之高雄市單行法規行事，與一般附合契約不同，自無違背誠信原則及公序良俗可言。……**上訴人既違反上開須知內容，重複投標，被上訴人據以不予發還押標金，自屬有據。**上訴人重複投標，倘被上訴人疏於審核而予開啟標封，可能引起嚴重爭議。且若不予沒收押標金，易引起其他廠商效法，投標秩序將蕩然無存。**上訴人謂渠重複投標之標封未經開啟，並不足以影響投標秩序及開標結果，被上訴人即不得沒收其押標金云云，要非可採。**」[19]

由前述最高法院所涉案例之見解，可知投標人之二次投遞標書，係為無效之投標行為。且於我國內營造建築工程承攬實務之行業習慣，與目前現行法律有關押標金之規定，該投標人之二次遞交投標文書之行為，亦為押標金得為沒收之原因事項之一。故投標人二次投遞標書之行為，不但為無效之投標行為，只要該投標人為二次投標行為，即將造成該投標人所提出之押標金，須面臨被押標金受領人沒收之窘境，而無需待招標程序辦理人將該標封開啟。

如依目前國內學說上對於要約之形式拘束力與實質拘束力二者之觀點，要約生效後，於其要約存續期間內，要約人應不得將其要約擴張、限

---

18 例如最高法院 81 年度台上字第 856 號民事判決所涉個案之裁判要旨：「法律行爲無效，應負回復原狀之責任者，以於行爲當時，知其無效或可得而知之當事人爲限，此觀民法第 113 條之規定自明。本件工程之投標須知既明定同一廠商投遞同一工程有標封二封以上者，其所投之標無效，所繳之押標金不予退還。上訴人竟對該工程投遞標封二封，被上訴人以其違反上開須知規定，認定其投標無效，不予發還兩標之押標金一百二十萬元，核無違背法律禁止規定，公序良俗或誠實信用原則之可言。」

19 最高法院 81 年度台上字第 396 號民事判決所涉案例。

制、撤銷、變更[20]。今若認投標行為係屬要約行為，而招標人又僅允許要約人於同一招標程序得為一次要約行為者，則於第一次標書投遞時，該第一次投標之要約內容已經受到拘束，於其要約存續期間（即該次招標之有效等標期間）內，要約人應不得將其要約擴張、限制、撤銷、變更。因此，投標人於同一招標程序之二次（重複）投標，對於招標人而言，應可解釋為無效之要約。

筆者建議

題示之投標專員 Y 最近喜觀夜間星象，時常還來不及睡覺就已經天亮，因而誤將他案之 B 市圖書館新建工程預算書，與本件 A 市政辦公大樓新建工程招標之其他文件，一併遞交予該次 A 市政辦公大樓新建工程承攬之招標人 A 市政府情形。即便投標專員 Y 一覺醒來發現誤送其他項目工程預算書，投標專員 Y 亦不得再將本件市政辦公大樓新建工程預算書密封遞交。

畢竟，對於該次 A 市政辦公大樓新建工程承攬之招標人 A 市政府而言，投標專員 Y 再將本件 A 市政辦公大樓新建工程預算書密封，並另為二次遞交之行為，除應負擔相關處罰規定之責任外，該投標專員 Y 所二次遞交之本件市政辦公大樓新建工程預算書，應為無效之投標文件內容。為避免甲營造公司所繳納或提出之押標金被 A 市政府沒收，投標專員 Y 除誠實認錯外，應作息正常以養精蓄銳，而不可衝動為二次（重複）投標行為。

Q5. 決標爭議之救濟

如今有參與該次 A 市政府市政辦公大樓新建工程承攬招標而未得標之投標人乙營造公司，對於該次招標程序之決標結果有所爭議，則投標人乙營造公司對於該決標爭議，應循何種途徑為救濟？

---

20 王澤鑑，債法原理，三民書局，2012 年 3 月，增訂三版，第 182 頁。

A5 解題說明

如按目前關於要約引誘、要約與要約承諾之論述標準，決標程序之招標人決標（確認該次工程承攬招標之得標人）行為，應屬於要約相對人之承諾行為。亦即，決標行為係指要約相對人，對於該確定得標人之承攬要約內容為承諾之意思表示。而對於決標程序或結果有所異議或爭執者，其於訴訟上之救濟途徑，通常有二情形：

1. 行政爭訟

如本案例之題示情形，該次 A 市政府市政辦公大樓新建工程承攬之招標人即定作人係為 A 市政府，而 A 市政府係為公法人，A 政府所做該次招標之確定得標決定，應屬於公法行為之行政決定。蓋按最高行政法院：「（關於政府採購法事件）**沒收押標金部分，係因採購契約履約問題所生之爭議，屬私權糾紛而非公法爭議，行政法院無審判權**，應以裁定駁回。」業經本院 93 年 2 月 17 日 93 年 2 月份庭長法官聯席會議（二）闡釋在案。蓋行政機關為推行行政事務，常以私法行為之方式取得所需要的物質或勞務上之支援，學理上稱之為「行政輔助行為」，屬於行政私法（國庫行政、私經濟行政）範疇，……惟「雙階理論」藉由解釋為公權力之作用，使主管機關在進入訂約程序前，其認為依相關法規或行使裁量權結果之決定，受到公法的約束，而使訂約相對人受到基本權利保護（特別是平等權）和主管機關之決定受到司法控制，惟「雙階理論」之私法、公法區別之「雙階」終究係為救濟途徑所虛構之法律概念，實際程序上如何區辨「雙階」實過於複雜困難，且原本一個社會關係竟強分為兩個法律關係，亦脫離現實，是以行政私法行為是否採「雙階理論」，應依實務之慣行（如國有財產之標售，實務認為私法關係，不採「雙階理論」）及立法者制度規劃以判斷之。「**本件係屬政府採購法沒收押標金事件，依上開本院決議應屬私權糾紛而非公法爭議，行政法院無審判權。**」之見解[21]，與

---

21 最高行政法院 95 年度判字第 1996 號判決裁判要旨。

前述國內學者有關目前行政法院實務原則上採修正的二元模型，以決標與否作為區分政府採購行為之前階段公法行為，和後階段私法契約行為之論述[22]，亦可由契約締結前之程序階段與契約成立後義務履行之不同階段二分關係，看出決標行為仍應為程序上之意思表示，屬於行政（公法）行為。

因此，本件 A 市政府於決標程序，宣布甲營造公司為該次市政辦公大樓新建工程承攬招標確定得標人之行為，係 A 市政府對於甲營造公司所投遞標書文件之全部內容為承諾之意思表示。今因 A 市政府為公法人，故而該 A 市政府此一對於甲營造公司所投遞標書文件之全部內容為承諾之意思表示，仍不失為行政處分（公法行為）。如甲營造公司對於 A 市政府之決標行為有異議或認有瑕疵者，甲營造公司應以行政爭訟程序為其救濟之管道，而非以民事訴訟為其利益主張之程序。

2. 民事訴訟

除前述情形外，於招標人（定作人）為公法人或行政機關以外之私法人或自然人者，投標人應依民事訴訟程序為其利益之主張，而非以行政爭訟為其救濟之管道。例如，私立 T 大學之法律學院圖書館新建工程承攬招標，如發生對於私立 T 大學之決標行為有異議或認有瑕疵者，甲營造公司應以民事訴訟程序為其利益主張，而非以行政爭訟程序為其救濟之管道。

Q6. 要約以外之內容得否為沒收押標金之事項

今如於該 A 市政府辦公大樓新建工程承攬契約締結時，定作人 A 市政府與確定得標人甲營造公司，因投標文件內容以外之條款內容認知發生差異，雖幾經磋商仍為未果，最終導致該 A 市政府辦公大樓新建工程承攬契約無法如期締結。於此時，定作人 A 市政府得否因此而沒收確定得標人甲營造公司所繳納或提出之押標金？

---

22 同註 5。

A6 解題說明

在前述國內學者有關要約引誘、要約與承諾之論述下，系爭營造建築工程承攬招標文件上所明文列舉之押標金提出、數額、方式及返還等條款，應屬要約引誘人（即招標人）之要約引誘內容的意思表示之一，要約拘束力於此並不適用[23]。然而投標人按該次工程承攬招標之投標須知規定所示之參與投標所需文件（例如：投標人之資格證明文件、押標金繳納或提出完成之證明文書、材料數量表及報價清單、工程承攬預算書、施工計畫書……）為意思表示並提出者，則該部分係屬承攬要約人（即投標人）欲以其所為之意思表示內容（投標文件），與招標人訂立工程承攬契約為目的之承攬要約行為的意思表示內容之一，此部分則有要約拘束力之適用餘地。

如依前述目前國內學說上，對於要約之形式拘束力與實質拘束力二者之觀點，要約生效後，於其要約存續期間內，要約人應不得將其要約擴張、限制、撤銷、變更。則此時投標文件實際提出之行為，應可將其解為：承攬要約人欲以其所製作之投標文件內容，與定作人訂立該次工程承攬招標之承攬契約為目的，所為之承攬要約意思表示內容之一。

亦即，在投標人將其所擬之投標書及其相關資料備妥並完成封袋，為遞出或交付後，於一定期間內（在此係指營造建築工程承攬實務招標程序之等標期間），該要約行為者（即投標人）不得將要約內容擴張、限制、撤銷、變更。然一旦於要約相對人（即招標辦理人或定作人）對該要約為承諾（決標程序確定得標人）之意思表示時，該要約即發生要約之實質拘束力。

23　姚志明，公共營建工程契約之成立—以營建工程之招標、決標為中心，月旦法學雜誌，元照出版，2010 年 6 月，第 181 期，第 213-232 頁。第 221 頁：「招標僅為要約引誘，民法第 154 條第 1 項要約拘束力（不可撤回性與不可變更性）則不適用於招標，因而機關之招標文件公告後，機關仍得變更招標文件之內容。例如招標期限標準第 7 條第 1 項：『機關於等標期截止前變更或補充招標文件內容者，應是需要延長等標期。』顯然，招標為要約引誘之一種，招標機關於招標公告後，尚可變更招標之內容。」

如題所示情形，該次 A 市政府辦理招標之市政辦公大樓新建工程承攬契約無法如期締結者，係因 A 市政府（承諾人）與甲營造公司（要約人）嗣後於締結該市政辦公大樓新建工程承攬契約時，因該確定得標之投標文件內容以外之條款內容發生歧見，且幾經磋商仍為未果所致。而此一**確定得標之投標文件內容以外之條款內容，並非屬於承攬要約人甲營造公司要約內容之一部，應不在要約拘束力之範圍內。**

此時，則需視該發生歧見之投標書內容以外之條款內容，是否為該次工程承攬契約成立所必要之點。如是，則 A 市政府應不得以此而為沒收甲營造公司所繳納或提出之押標金，蓋於當事人對於契約成立之意思表示並不合致情形，一方當事人應無理由據此而為沒收擔保金之主張。若該發生歧見之投標書內容以外之條款內容，並非屬於該次工程承攬契約成立所必要之點者，則 A 市政府以甲營造公司因非必要之點拒絕締約為由，而沒收甲營造公司所提出之押標金主張，非謂無理由。

今確定得標人甲營造公司，如欲主張定作人 A 市政府沒收其所繳納或提出押標金，係因確定得標之投標文件內容以外的條款內容發生歧見，為無理由者，則按前述最高行政法院關於沒收押標金救濟途徑之見解，與學者有關雙階理論之論述，有關押標金沒收行為，係為私法行為，並非屬公法爭議。甲營造公司應依民事訴訟程序，向該管法院主張權利。

Q7. 可否訴請法院酌減沒收押標金數額？

今如定作人 A 市政府沒收確定得標人甲營造公司所繳納或提出之押標金，為有理由者。若甲營造公司認為 A 市政府沒收之押標金數額過高，甲營造公司可否訴請法院酌減沒收押標金之數額？

A7 解題說明

如按要約之法理，押標金之擔保性質，似應僅屬於契約締結前之先契約義務之信賴保護原則[24]，與要約生效後之要約不可撤回性[25]之範疇。其所為之擔保範圍在於以下二個部分：其一，在於擔保要約人於要約行為時，該要約人符合該次營造建築工程承攬招標公告內容所示之程序參與人地位資格之擔保，屬於要約人之投標人程序地位適格之地位擔保[26]。其二，係在於嗣後決標程序完成時，該確定得標人能以其投標文件所示內容，與定作人締結該次招標公告內容所示標的之工程承攬契約，屬於承諾人之契約締結期待利益被實現之契約締結擔保。

亦即，要約相對人對要約人所作成之要約為承諾時。該要約人（確定得標人）不能妨礙承諾人（定作人），在對其所為之要約內容（例如：投標人於投標書上所擬之投標人之資格、押標金繳納或提出完成之證明文書、材料數量表及報價清單、工程承攬預算書、施工計畫書、承攬報酬價金數額……等）為承諾之情形下，而成立契約[27]。

---

24 民法第 245 條之 1 第 1 項：「契約未成立時，當事人爲準備或商議訂立契約而有左列情形之一者，對於非因過失而信契約能成立致受損害之他方當事人，負賠償責任：一、就訂約有重要關係之事項，對他方之詢問，惡意隱匿或爲不實之說明者。二、知悉或持有他方之秘密，經他方明示應予保密，而因故意或重大過失洩漏之者。三、其他顯然違反誠實及信用方法者。」王澤鑑，債法原理，三民書局，2012 年 3 月，增訂三版，第 39 頁。

25 民法第 154 條第 1 項前段：「契約之要約人，因要約而受拘束。」

26 最高法院 87 年度台抗字第 292 號民事裁定：「本件相對人多禮股份有限公司主張：伊於民國 86 年 1 月 31 日，依『交通部民用航空局中正國際航空站航廈管制區內設置免稅商店中央區投標須知』（以下稱投標須知）規定，參加中正國際航空站航廈管制區內設置免稅商店中央區營業合約（以下稱營業合約）之投標，以新臺幣（以下同）九億二千五百九十萬元得標，再抗告人業於翌日提示伊所繳交之九千五百萬元押標金支票，竟於同年四月二十四日以伊總經理係外國人，與投標須知及補充說明規定不符爲由，取消伊得標資格，並沒收押標金。」

27 最高法院 103 年度台上字第 1844 號民事判決：「契約如因要約與承諾而成立者，其承諾之內容必須與要約之內容完全一致（客觀上一致），契約始能成立；若當事人將要約擴張、限制或爲其他變更而承諾者，應視爲拒絕原要約而爲新要約（同法第 160 條第 2 項），契約尚不能成立。」原最高法院 62 年度台上字第 787 號民事判例之裁判要旨：「查投標單載明『投標人今願承包貴府工程，估計總價爲○○○萬○千元』等語，此爲被上訴人要約之表示，上訴人如欲承諾（決標）自須照被上訴人之要約爲之，其將要約變更而爲承諾者，視爲拒絕原要約而爲新要約（民法第 160 條第 2 項）。」

就營造建築工程承攬實務觀之，當事人因押標金之性質與作用發生爭執而涉訟者，並非罕見。關於押標金之性質與作用，最高法院所涉案例有：

➲「該押標金，乃為擔保其踐行投標程序時願遵守投標須知而向招標單位所繳交之保證金，**旨在督促其於得標後履行契約，兼有防範投標人圍標或妨礙標售程序之作用**，應否退還，應依投標須知或系爭合資契約有關約定辦理，**與違約金旨在確保債務之履行有所不同，非屬違約金**，法院自無從依民法第 252 條規定予以核減。」[28]「是決標後上訴人與得標廠商所成立者係招標契約，得標廠商僅取得者與上訴人訂立工程承攬契約之權利，……查系爭工程投標須知第 11 條規定：『得標廠商須自決標日起十日內完成各項訂約手續，逾期無故不辦理簽約者，本學院即視為不承攬，沒收其押標金』。是決標後上訴人與得標廠商所成立者係招標契約，得標廠商僅取得者與上訴人訂立工程承攬契約之權利，必上訴人與得標廠商另行簽訂工程承攬契約，其承攬關係始行發生。是投標須知所稱；**押標金，係專為擔保工程承攬契約之訂立**，於得標廠商無故不簽訂工程承攬契約時，由上訴人沒收作為損害賠償。」[29]

➲「次按投標者所繳付之押標金，乃投標人為擔保其踐行投標程序時，願遵守投標須知而向招標單位所繳交之保證金，必須於投標以前支付，……與違約金係當事人約定債務人不履行債務時，應支付之金錢或

28 最高法院 108 年度台上字第 1470 號民事判決。

29 最高法院 84 年度台上字第 848 號民事判決：「查系爭工程投標須知第 11 條規定：『得標廠商須自決標日起十日內完成各項訂約手續，逾期無故不辦理簽約者，本學院即視為不承攬，沒收其押標金』。是決標後上訴人與得標廠商所成立者係招標契約，得標廠商僅取得者與上訴人訂立工程承攬契約之權利，必上訴人與得標廠商另行簽訂工程承攬契約，其承攬關係始行發生。**是投標須知所稱；押標金，係專為擔保工程承攬契約之訂立，於得標廠商無故不簽訂工程承攬契約時，由上訴人沒收作為損害賠償。至於差額保證金其性質則不相同。**……查投標須知第 4 條及第 10 條規定：得標廠商之押標金須保留作為履約保證金，至工程驗收完成後，始得發還。顯然係對依約訂立工程承攬契約者，始有其適用。本件上訴人並未訂立工程承攬契約，原判決固未就押標金於訂立工程承攬契約後之性質併為論述，惟並不影響判決之基礎，尚難指原判決為違法。」

其他給付，必待債務不履行時始有支付之義務，旨在確保債務之履行有所不同。投標人所繳交之押標金應如何退還，悉依投標須知有關規定辦理，**既非於債務不履行時始行支付，係在履行契約以前，已經交付，即非屬違約金之性質**，自無從依民法第252條之規定，由法院予以核減，上訴人請求酌減被上訴人沒收之保證金，尚有未合。」[30]

由前述最高法院關於押標金性質與作用所涉案例之見解，可知投標人所為之押標金提出，除為投標人之投標地位適格之必要擔保條件外，亦係該次工程承攬招標之確定得標人，取得與定作人訂立該次工程承攬招標之承攬契約訂定權利之擔保要件之一，非屬違約金性質。

惟最高法院另涉案例：「查上訴人所繳交之系爭履約保證金係充作懲罰性違約金性質，上訴人因於投標時有違反採購公正行為，除經被上訴人為撤銷決標之處分、沒收押標金，並解除系爭採購契約，沒收系爭履約保證金，為原審認定之事實。**則上訴人僅因一行為既遭沒收押標金，又被沒收履約保證金**，原審竟未依職權審酌被上訴人所受損害等一切情形，評估該違約金是否過高，已有未當。再者，上訴人於事實審主張：被上訴人並無任何損害，依實務通說，即使是懲罰性違約金，也應斟酌客觀上有無損害，若無損害，亦應予酌減等語（見原審卷第335頁以下），既攸關上訴人此部分之訴有無理由，原審竟契置不論，未於判決理由中說明其何以不足採之意見，遽為上訴人敗訴之判決，不無判決不備理由之違法。上訴論旨，指摘關此部分之原判決違背法令，求予廢棄，非無理由。」[31]

有關前述最高法院所涉案例之見解，似有將押標金沒收行為，作為沒收押標金一方當事人之損害填補總數額之一部，在於保護程序或契約當事人財產之立場，實可贊同。然非謂如此，即得認押標金具有違約金性質。

---

30 最高法院104年度台上字第1901號民事判決所涉案例。

31 最高法院104年度台上字第125號民事判決：「按約定之違約金過高者，法院得減至相當之數額，民法第252條定有明文。至於是否相當，即須依一般客觀事實，社會經濟狀況及當事人所受損害情形，以爲斟酌之標準。且約定之違約金過高者，除出於債務人之自由意思，已任意給付，可認為債務人自願依約履行，不容其請求返還外，法院仍得依職權依前開規定，核減至相當之數額。」

再者，押標金與違約金二者，實屬不同性質與作用之擔保金。蓋就押標金而言，無法於押標金擔保之原因事項發生前，請求法院依民法第 252 條規定予以酌減。且於發生押標金擔保之原因事項時，押標金受領人即得按招標文件或投標須知等內容規定所示之押標金沒收數額，為押標金沒收之主張。該押標金繳納或提出之人，仍無法以該押標金過高為由，請求法院依民法第 252 條規定予以酌減。然於就違約金而言，如當事人約定之違約金有過高之情形，則一方當事人得因該違約金過高之情事，請求法院酌減。縱使該項違約金擔保之原因事項尚未發生，仍得請求法院予以酌減[32]。

綜上所述，按目前國內司法實務關於沒收押標金所涉案例之見解，即便確定得標人甲營造公司，認為定作人 A 市政府沒收其押標金之全部數額，並不符合比例，甲營造公司亦無從依民法第 252 條之規定，以該押標金過高為由，訴請法院予以酌減該押標金沒收之數額。

---

32 原最高法院 79 年台上字第 1612 號民事判例裁判要旨：「民法第 252 條規定：『約定之違約金額過高者，法院得減至相當之數額。』故約定之違約金苟有過高情事，法院即得依此規定核減至相當之數額，並無應待至債權人請求給付後始得核減之限制。此項核減，法院得以職權爲之，亦得由債務人訴請法院核減。」

第二單元 押標金

國內上市之無官股 M 建設開發集團，預計於 8 個月後在 P 縣某區域開發 T 造鎮計畫，共有十個區，該次 M 建設開發集團之 T 造鎮新建工程承攬總標價為新台幣一百億元。M 建設開發集團為確保招標秩序完善及投標人經濟實力健全之考量，於該 T 造鎮新建工程承攬招標之招標公告及投標須知文件內容，明文規定須提出押標金新台幣三億元。今經公開招標程序，於完成相關程序後，由甲營造公司為該 T 造鎮新建工程承攬招標之確定得標人。

Q8. 押標金之性質

「押標金」一詞，對於國內營造建築工程承攬實務言，係當事人相當熟悉的投標程序中必要準備項目之一，除了部分小額之簡易工程（項目）承攬、當事人約定或法律有特別規定外，幾乎均需為押標金之提出。然而，有關押標金之性質，是否僅係限於契約締結之締約擔保性質？抑或同時具有債務人之履約擔保性質？

A8 解題說明

在國內一般營造建築工程承攬招標實務，押標金係該公開招標程序必然存在，也是最重要之擔保機制。於招標公告或投標須知文件內容所示有關押標金之規定，不難看見招標人預擬訂定如下：「投標人若於確定得標後，未能或不與定作人訂立該次招標公告內容所示標的之工程承攬契約者，定作人得將押標金沒收，以作為賠償定作人之損失。」[1]之條款。

除前述營造建築工程承攬實務之當事人交易習慣外，就國內有關押標金之現行法律，亦有如是之規定[2]。然而，押標金之擔保性質，究應僅限於工程承攬契約締結前之程序利益擔保性質，或包含契約成立後，債務人於契約上義務履行之履約擔保性質，容有討論空間。

今如從程序一方當事人之招標程序辦理人，或定作人之主觀認知而窺其目的，此一押標金繳納或提出之行為，不外係招標程序辦理人或定作人，為確保該次工程承攬招標程序參與人之相關資格的可信性、資金經濟實力、承攬參與誠意度及工程承攬契約之締結可能性，與嗣後履行契約上義務之穩定性。

除前述工程承攬招標程序一方當事人對於押標金提出之擔保性質之主觀認知外，從現行法律有關押標金規定之明文內容，亦可得知押標金之擔保性質，包含：1.投標階段之投標人資格擔保[3]；2.決標程序完成後定作人之契約締結期待利益被實現[4]之程序利益擔保性質；3.工程承攬契約成立後

1 最高法院 84 年度台上字第 848 號民事判決所涉個案之裁判要旨：「系爭工程投標須知第 11 條規定：『得標廠商須自決標日起十日內完成各項訂約手續，逾期無故不辦理簽約者，本學院即視爲不承攬，沒收其押標金』。是決標後上訴人與得標廠商所成立者係招標契約，得標廠商僅取得者與上訴人訂立工程承攬契約之權利，必上訴人與得標廠商另行簽訂工程承攬契約，其承攬關係始行發生。」臺灣高等法院 100 年度建上易字第 22 號民事判決：「……查系爭土地投標須知第 5.4 條第 2 款規定『得標人未按本局約定之期限繳納價款者，或自願放棄得標權利者，其所繳押標金不予發還』、第 7.0 條第 1、5 款規定『得標人所繳納押標金抵繳款外，其餘價款應於開標日之次日起 45 日內（99 年 1 月 2 日前）一次繳清』、『得標人未於期限內繳清價款或申請展延卻未預繳遲延利息者，視爲放棄得標，本局沒收押標金』，有投標須知在卷可稽（見原審卷第 18、50 頁）。」

2 政府採購法第 31 條第 2 項第 4 款：「廠商有下列情形之一者，其所繳納之押標金，不予發還；其未依招標文件規定繳納或已發還者，並予追繳：……四、得標後拒不簽約。」

3 政府採購法第 31 條第 2 項第 1 款至第 3 款：「廠商有下列情形之一者，其所繳納之押標金，不予發還；其未依招標文件規定繳納或已發還者，並予追繳：一、以虛僞不實之文件投標。二、借用他人名義或證件投標，或容許他人借用本人名義或證件參加投標。三、冒用他人名義或證件投標。」

4 政府採購法第 31 條第 2 項第 4 款：「廠商有下列情形之一者，其所繳納之押標金，不予發還；其未依招標文件規定繳納或已發還者，並予追繳：……四、得標後拒不簽約。」

之承攬人他項義務履行擔保[5]；4.不得侵害定作人契約上利益之承攬人誠實行為擔保[6]等之契約義務履行擔保性質。亦即，於現行法律規定，押標金之性質為程序利益擔保及契約義務履行擔保之程序擔保性質與履約擔保性質，並包含四個不同階段之擔保目的。

有關押標金之性質與作用，目前最高法院所涉案例有：

➲「按押標金之繳付，非僅在督促投標人於得標後，須與招標人訂立契約，且在擔保投標人資格之正當及投標行為之誠實，自與一般契約之違約金約定不同。」[7]

➲「兩造所爭執者，唯在被上訴人於得標後未訂立工程承攬契約，上訴人除沒收押標金外，是否亦得併將被上訴人繳交之差額保證金予以沒收。查系爭工程投標須知第 11 條規定：『得標廠商須自決標日起十日內完成各項訂約手續，逾期無故不辦理簽約者，本學院即視為不承攬，沒收其押標金』。是決標後上訴人與得標廠商所成立者係招標契約，得標廠商僅取得者與上訴人訂立工程承攬契約之權利，必上訴人與得標廠商另行簽訂工程承攬契約，其承攬關係始行發生。是投標須知所稱；押標金，係專為擔保工程承攬契約之訂立，於得標廠商無故不簽訂工程承攬契約

---

5 政府採購法第 31 條第 2 項第 5 款：「廠商有下列情形之一者，其所繳納之押標金，不予發還；其未依招標文件規定繳納或已發還者，並予追繳：……五、得標後未於規定期限內，繳足保證金或提供擔保。」

6 政府採購法第 31 條第 2 項第 6 款、第 7 款：「廠商有下列情形之一者，其所繳納之押標金，不予發還；其未依招標文件規定繳納或已發還者，並予追繳：……六、對採購有關人員行求、期約或交付不正利益。七、其他經主管機關認定有影響採購公正之違反法令行爲。」政府採購法施行細則第 16 條：「本法第十六條所稱請託或關說，指不循法定程序，對採購案提出下列要求：一、於招標前，對預定辦理之採購事項，提出請求。二、於招標後，對招標文件內容或審標、決標結果，要求變更。三、於履約及驗收期間，對契約內容或查驗、驗收結果，要求變更。」

7 最高法院 81 年度台上字第 856 號民事判決：「按押標金之繳付，非僅在督促投標人於得標後，須與招標人訂立契約，且在擔保投標人資格之正當及投標行爲之誠實，自與一般契約之違約金約定不同。又因法律行爲無效，應負回復原狀之責任者，以於行爲當時，知其無效或可得而知之當事人爲限，此觀民法第 113 條之規定自明。本件工程之投標須知既明定同一廠商投遞同一工程有標封二封以上者，其所投之標無效，所繳之押標金不予退還。上訴人竟對該工程投遞標封二封，被上訴人以其違反上開須知規定，認定其投標無效，不予發還兩標之押標金一百二十萬元，核無違背法律禁止規定，公序良俗或誠實信用原則之可言。」

時，由上訴人沒收作為損害賠償。」[8]

➲「復依被上訴人提出上訴人自認為真正之電梯工程投標須知第 9 條第 1 項第 2 款、電梯工程合約書第 6 條及第 7 條分別載明：約定『押標金計新台幣五十萬元』、『**未依規定期間於決標後七天內簽訂合約者，除沒收其押標金**，並取消其承包權外，並應負責賠償被上訴人學校所受之一切損失』、『本合約及所附之投標須知、標單、圖樣、施工說明書（內有電梯規格說明書）及規範、開標記錄等一切附件均為本合約之一部分』、『本工程所附之投標須知、標單、圖樣、施工說明書及本合約書一切有關之文件等，已經由雙方詳細審閱，充分明瞭，上訴人雖逾期參與投標，惟既同意參與議價，則其亦應受投標須知、標單、圖樣、施工說明書及合約書一切有關之文件等之拘束』。」[9]

➲「次按投標者所繳付之押標金，**乃投標人為擔保其踐行投標程序時，願遵守投標須知而向招標單位所繳交之保證金，必須於投標以前支付**，……與違約金係當事人約定債務人不履行債務時，應支付之金錢或其他給付，必待債務不履行時始有支付之義務，旨在確保債務之履行有所不同。投標人所繳交之押標金應如何退還，悉依投標須知有關規定辦理，既非於債務不履行時始行支付，係在履行契約以前，已經交付，即非屬違約金之性質，自無從依民法第 252 條之規定，由法院予以核減，上訴人請求酌減被上訴人沒收之保證金，尚有未合。」[10]

依前述最高法院有關押標金性質與作用所涉案例之見解與觀點，可知投標人之押標金提出，除為投標人之投標地位適格之必要擔保條件外，亦係該次工程承攬招標之確定得標人，取得與定作人訂立該次工程承攬招標之承攬契約訂定權利之擔保要件之一，非屬違約金性質。

觀諸目前最高法院對於押標金之見解，有將判決所涉個案押標金之擔

---

8 最高法院 84 年度台上字第 848 號民事判決。
9 最高法院 89 年度台上字第 1499 號民事判決。
10 最高法院 104 年度台上字第 1901 號民事判決所涉案例。

保性質，認係招標程序之投標秩序維持之程序上擔保性質[11]。亦有認所涉個案押標金之擔保性質，與契約上義務履行之履約擔保性質不同之觀點[12]。以上最高法院對於押標金擔保性質之見解，可知押標金之擔保性質，與契約上義務履行之履約擔保性質不同，分屬程序利益擔保與契約義務履行擔保之兩種不同擔保機制。蓋所稱交易安全之精神，於私經濟領域言，應包括完整交易程序上及契約上二者履行之安定與利益之保護，始為周全完整。

綜上所述，押標金之擔保性質，應為工程承攬契約成立前之正當程序利益擔保[13]，屬於先契約義務履行之程序擔保性質，與契約上義務履行之履約擔保性質，應無相涉[14]。

---

11 原最高法院 59 年台上字第 1663 號民事判例之裁判要旨：「押標金除督促投標人於得標後，必然履行契約外，兼有防範投標人故將標價低於業經公開之底價，以達圍標或妨礙標售程序之作用，被上訴人既經公告標價低於底價者沒收押標金，原不以是否有實際損害爲要件，上訴人以被上訴人未受損害，不得沒收押標金，自非可取。」

12 最高法院 105 年度台上字第 274 號民事判決：「按投標者所繳付之押標金，係在督促投標人於得標後，必然履行契約外，兼有防範投標人圍標或妨礙標售程序之作用，此與違約金係當事人約定於債務人不履行債務時，應支付之金錢或其他給付，必待債務不履行時始有支付之義務，旨在確保債務之履行有所不同。從而，投標人所繳交之押標金應如何退還，悉依投標須知有關規定辦理，其既非於債務不履行時始行支付，而係在履行契約以前，已經交付，除當事人別有約定外，自難認係違約金之性質。」最高法院 81 年度台上字第 2963 號民事判決：「工程投標者所繳付之押標金，乃投標廠商爲擔保其踐行投標程序時願遵守投標須知而向招標單位所繳交之保證金，必須於投標以前支付，旨在督促投標人於得標後，必然履行契約外，兼有防範投標人圍標或妨礙標售程序之作用。與違約金係當事人約定債務人不履行債務時，應支付之金錢或其他給付，必待債務不履行時始有支付之義務，旨在確保債務之履行有所不同，投標廠商所繳交之押標金應如何退還，悉依投標須知有關規定辦理，既非於債務不履行時始行支付，而係在履行契約以前，已經交付，即非屬違約金之性質，自無從依民法第 252 條規定由法院予以核減。」

13 詳細介紹，請參閱黃正光，論工程契約之擔保—以押標金、保留款及保固保證金爲中心，東海大學法學院法律學系碩士論文，第 60 頁。

14 參閱政府採購法第 31 條之立法理由：「三、第 2 項各款修正如下：……（二）現行條文第 2 款刪除『投標廠商另行』之文字，廠商借牌投標，無論廠商是否以自己名義投標，均屬影響採購公正之行爲，爰均納入本款適用對象，以落實維持投標秩序之目的。另考量第 87 條第 5 項及第 101 條第 1 項第 1 款所定『容許他人借用本人名義或證件參加投標』之情形，爲形式上投標者，亦屬影響採購公正之行爲，爰均納入本款適用對象，以落實維持投標秩序之目的。……（四）現行條文第 5 款修正移列爲第 4 款，審酌法院實務見解認，廠商之投標爲要約，而機關之決標爲承諾，無需廠商再爲同意或接受之表示，故無廠商不接受決標之情

Q9. 招標行為之法律押標金之擔保範圍

今甲營造公司於第一區單元完成，申請該區總驗收時，為免該第一區工程驗收款不能如期發放，遂備謝酬予 M 建設開發集團之財務人員。嗣後因故被 M 建設開發集團之督導單位獲悉，M 建設開發集團以甲營造公司於該工程承攬契約履行期間，違反承攬人於契約上之誠實義務，決定沒收甲營造公司於投標時所繳納或提出之押標金。此時，甲營造公司得否主張該承攬人之契約上誠實義務，並非屬於押標金之擔保範圍？

A9 解題說明

押標金之擔保範圍為何？應就系爭營造建築工程承攬招標程序之招標、投標與決標等三個階段行為，其各自於法律上之性質而決之。如以要約引誘、要約及承諾作為招標、投標與決標行為之定性，就招標程序之招標、投標與決標等三個階段之法律性質言，押標金之擔保範圍，可包含締約前之程序安定與締約期待權實現二範圍[15]。

系爭營造建築工程承攬招標文件上所明列之押標金提出、數額、方式及返還等條款，應屬要約引誘人（即招標人）之要約引誘內容的意思表示之一，要約拘束力於此並不適用[16]。而為該次押標金實際提出之行為，則

形，爰刪除『開標後應得標者不接受決標』之文字，並酌作文字修正。又於拒不簽約但又已繳交履約保證金之情形，考量押標金之性質，係擔保廠商自投標後至得標、簽約並繳足保證金為止之行為，避免有違法投標或得標後不訂約等行為，以擔保機關順利辦理採購，並有確保投標公正之目的；至於繳足履約保證金後廠商之違約行為，即屬履約保證金之擔保範圍，併予補充。」

15 詳細介紹，請參閱黃正光，論工程契約之擔保—以押標金、保留款及保固保證金為中心，東海大學法學院法律學系碩士論文，第 60 頁。

16 姚志明，公共營建工程契約之成立—以營建工程之招標、決標為中心，月旦法學雜誌，元照出版，2010 年 6 月，第 181 期，第 213-232 頁。第 221 頁：「招標僅為要約引誘，民法第 154 條第 1 項要約拘束力（不可撤回性與不可變更性）則不適用於招標，因而機關之招標文件公告後，機關仍得變更招標文件之內容。例如招標期限標準第 7 條第 1 項：『機關於等標期截止前變更或補充招標文件內容者，應是需要延長等標期。』顯然，招標為要約引誘之一種，招標機關於招標公告後，尚可變更招標之內容。」

係屬要約人（即投標人）欲以其所為之意思表示內容（投標文件），與招標人訂立工程承攬契約為目的之要約行為意思表示內容之一，此部分則有要約拘束力之適用餘地。

如依目前國內學說上對於要約之形式拘束力與實質拘束力二者之看法與觀點，要約生效後，於其要約存續期間內，要約人應不得將其要約擴張、限制、撤銷、變更[17]。則此時押標金實際提出之行為，應可將其解為：承攬要約人欲以其所為之投標文件內容，與定作人訂立該次工程承攬招標之承攬契約為目的，所為之承攬要約意思表示內容之一。

亦即，在投標人將其所擬之投標書及其相關資料備妥並且完成封袋，並遞出或交付後，於一定期間內（在此係指營造建築工程承攬實務招標程序之等標期間），該要約行為者（即投標人）不得將要約內容擴張、限制、撤銷、變更。然而，一旦於要約相對人（即招標人或定作人）對該要約為承諾（決標程序確定得標人）之意思表示時，該要約即發生要約之實質拘束力。

此時，如以營造建築工程承攬之招標程序當事人之真實意思表示為解釋基礎，於一般情形下，該押標金所具備之意義，因招標與投標二程序之不同而各異其趣。在招標程序階段，於定作人的立場觀之，押標金提出之意義，除係以之作為承攬要約人於要約時，所呈現其主觀上締結招標公告內容所示營造建築工程承攬契約之誠意外，亦是該承攬要約人之投標程序資格條件符合與否之客觀要件。

而在於投標程序階段，於承攬要約人之立場言，該系爭押標金之實際提出，則屬承攬要約人作為以訂立系爭工程承攬契約為目的之要約內容之一，並因此取得該次工程承攬招標之承攬契約訂定之權利。綜上言，可知押標金於程序利益上之擔保範圍，係為該次招標程序之承攬要約人的程序地位適格與要約拘束力之程序安定擔保[18]。

---

17 王澤鑑，債法原理，三民書局，2012 年 3 月，增訂三版，第 182 頁。

18 詳細介紹，請參閱黃正光，論工程契約之擔保—以押標金、保留款及保固保證金爲中心，東海大學法學院法律學系碩士論文，第 62 頁。

如若在要約人之相關資格皆為適格之前提下，於該要約人之要約發生實質拘束力時，該要約人（即該次招標程序之確定得標人）即必須按其所為之要約內容，履行與承諾人（即定作人）締結該次招標文書內容所示承攬標的之工程承攬契約義務觀之。除於前項所述之要約人資格與要約拘束力之擔保外，應可認押標金之另一擔保範圍，係為契約成立前之契約締結義務之履行。

易言之，一方當事人之押標金提出，於營造建築工程承攬契約準備締約之當事人言，係為該次工程承攬契約締結之擔保。據此，可知押標金之程序利益擔保範圍，於該次招標程序之契約締結準備人言，除前述之要約人資格與要約拘束力擔保外，亦包含該次招標程序之契約締結準備人的締約期待權實現之契約締結擔保。

綜上所述，可知押標金之擔保範圍，應為該次招標程序要約人之程序地位適格與要約拘束力之程序安定擔保，以及該次招標程序之契約締結準備人之締約期待權實現之契約締結擔保，與嗣後之契約上義務履行之履約擔保無涉。

因此，M 建設開發集團應不能以甲營造公司於該 T 造鎮新建工程承攬契約履行期間，違反承攬人於契約上之誠實義務，沒收甲營造公司於投標時所繳納或提出之押標金。惟現行法律有關押標金之規定，於定作人為行政機關或公法人時，若承攬人於契約履行期間，發生違反契約當事人誠實義務者，定作人得將未返還之押標金沒收，或將已經返還之押標金為追繳。營造公司於其工程承攬契約之定作人係行政機關或公法人時，應須特別留意有關押標金得為沒收或追繳之原因事項規定。

筆者建議

按目前國內營造建築工程承攬招標實務，有關該次工程承攬招標之押標金提出數額與方式、返還時點與方式，以及押標金沒收、追繳原因事項等，幾乎皆係由該次招標程序辦理人或定作人，於該招標文件或投標須知等條款約定內容，所為預擬訂定情形。

據此，本文建議，不論該次工程承攬之定作人係為行政機關、公法人或係自然人、私法人，投標人均須特別留意有關押標金得為沒收或追繳之原因事項規定。對於該次工程承攬招標之押標金提出數額與方式、返還時點與方式，以及押標金沒收、追繳之原因事項等有疑義者，應即時提出釋義申請，如該釋義申請未獲回應或回應遲延，造成有效等標期間經過情形，投標人應可據此主張定作人或招標辦理人未盡契約締結前之誠實告知義務，違反正當程序利益保護，而有締約前過失責任。

Q10. 押標金是否具定金性質

除一般對於押標金之擔保性質的認識外，押標金是否另具有定金之性質？

A10 解題說明

基於契約自由原則，於無牴觸法律或違反強行規定之前提下，當事人自得約定系爭定金之擔保內容及性質。惟此一由當事人約定擔保內容及性質之定金，法院仍應探究當事人之真意，作為該系爭定金之擔保內容及性質的解釋依據[19]。

除前述由當事人約定定金之擔保內容及性質，須依當事人約定之真意，為該定金之擔保內容及性質認定之情形外，如當事人無約定定金之擔保內容及性質者，則該系爭定金之擔保內容及性質，仍應按法律之明文認定之。

---

19 最高法院 109 年度台上字第 2068 號民事判決：「按審判長應向當事人發問或曉諭，令其為事實上及法律上陳述、聲明證據或為其他必要之聲明及陳述；其所聲明或陳述有不明瞭或不完足者，應令其敘明或補充之。民事訴訟法第 199 條第 2 項定有明文。又定金之種類因其作用之不同，通常可分為證約定金、成約定金、違約定金、解約定金及立約定金。所謂成約定金係以交付定金為契約成立要件，亦即定金所確保之契約，除由當事人間互相表示意思一致以外，尚須交付定金，始可成立而發生效力。」

現行法律對於定金之一般規定，明文於民法第 249 條：「定金，除當事人另有訂定外，適用左列之規定：一、契約履行時，定金應返還或作為給付之一部。二、契約因可歸責於付定金當事人之事由，致不能履行時，定金不得請求返還。三、契約因可歸責於受定金當事人之事由，致不能履行時，該當事人應加倍返還其所受之定金。四、契約因不可歸責於雙方當事人之事由，致不能履行時，定金應返還之。」按前述規定明文，可知除當事人另有適法之約定外，於契約履行時，定金應返還或作為給付之一部。另在契約因不可歸責於雙方當事人之事由，致不能履行時，定金應返還之。

在締約期待利益被實現之擔保性質作用下，押標金是否具定金之性質？關於此一問題，以下分別從司法實務見解與學者論述，對於押標金及定金之各個看法與觀點，作有關分析比較及探討：

1. 司法實務

（1）押標金

有關押標金性質與作用，最高法院所涉案例有：

➲「押標金除督促投標人於得標後，必然履行契約外，兼有防範投標人故將標價低於業經公開之底價，以達圍標或妨礙標售程序之作用，被上訴人既經公告標價低於底價者沒收押標金，原不以是否有實際損害為要件，上訴人以被上訴人未受損害，不得沒收押標金，自非可取。」[20]

➲「……是決標後上訴人與得標廠商所成立者係招標契約，得標廠商僅取得者與上訴人訂立工程承攬契約之權利，……」[21]

➲「次按投標者所繳付之押標金，乃投標人為擔保其踐行投標程序時，願遵守投標須知而向招標單位所繳交之保證金，必須於投標以前支付，……與違約金係當事人約定債務人不履行債務時，應支付之金錢或

20　原最高法院 59 年台上字第 1663 號民事判例裁判主旨。

21　最高法院 84 年度台上字第 848 號民事判決之裁判要旨。

其他給付，必待債務不履行時始有支付之義務，旨在確保債務之履行有所不同。投標人所繳交之押標金應如何退還，悉依投標須知有關規定辦理，既非於債務不履行時始行支付，係在履行契約以前，已經交付，即非屬違約金之性質，自無從依民法第 252 條之規定，由法院予以核減，上訴人請求酌減被上訴人沒收之保證金，尚有未合。」[22]

從前述最高法院對於押標金所涉案例之見解觀點，可知投標人之押標金提出，除為投標人之投標地位適格之必要擔保條件外，亦係該次工程承攬招標之確定得標人，取得與定作人訂立該次工程承攬招標之承攬契約訂定權利之擔保要件之一，非屬違約金性質。除前述擔保者外，並督促投標人於得標後，能按約定履行契約外，另兼有防範投標人圍標或妨礙標售程序之作用。

（2）定金

關於定金之性質與作用，司法實務所涉案例之見解：

➲「按訂約當事人之一方，**由他方受有定金時，推定其契約成立**，民法第 248 條定有明文。支票雖非金錢，然為有價證券、金錢證券、支付證券，有其面額之價值。倘當事人間係以該面額所表彰之金錢價值，充為定金之交付，本諸契約自由之原則，應為法之所許。……又果**兩造已成立系爭鐵架之買賣契約，則被上訴人交付之定金，即非屬契約成立前交付之立約定金**。此與上訴人得否依買賣契約請求被上訴人給付上開充作定金支票經提示不獲兌付之款項，所關頗切。至上訴人尚未交付買賣標的物，要與定金之交付無涉。」[23]

---

22 最高法院 104 年度台上字第 1901 號民事判決所涉案例。

23 最高法院 109 年度台上字第 1638 號民事判決：「按訂約當事人之一方，由他方受有定金時，推定其契約成立，民法第 248 條定有明文。支票雖非金錢，然爲有價證券、金錢證券、支付證券，有其面額之價值。倘當事人間係以該面額所表彰之金錢價值，充爲定金之交付，本諸契約自由之原則，應爲法之所許。……原審逕以兩造未約定運送方式及運費負擔，被上訴人未指示裝櫃運送日期並辦理相關出口事宜，及上訴人尚未交付系爭鐵架，即謂兩造就系爭鐵架未成立買賣契約（本約），僅成立買賣預約或預定，就契約解釋，自有違反經驗、證據法則。又果兩造已成立系爭鐵架之買賣契約，則被上訴人交付之定金，即非屬契約成立前

➲「解約定金，係以定金為保留解除權之代價，定金付與人固得拋棄定金，以解除契約；定金收受人亦得加倍返還定金，以解除契約。惟此項解除須於相對人著手履行前為之，相對人已著手履行時，則不得再為此項解除權之行使。」[24]

➲「契約當事人之一方，*為確保其契約之履行*，而交付他方之定金，……」[25]

➲「某甲雖曾將其產業（不動產）立約定賣於某乙並受某乙定金但既未立契自僅發生債之關係不得以此對抗業依強制執行法第 98 條取得所有權之某丁。」[26]

由以上司法院解釋及最高法院關於定金之見解，可知定金係為契約一方當事人，為確保其契約之履行，而於系爭契約尚未成立前，所交付予他方當事人之金錢。且於系爭契約成立後，則該一方當事人所交付之定金，即非屬契約成立前交付之立約定金。除此之外，在契約成立後，定金除可為給付之一部外，於訂約相對人尚未著手履行前，亦得以定金為保留解除權之代價。

2. 學說

有關押標金與定金二者之性質與作用關係，國內學者有如下論述：「在招標模式為確保投標人得標時會締約，或會依約履行，常會有押標金或締約保證金的約定。締約保證金的性質屬於違約金，應無疑義；而押標金之性質為何，則有討論空間。有用為維持投標秩序者，有用為得標人不

交付之立約定金。此與上訴人得否依買賣契約請求被上訴人給付上開充作定金支票經提示不獲兌付之款項，所關頗切。至上訴人尚未交付買賣標的物，要與定金之交付無涉。」

24 原最高法院 72 年台上字第 85 號民事判例之裁判要旨。

25 原最高法院 71 年台上字第 2992 號民事判例之裁判要旨：「契約當事人之一方，爲確保其契約之履行，而交付他方之定金，依民法第 249 條第 3 款規定，除當事人另有約定外，祇於契約因可歸責於受定金當事人之事由，致不能履行時，該當事人始負加倍返還其所受定金之義務，若給付可能，而僅爲遲延給付，即難謂有該條款之適用。」

26 司法院院解字第 3131 號解釋文。

締約時之違約罰者，有用於履約保證者。」[27]「當押標金被用為履約保證，是否兼具定金之性質，值得考量。如認為兼具定金性質，於招標人事後毀約或悔約時，可以作為投標人請求加倍返還的依據。」[28]

另有學者謂：「押標金著重於投標秩序維護，定金在於強調確保契約之履行（簽定），二者目的上顯有不同，則其法律性質自有差異。從而，當廠商主張係因可歸責於招標機關事由致未能於得標後正式簽訂工程合約而請求返還定金時，自不宜援引民法第 249 條第 3 款有關返還之規定，似應直接依招標文件之規定，或前開政府採購法第 31 條第 2 項之反面解釋，或主張押標金給付之解除條件成就，或不當得利之相關規定請求返還。」[29]

據以上國內學者論述，與最高法院對於押標金、定金之看法及見解，應可得知，定金與押標金二者之性質及其作用，究有不同之處。觀現行民法第 248 條：「訂約當事人之一方，由他方受有定金時，推定其契約成立。」之明文，可知定金之受領，有契約成立推定之趣旨。而於招標程序辦理人（或定作人）受領各投標人所繳納或提出之押標金時，恐無法作如是推定契約成立之解釋。

再者，定金之提出，除當事人欲為確保嗣後契約之履行外。於一般契約成立，係因有受領定金而成立之情形者，該提出之定金，亦可直接作為給付之一部[30]。惟國內現行法律有關定金之可直接作為給付一部之規定，

27　黃茂榮，債法各論（第一冊增訂版），自版，2006 年 9 月，再版，第 490 頁，註 21：「例如約定簽約後押標金轉爲履約保證金，或約定得標人如不如期開工，招標人得沒收押標金。鑒於押標金給付於訂約前，且爲現金給付，與違約金僅是一個約定，無現金給付不同，因此，應將之論定爲定金之給付，對於雙方權益之課予方使公平。」

28　前揭書，第 491 頁。

29　古嘉諄、劉志鵬主編，工程法律實務研析（一），寰瀛法律事務所，2005 年 9 月，二版一刷，第 55 頁。

30　民法第 249 條：「定金，除當事人另有訂定外，適用左列之規定：一、契約履行時，定金應返還或作爲給付之一部。二、契約因可歸責於付定金當事人之事由，致不能履行時，定金不得請求返還。三、契約因可歸責於受定金當事人之事由，致不能履行時，該當事人應加倍返還其所受之定金。四、契約因不可歸責於雙方當事人之事由，致不能履行時，定金應返還之。」

對於所謂的給付，係為何種性質內容之給付，並無明文。觀諸一般當事人之交易習慣，定金提出者，通常係為契約成立生效後，須履行給付契約價金義務之一方當事人，且該提出之定金，亦可直接作為給付之一部。因此，本文以為，應可將該所謂直接作為給付之一部，解為契約上主給付性質之契約價金給付之一部，較為妥適。

然押標金之提出，並無法作為嗣後系爭工程承攬報酬價金之一部。蓋於系爭工程承攬契約締結時，如無押標金轉作契約上他項擔保金情形，或無其他擔保原因事項發生時，押標金受領人，即需將押標金返還予該押標金繳納或提出之人。且於嗣後系爭工程承攬契約履行時，押標金亦無法直接作為工程承攬契約上主給付內容之一部。蓋該為押標金提出之投標人，於嗣後確定得標而成為系爭工程承攬契約承攬人者，該提出押標金之投標人，係該次工程承攬招標之契約上工作承攬報酬請求權人，而非工作承攬報酬之給付義務人。細觀現行法律有關押標金與定金二者之明文，亦難發見能將其二不同性質可為彼此轉換之處。

職是，本文以為，押標金之性質，仍應僅係於承攬契約成立前，該準備締結契約當事人之程序利益擔保金性質，而不具定金之性質。易言之，投標人押標金之提出，並無法作為嗣後系爭工程承攬報酬價金之一部。且於招標程序辦理人（或定作人）受領各投標人所繳納或提出之押標金時，並無法作為推定契約成立之解釋。況押標金之本旨，係為程序參與人之程序地位資格擔保，及契約締結期待被實現之擔保。而定金之性質，係為契約當事人擔保契約義務履行之擔保，並於嗣後作為契約上主給付內容之一部。

據此，押標金之性質，係為程序參與人之程序地位資格擔保，及契約締結期待被實現之擔保。定金之性質，係為契約當事人擔保契約義務履行之擔保，並於嗣後作為契約上主給付內容之一部。由此可知，押標金與定金之性質與作用，並非一事。易言之，於程序安定之信賴利益，或契約利益履行實現，有因程序當事人或契約當事人為破壞或侵害之情形時。其權益受有損害者，或可援引現行法律有關定金之精神，以押標金提出之額度，為嗣後承諾人悔約，或定作人毀約之賠償額度之參考。惟非謂如此，即可將押標金與定金二者之性質，視為相同。

Q11. 押標金是否具履約保證金性質

押標金除程序擔保之性質外，是否另具有履約保證金性質？

A11 解題說明

履約保證金於承攬契約中，通常係指定作人為防止承攬人未依約履行而造成損害情形，並彌補可能造成的經濟損失，約定由承攬人提供一定金額或工程造價一定比例的金額予定作人，作為承攬人依契約約定履行之擔保，除由承攬人或保證金提出人提供現金外，亦常見以交付銀行本票，或以定存單設定質押或提供銀行開立之保證金保證書等形式作為履約保證金。按一般交易習慣，契約當事人多約定於契約履行完畢後一定期間內，如無其他賠償責任或擔保待辦事項時，即允許承攬人取回。

有關押標金與履約保證金之性質及作用等見解，最高法院所涉案例有：

- 「本件原審依據上開事證，……合法認定被上訴人因上訴人於系爭採購案投標時，有影響採購公正之違反法令行為，乃撤銷決標及解除系爭採購契約，**審酌押標金與履約保證金之性質、目的及功能均不同**，被上訴人於上揭撤銷決標及解除契約前，已就系爭採購案之品項另行下訂重購，費用高於系爭採購案需多花費上千萬元，認被上訴人沒收系爭履約保證金充作懲罰性違約金，並無過高等情，因以上述理由為上訴人敗訴之判決，於法並無違誤。」[31]
- 「**按契約債務人交付履約保證金予債權人，係以擔保契約債務之履行為目的**，信託讓與其所有權予債權人，乃信託讓與擔保性質，**其擔保範圍**

31 最高法院106年度台上字第1060號民事判決。

包括債務不履行之損害賠償、違約金等。至當事人為督促履約，約定債務人於一定違約情事發生時，即應為一定金錢給付或債權人得沒收履約保證金或不予返還，乃違約金之約定，自有民法第 252 條規定之適用，此與履約保證金之性質為何，係屬二事。」[32]

➲「履約保證金於政府採購之情形，目的在於擔保得標廠商依契約約定履約之用，得標廠商依約履行完畢且無待解決事項後，擔保目的消滅，履約保證金應予發還。惟如契約約定於一定情況，債務人有應負擔保責任之事由，履約保證金則係備供債權人以違約所生債權、損害賠償、違約金等債權沒收、抵銷、取償之擔保金，除有不予發還之情形或契約另有約定外，須於符合發還條件且無待解決事項後始予發還。」[33]

由上述最高法院關於押標金與履約保證金之性質及作用所涉案例之見解，可認押標金為程序擔保，履約保證金係契約義務履行擔保，押標金與履約保證金之性質、目的及功能均不同。

---

32 最高法院 108 年度台上字第 1470 號民事判決：「按契約債務人交付履約保證金予債權人，係以擔保契約債務之履行爲目的，信託讓與其所有權予債權人，乃信託讓與擔保性質，其擔保範圍包括債務不履行之損害賠償、違約金等。至當事人爲督促履約，約定債務人於一定違約情事發生時，即應爲一定金錢給付或債權人得沒收履約保證金或不予返還，乃違約金之約定，自有民法第 252 條規定之適用，此與履約保證金之性質爲何，係屬二事。而所約定之違約金數額如經法院酌減，履約保證金之擔保範圍爲酌減後之違約金數額，超過擔保範圍之履約保證金，其擔保目的消滅，債權人自仍負有返還之義務；如認原屬擔保性質之履約保證金，已因債權人依約沒收轉爲違約金，則於法院爲酌減後，其受領之原因消滅，債權人亦得依不當得利規定請求返還。」

33 最高法院 107 年度台上字第 867 號民事判決：「履約保證金於政府採購之情形，目的在於擔保得標廠商依契約約定履約之用，得標廠商依約履行完畢且無待解決事項後，擔保目的消滅，履約保證金應予發還。惟如契約約定於一定情況，債務人有應負擔保責任之事由，履約保證金則係備供債權人以違約所生債權、損害賠償、違約金等債權沒收、抵銷、取償之擔保金，除有不予發還之情形或契約另有約定外，須於符合發還條件且無待解決事項後始予發還。此與當事人約定債務人於債務不履行、不於適當或不依適當方法履行債務時，始由債務人支付一定金額，作爲賠償額預定或懲罰之違約金，性質不同。至履約保證金是否於債務人不履行契約時，充作違約金，應通觀契約全文，探求當事人之真意以定之。」

Q12. 押標金是否具違約金性質

如發生承攬人有違約情事，定作人得否以押標金具有違約金性質為由，主張沒收承攬人於投標時所繳納之押標金？

A12 解題說明

押標金是否具違約金性質，最高法院所涉案例有：

- 「按投標者所繳付之押標金，乃投標人為擔保其踐行投標程序時，願遵守投標須知而向招標單位所繳交之保證金，必須於投標以前支付，旨在督促投標人於得標後，必然履行契約外，兼有防範投標人圍標或妨礙標售程序之作用，與違約金係當事人約定於債務人不履行債務時，應支付之金錢或其他給付，必待債務不履行時始有支付之義務，旨在確保債務之履行有所不同。投標人所繳交之押標金應如何退還，悉依投標須知有關規定辦理，其既非於債務不履行時始行支付，而係在履行契約以前，已經交付，除當事人別有約定外，自難認係違約金之性質。且押標金契約與違約金契約為各自按契約聯立之方式，依附於主契約（承攬契約）而存在之二個不同之從契約。」[34]
- 「按投標者所繳付之押標金，乃投標人為擔保其踐行投標程序時，願遵守投標須知而向招標單位所繳交之保證金，必須於投標以前支付，旨在督促投標人於得標後，必然履行契約外，兼有防範投標人圍標或妨礙標售程序之作用，與違約金係當事人約定債務人不履行債務時，應支付之金錢或其他給付，必待債務不履行時始有支付之義務，旨在確保債務之履行有所不同。投標人所繳交之押標金應如何退還，悉依投標須知有關規定辦理，既非於債務不履行時始行支付，係在履行契約以前，已經交付，即非屬違約金之性質，自無從依民法第 252 條之規定，由法院予以

---

34 最高法院 105 年度台上字第 274 號民事判決。

核減，上訴人請求酌減被上訴人沒收之保證金，尚有未合。」[35]

由以上最高法院有關押標金是否具違約金性質所涉案例之見解，可知押標金並不具違約金之性質。

應注意者，最高法院另涉案例：「……查上訴人所繳交之系爭履約保證金係充作懲罰性違約金性質，上訴人因於投標時有違反採購公正行為，除經被上訴人為撤銷決標之處分、沒收押標金，並解除系爭採購契約，沒收系爭履約保證金，為原審認定之事實。則上訴人僅因一行為既遭沒收押標金，又被沒收履約保證金，原審竟未依職權審酌被上訴人所受損害等一切情形，評估該違約金是否過高，已有未當。再者，上訴人於事實審主張：被上訴人並無任何損害，依實務通說，即使是懲罰性違約金，也應斟酌客觀上有無損害，若無損害，亦應予酌減等語（見原審卷第 335 頁以下），既攸關上訴人此部分之訴有無理由，原審竟契置不論，未於判決理由中說明其何以不足採之意見，遽為上訴人敗訴之判決，不無判決不備理由之違法。上訴論旨，指摘關此部分之原判決違背法令，求予廢棄，非無理由。」[36]

---

35 最高法院 104 年度台上字第 1901 號民事判決。

36 最高法院 104 年度台上字第 125 號民事判決：「按約定之違約金過高者，法院得減至相當之數額，民法第 252 條定有明文。至於是否相當，即須依一般客觀事實，社會經濟狀況及當事人所受損害情形，以爲斟酌之標準。且約定之違約金過高者，除出於債務人之自由意思，已任意給付，可認爲債務人自願依約履行，不容其請求返還外，法院仍得依職權依前開規定，核減至相當之數額。查上訴人所繳交之系爭履約保證金係充作懲罰性違約金性質，上訴人因於投標時有違反採購公正行爲，除經被上訴人爲撤銷決標之處分、沒收押標金，並解除系爭採購契約，沒收系爭履約保證金，爲原審認定之事實。則上訴人僅因一行爲既遭沒收押標金，又被沒收履約保證金，原審竟未依職權審酌被上訴人所受損害等一切情形，評估該違約金是否過高，已有未當。再者，上訴人於事實審主張：被上訴人並無任何損害，依實務通說，即使是懲罰性違約金，也應斟酌客觀上有無損害，若無損害，亦應予酌減等語（見原審卷第 335 頁以下），既攸關上訴人此部分之訴有無理由，原審竟棄置不論，未於判決理由中說明其何以不足採之意見，遽爲上訴人敗訴之判決，不無判決不備理由之違法。上訴論旨，前述最高法院所涉案例關於押標金之見解，似有將押標金沒收，作為沒收押標金一方當事人之損害填補總數額之一部。僅係應衡諸該個案所受損害等一切情形，評估該違約金是否過高，以作為酌減之判斷依據。由此最高法院所涉案例關於押標金之見解，可知晚近司法實務，有將程序擔保之押標金，認為具有違約金性質之趨勢。或認一經當事人約定，將押標金移作履約保證金者，於發生違約情事並經債權人主張者，似仍承認該押標金具有違約金之性質[37]。

有關此一問題，國內學者有謂：「違約金乃是以確保契約之履行為目的，當事人約定債務人於債務不履行時，應支付之金錢。押標金乃為投標廠商擔保其得標後會與機關簽定契約及擔保其將遵守投標程序，而由投標廠商向招標單位所繳交之保證金。違約金，其乃為契約成立生效後，於履約過程發生債務不履行時，方行支付之金錢。押標金則為投標廠商於投標時，則已繳納以確保其得標後會與機關簽定契約及擔保其將遵守投標程序。因而，違約金乃為確保債務人履行契約，押標金著重在投標秩序之維護，故二者亦顯有不同之處。」[38]由此一學者論述，亦知押標金與違約金之性質顯不相同。

指摘關此部分之原判決違背法令，求予廢棄，非無理由。」

37 最高法院 108 年度台上字第 1470 號民事判決：「按契約債務人交付履約保證金予債權人，係以擔保契約債務之履行爲目的，信託讓與其所有權予債權人，乃信託讓與擔保性質，其擔保範圍包括債務不履行之損害賠償、違約金等。至當事人爲督促履約，約定債務人於一定違約情事發生時，即應爲一定金錢給付或債權人得沒收履約保證金或不予返還，乃違約金之約定，自有民法第 252 條規定之適用，此與履約保證金之性質爲何，係屬二事。而所約定之違約金數額如經法院酌減，履約保證金之擔保範圍爲酌減後之違約金數額，超過擔保範圍之履約保證金，其擔保目的消滅，債權人自仍負有返還之義務；如認原屬擔保性質之履約保證金，已因債權人依約沒收轉爲違約金，則於法院爲酌減後，其受領之原因消滅，債權人亦得依不當得利規定請求返還。查系爭押標金依系爭投標須知第 11 條第 4 項約定，於決標後無息移作履約保證金；而系爭協議書第 3 條第 3 項約定，上訴人未如期繳納股款及回饋金者，被上訴人得沒收全部之押標金及已繳納之款項。此項約定是否非屬違約金之約定？非無再進一步探求之餘地。乃原審未遑細究性質，逕以系爭押標金非屬違約金爲由，即爲上訴人不利之論斷，不免速斷。上訴論旨指摘原判決違背法令，求予廢棄，非無理由。」

38 姚志明，工程法律基礎理論與判決研究：以營建工程爲中心，自版，2014 年 10 月，二版一刷，第 32 頁。

據以上國內學者論述，與前述最高法院之大多數見解，仍應認該程序擔保之押標金與契約義務履行擔保之違約金，其二者之性質與作用，並非一事。

Q13. 押標金提出數額

該次M建設開發集團之T造鎮新建工程承攬總標價為新台幣一百億元。M建設開發集團為確保招標秩序完善及投標人經濟實力健全之考量，於該T造鎮新建工程承攬招標之招標公告及投標須知文件內容，明文須提出押標金新台幣三億元。對於該次T造鎮新建工程承攬招標之招標公告，及投標須知文件內容明文之押標金提出數額，是否仍在合理之數額範圍內？

A13 解題說明

依目前國內營造建築工程承攬實務，押標金提出數額通常在工程承攬總標價5%～10%，如工程承攬總標價數額相形龐大者，則押標金提出之比例則大多相對降低。今該T造鎮新建工程承攬之定作人係M建設開發集團，而M建設開發集團為無官股之一般私法人。該次M建設開發集團之T造鎮新建工程承攬總標價為新台幣一百億元，於該T造鎮新建工程承攬招標之招標公告及投標須知文件內容，明文須提出押標金新台幣三億元，雖未超過一般工程承攬總標價10%的比例範圍。惟如以押標金得以一定數額提出方式觀之，似有顯然過當之情形。蓋押標金之擔保性質與作用，如前述係為正當程序利益之擔保，與定作人之契約締結期待權被實現，而不具契約義務履行擔保或違約金之懲罰性質。

易言之，如以過高數額之押標金作為該次招標程序要約人之程序地位適格與要約拘束力之程序安定，以及該次招標程序之契約締結準備人之締約期待權實現之契約締結擔保，似有違反比例原則。如以過高數額之押標金作為違約金，或轉作契約上他項擔保金為本意者，更係不符押標金之擔保本旨。

今如 T 造鎮新建工程承攬之定作人係為行政機關或公法人，按現行押標金保證金暨其他擔保作業辦法第 9 條：「押標金之額度，得為一定金額或標價之一定比率，由機關於招標文件中擇定之。前項一定金額，以不逾預算金額或預估採購總額之百分之五為原則；一定比率，以不逾標價之百分之五為原則。但不得逾新臺幣五千萬元。採單價決標之採購，押標金應為一定金額。」之規定明文，則該次 T 造鎮新建工程承攬招標所需提出之押標金數額，應不得逾新台幣五千萬元。

Q14. 押標金之返還時點

參與招標程序之投標人或確定得標人，得於何時向定作人為押標金返還之主張？

A14 解題說明

就一般情形言，於目前國內營造建築工程承攬實務，押標金之返還，通常為以下四個時點：

1. 工程承攬契約締結時

如前所述，押標金繳納或提出之擔保範圍，係為正當程序利益之擔保，與定作人即承諾人之契約締結期待權被實現。易申言之，若無程序擔保原因事項發生，承諾人之契約締結期待權一旦被實現，押標金所為擔保之原因已經消滅。此時，押標金之受領人，即應將押標金返還予該押標金提出之確定得標人。

2. 投標人資格不適格

於投標人資格不適格，而被要約相對人明確表示不得參與決標程序者，屬於要約相對人拒絕要約人之情形，該要約則因被拒絕而失其拘束[39]。此時，該押標金之受領人即要約相對人，應按該次招標文件或投標須知所示之押標金返還條款內容，將該受領之押標金，返還予該繳納或提出押標金之要約人。

3. 未為確定得標通知

於決標程序完結，未得招標程序辦理人或定作人為確定得標之通知者，應屬要約相對人未於一定期間內為要約承諾之情形。亦即，未經要約相對人於一定期間內為承諾者，該要約人之押標金提出部分，則係因要約相對人未於一定期間內為要約之承諾，其要約失其拘束力[40]。要約相對人應按該次招標文件或投標須知所示之押標金返還條款內容，將該已經受領之押標金，返還予該繳納或提出押標金之要約人。

4. 招標程序未完成

若於該次招標程序，非因招標人或定作人之過失而未完成者，亦應屬要約相對人未於一定期間內為要約承諾之情形。未經要約相對人為承諾之要約人之押標金提出部分，則係因要約相對人未於一定期間內為要約之承諾，其要約失其拘束力。要約相對人應按該次招標文件或投標須知所示之條款內容，將該已經受領之押標金，返還予該繳納或提出押標金之要約人。

除當事人之交易習慣外，現行法律於押標金之返還，亦有其規定[41]。然押標金之返還，不論係因流標或決標程序完結後之未得標或係廢標，皆屬要約相對人未為承諾，而使要約失其拘束力之理所使然。惟現行法律有關押標金返還之規定，似將押標金之擔保性質與範圍為一定程度之擴張、轉換。

因此，有關押標金返還之時點，除要約相對人未為承諾而使要約失其

---

39 民法第 155 條：「要約經拒絕者，失其拘束力。」

40 民法第 157 條：「非對話爲要約者，依通常情形可期待承諾之達到時期內，相對人不爲承諾時，其要約失其拘束力。」

41 政府採購法第 31 條第 1 項：「機關對於廠商所繳納之押標金，應於決標後無息發還未得標之廠商。廢標時，亦同。」

拘束力之流標、未得標與廢標外，於要約相對人已經為承諾之情形，仍須待該承諾人之契約締結期待利益被實現，且要約人已經履行契約上之其他擔保金提出完成，及不侵害定作人契約上利益之義務為履行者[42]，始為該要約人之押標金返還時點。

綜上所述，M 建設開發集團應於甲營造公司與其締結 T 造鎮新建工程承攬契約時，將甲營造公司所繳納或提出押標金之全部數額，無息返還予甲營造公司。其中，若為避免押標金之全部或一部數額於契約締結時，被轉作契約上之他項擔保金者，建議以銀行開發或保兌之不可撤銷擔保信用狀、銀行之書面連帶保證或保險公司之保證保險單繳納押標金[43]，惟仍應以該次工程承攬招標公告或投標須知文件內容明示之種類為押標金之提出。

Q15. 押標金轉作他項擔保金之妥適性

若該次投標須知內容，並無載明投標廠商所提出之押標金，於確定得標後須轉作履約保證金之規定。嗣甲營造公司與 M 建設開發集團締結該 T 造鎮新建工程承攬契約時，始發現於專用條款部分，明列有押標金轉作履約保證金條款內容，甲營造公司可否對此轉作他項擔保金條款提出異議？其依據為何？

---

42 政府採購法第 31 條第 2 項：「廠商有下列情形之一者，其所繳納之押標金，不予發還；其未依招標文件規定繳納或已發還者，並予追繳：一、以虛偽不實之文件投標。二、借用他人名義或證件投標，或容許他人借用本人名義或證件參加投標。三、冒用他人名義或證件投標。四、得標後拒不簽約。五、得標後未於規定期限內，繳足保證金或提供擔保。六、對採購有關人員行求、期約或交付不正利益。七、其他經主管機關認定有影響採購公正之違反法令行為。」

43 押標金保證金暨其他擔保作業辦法第 10 條：「廠商以銀行開發或保兌之不可撤銷擔保信用狀、銀行之書面連帶保證或保險公司之保證保險單繳納押標金者，除招標文件另有規定外，其有效期應較招標文件規定之報價有效期長三十日。廠商延長報價有效期者，其所繳納押標金之有效期應一併延長之。」

A15 解題說明

於國內營造建築工程承攬實務，契約當事人約定將押標金轉作契約上他項義務履行擔保之擔保金者，時有所見。其中由定作人一方預擬訂定此類擔保金轉作條款者，亦常有之[44]。

如前所述，押標金之擔保性質，係屬工程承攬契約成立前，要約人之投標人程序地位適格之地位擔保，與承諾人之締約期待權被實現之程序利益之先契約義務之擔保性質。其與工程承攬契約成立、生效後，一方當事人於契約上義務履行擔保，及工作或工作物之瑕疵責任擔保之性質，或違反契約約定事項的懲罰，實為相異。

按通常情形，於要約人程序地位適格之前提下，押標金之返還時點，應係在押標金所為擔保之原因消滅之時。而押標金所擔保之原因消滅，係因承諾人之工程承攬契約締結期待權已經被實現。而此承諾人之工程承攬契約締結期待權被實現之時點，非謂系爭工程承攬契約業已經開始生效、履行。退萬步言，契約上義務履行之擔保原因，或於契約成立時即已存

---

44 最高法院 84 年度台上字第 848 號民事判決：「查投標須知第 4 條及第 10 條規定：得標廠商之押標金須保留作為履約保證金，至工程驗收完成後，始得發還。顯然係對依約訂立工程承攬契約者，始有其適用。本件上訴人並未訂立工程承攬契約，原判決固未就押標金於訂立工程承攬契約後之性質併爲論述，惟並不影響判決之基礎，尚難指原判決爲違法。」最高法院 108 年度台上字第 1470 號民事判決：「又依系爭投標須知第 11 條第 4 項約定，決標後廖孟良等三人所繳交之押標金應無息移作履約保證金，該押標金，乃爲擔保其踐行投標程序時願遵守投標須知而向招標單位所繳交之保證金，旨在督促其於得標後履行契約，兼有防範投標人圍標或妨礙標售程序之作用，應否退還，應依投標須知或系爭合資契約有關約定辦理，與違約金旨在確保債務之履行有所不同，非屬違約金，法院自無從依民法第 252 條規定予以核減。」註：本案例之定作人爲國軍退除役官兵輔導委員會。臺灣高等法院臺中分院 95 年度上易字第 154 號民事判決：「依本件台灣菸酒股份有限公司南投酒廠工程投標須知十一：『押標金：玖拾萬元整。得標廠商原繳押標金由本廠轉為履約保證金，若該保證金不足投標總價百分之十之金額，須於決標日起五日內補足』；另依台灣菸酒股份有限公司國內標購一般規定捌：履約、差額及保固保證金：『得標廠商應於與本廠簽訂合約時繳付全部履約保證金，履約保證金未繳者，本廠得取消其得標資格並沒收押標金。』等規定，上訴人於 93 年 12 月 28 日以最低價新台幣（下同）壹仟柒佰捌拾貳萬元得標，依上開投標須知約定，應繳納投標總價百分之十之金額即壹佰柒拾捌萬貳仟元，上訴人並未依上開約定補足履約保證金，並經被上訴人催告後，亦不補足，被上訴人自得依上開台灣菸酒股份有限公司南投酒廠工程投標須知及台灣菸酒股份有限公司國內標購一般規定之約定，將系爭押標金沒收。」

在，但該契約上義務履行之擔保責任，尚非一定於契約成立時，即已開始。

觀諸目前國內營造建築工程承攬實務之當事人交易習慣，於通常情形，經招標程序之工程承攬契約締結時，契約一方當事人負有押標金返還之義務，他方當事人負有繳納或提出他項擔保金之義務。於此時，即便契約當事人有另為訂立抵銷契約[45]之情形者，前述契約雙方當事人所各負之債務清償期，仍應為各異，且與現行法律規定之抵銷[46]要件並不相符。

按國內學說：「抵銷權行使之結果，債務消滅，相對地債權人之債權亦屬消滅；同時債務人對債權人之另一債權亦告消滅」[47]。若依學說，於前述承攬契約一方當事人為主張抵銷情形，將造成他方當事人之其他擔保金之債權，因抵銷而消滅。若是如此，恐非擔保機制之本旨。

除前述情形外，當事人將二者擔保性質完全不同之擔保金為轉換，亦非必然妥適。蓋契約一方當事人即押標金受領人，於押標金擔保之原因消滅時，即應將受領之押標金返還予繳納或提出押標金之人。然此時，如押標金受領人保留一定數額或一定比例數額之押標金不予返還，且逕自將該押標金為保留不予返還之部分，轉作契約他方當事人於嗣後須提出之他項契約義務履行擔保金之繳納或提出者。此種情形，契約一方當事人即押標金受領人，應負給付遲延之責任。

再者，該押標金受領人，將押標金之一部或全部數額不予返還，並將

---

45 原最高法院 50 年台上字第 1852 號民事判例之裁判要旨：「抵銷除法定抵銷之外，尚有約定抵銷，此項抵銷契約之成立及其效力，除法律另有規定（如民法第 400 條以下交互計算之抵銷）外，無須受民法第 334 條所定抵銷要件之限制，即給付種類縱不相同或主張抵銷之主動債權已屆清償期，而被抵銷之被動債權雖未屆滿清償期，惟債務人就其所負擔之債務有期前清償之權利者，亦得於期前主張抵銷之。」

46 林誠二，債法總論新解，體系化解說（下冊），瑞興圖書，2013 年 1 月，二版一刷，第 509 頁：「所謂抵銷，乃二人互負債務，其給付種類相同，並均屆清償期者，各得以其債務與他方之債務相互消滅之單獨行為。」民法第 334 條：「二人互負債務，而其給付種類相同，並均屆清償期者，各得以其債務，與他方之債務，互為抵銷。但依債之性質不能抵銷或依當事人之特約不得抵銷者，不在此限。前項特約，不得對抗善意第三人。」

47 邱聰智，新訂民法債編通則（下冊），自版，2014 年 2 月，新訂二版一刷，第 352 頁。

該未予返還之押標金轉作其他擔保性質擔保金之行為。以債之更改的角度觀之，不論係從無因更改或有因更改[48]之立場出發，恐皆難以解釋將該未予返還之押標金轉作他項擔保性質擔保金之合理性與妥適性。如該押標金不予返還而逕自轉作契約上他項擔保金之條款，係為定作人所預擬訂定者，或有民法第 247 條之 1 有關附合契約條款規定之適用餘地。若該次工程承攬招標之定作人係為行政機關或公法人，對於該押標金不予返還而逕自轉作契約上他項擔保金之條款有異議者，則應依行政程序請求釋示與救濟。

綜上所述，本文以為，**要無將程序擔保性質之押標金，轉作契約義務履行擔保性質之履約擔保金，而使其法律關係複雜**。於押標金所為擔保之原因事項消滅時，不論該將押標金轉作契約履行之其他擔保性質擔保金之行為，係因契約一方當事人所預擬訂定之附合契約條款所致，或係經由契約當事人之意思表示合致而為之約定，該押標金之受領人，仍應將押標金之全部數額返還予該押標金繳納或提出之確定得標人，應較妥適。

筆者建議

綜上所述，於確定得標人甲營造公司所繳納或提出之押標金的程序擔保原因事項已經消滅情形，甲營造公司可以據該押標金之程序擔保原因事項已經消滅為由，請求 M 建設開發集團將其於投標時所繳納或提出之押標金全部數額無息返還。

蓋依前述立法者之政府採購法第 31 條立法理由，應可明確知道押標金係被設計在契約締結前之程序擔保作用，以及司法實務之押標金與違約金、履約保證金之性質、作用不同的見解觀之，要無將程序擔保任由契約當事人轉作契約義務履行之擔保，而徒增紛爭。

本書建議，於程序擔保原因事項消滅時，即應將程序擔保金返還予繳納或提出人，令該當事人之程序關係因此而消滅。於契約關係成立時，再

---

48 陳自強，契約之內容與消滅，元照出版，2016 年 3 月，三版一刷，第 429 頁。

以契約義務履行擔保機制為之。如此，除符合各種擔保機制之本旨外，亦可避免法律關係複雜，減少當事人因擔保機制所生之爭執。

另如 M 建設開發集團以甲營造公司未依約繳納契約上他項保證金，而欲將押標金沒收[49]，或仍有其他爭議時，甲營造公司應可依民法第 247 條之 1 附合契約條款，主張該轉作他項擔保金條款為不利益條款，並請求返還押標金。

49 政府採購法第 31 條第 2 項第 5 款：「廠商有下列情形之一者，其所繳納之押標金，不予發還；其未依招標文件規定繳納或已發還者，並予追繳：……五、得標後未於規定期限內，繳足保證金或提供擔保。……」

預付款

A 市政府於日前辦理綜合體育館新建工程承攬招標，該次招標文件內容明示得標廠商得申辦工程預付款，並規定得標廠商如欲申辦該項工程預付款者，應於規定期間內提供與該項工程預付款相同額度之預付款還款保證擔保。嗣經決標程序，確定丙營造公司為該次綜合體育館新建工程承攬招標之得標人，丙營造公司亦表示申辦該項工程預付款。

Q16. 預付款還款保證之性質

若該次招標文件內容明示得標廠商得申辦工程預付款，並規定得標廠商如欲申辦該項工程預付款者，應於規定期間內提供與該項工程預付款相同額度之預付款還款保證擔保。則該預付款還款保證之性質為何？

A16 解題說明

1. 預付款（Advance Payments）於營造建築工程承攬，亦有以工程預付款稱之。工程預付款係指在該次承攬工程之實際開工前，定作人按系爭工程承攬契約報酬數額，或當期預計完成工程量造價總額的一定比例預先支付承攬人之工程承攬報酬。一般情形言，工程預付款之主要作用，係在於承攬人購買工程所需的材料和設備之經濟負擔減輕。按國內營造建築工程承攬實務，定作人通常會於該次投標須知，或工程承攬契約之專用條款內，約定工程預付款之申辦、還款擔保提出、撥付時間、數額及逐次扣回之比例與方式等相關內容。而是項工程預付款之實際操作，則根據各承攬工程類型、契約施作工期及承攬方式等不同條件而為約定。易言之，**工程預付款即為該次工程承攬報酬之預付，而非該給付工程預付款之定作人與承攬人間之消費借貸關係，係為承攬關係定作人承攬報酬後付原則之例外**[1]。而此一例外情形，屬於該次工程承攬契約承攬人資金有效運用之便宜方式的預領款項。

本文以為，此一工作承攬報酬後付原則例外之目的，係為該承攬人期前運用工作承攬報酬的便宜方式。然其本質仍為工作承攬報酬，該預付部分之工作承攬報酬請求權，於契約生效時，即已經發生。僅係其清償期尚未屆至。因此，工程預付款可認為係工作承攬報酬清償期前之給付，其之法律性質，應屬於承攬人工作承攬報酬預先請求之契約上的期前利益。

2. 所謂預付款還款保證（refund bond for advance payment[2] / advanced payment guarantee[3]），於營造建築工程承攬實務中，係指於一定情形下，工程承攬契約之定作人，允許承攬人於系爭工程承攬契約為實際履行前或於履行期間內，得向定作人預為支領一定數額或一定比例數額之承攬報酬，作為該次工程承攬招標之確定得標人即承攬人，履行系爭工程承攬契

1　臺灣高等法院臺南分院 97 年度重上字第 32 號判決：「本院判斷：（一）系爭減振工程契約之預付款之法律性質爲何？系爭減振工程契約所定之『預付款』，係載於該契約第 5 條〔契約價金之給付條件〕第（一）項第 1 款之下（見一審卷第 13-14 頁），而依該條項第 1.(6)款約定：『工程進度達百分之 35、50、65 時，亦即廠商支領之預付款經依第 5 條（一）1.(7)約定由機關逐期平均扣回達預付款百分之 25、50、75 時，無息發還相同比例之擔保，或依相同比例分段解除保證責任；俟預付款全部扣回時，始無息發還擔保之餘額或解除保證責任全部』，可認被上訴人依鴻○公司之請求而支付鴻○公司之預付款，應如何抵充工程（估驗）款，預付款之扣回時期與方法，及預付款還款保證責任於何時解除均已有所約定，被上訴人與鴻○公司皆應受上開約定之拘束，不得任作相反之主張。足見系爭預付款之法律性質應屬工程款之預付，而非鴻○公司主張之消費借貸關係。」

2　法務部全國法規資料庫，https://law.moj.gov.tw。

3　國家教育研究院，http://terms.naer.edu.tw。

約承攬人資金有效運用之便宜方式的預領款項還款保證擔保。然此一提供擔保之便宜方式的預先給付，於目前國內營造建築工程承攬實務之大型工程承攬，較為常見。如前述，論其性質，應屬定作人之工程承攬報酬價金之部分數額預付性質，而非屬定作人貸與一定數額金錢予確定得標人或承攬人之有擔保的消費借貸性質[4]。

有關工程預付款還款保證之性質，司法實務所涉案例有：

➲「又按履約保證金及預付款還款保證金，功能上均屬擔保承攬契約之履行，履約保證金係因承攬人於訂約時未提出鉅款繳納履約保證現金交付定作人，而由定作人認可之保證書代替現金給付；預付款還款保證金係因為免承攬人於工程施工完畢後，方得一次領取工程款時，恐受有資金周轉不利之情事，故以分期方式使承攬人先行領取預付款。**故履約保證金及預付款還款保證金均具有履約保證之性質，均係擔保承攬人依約完成工程，且應於訂約時即應給付，並非於違約發生損害時始得請求**，惟顧及承攬人於訂約時，有無法提出鉅款繳納履約保證金之困難，得以經定作人認可之金融機構出具保證書以代替現金給付，是保證書之性質仍為履約之保證，並非違約時發生損害賠償之保證。」[5]

➲「系爭減振工程契約所定之『預付款』，係載於該契約第 5 條，而依該條規定，可認上訴人依鴻〇公司之請求而支付鴻〇公司之**預付款，應如何抵充工程（估驗）款，預付款之扣回時期與方法，及預付款還款保證責任於何時解除均已有所約定，上訴人與鴻〇公司皆應受約定拘束，不得任作相反之主張**。足見系爭預付款之法律性質應屬工程款之預付，而非鴻〇公司主張之消費借貸關係。」[6]

➲「按系爭契約第 5 條第 1 款第 1 目第 2 點、第 5 條第 1 款第 4 目之約定，及公款支付時限及處理應行注意事項第 2 條第 2 款規定可知，**廠商辦妥履約各項保證，並提出預付款還款保證，取得主辦機關之核可後，**

---

4 最高法院 98 年度台上字第 1138 號民事判決。

5 最高法院 100 年度台上字第 1588 號民事判決。

6 最高法院 98 年度台上字第 1138 號民事判決。

始須給付預付款。本件上訴人雖於101年11月16日提出預付款還款保證，然依上訴人101年11月30日發包工程施工現況週報表顯示，系爭工程當時實際進度卻只有0.2%，已落後工程進度6.19%，開工報告單亦尚未完成；被上訴人雖於102年1月24日核可上訴人所提開工報告書，然上訴人之工程進度已落後44.47%，上訴人顯已具有遭解除契約及課停權處分之疑慮，被上訴人無從核可給付上訴人預付款為由，……」[7]

由以上司法實務之見解，亦可知預付款還款保證，屬擔保契約義務履行之履約擔保一種。蓋由該確定得標人或承攬人所提出之預付款還款保證，除擔保該次工程預付款之還款擔保外，承攬人之工作或工作物之實際施作進度，亦在該預付款還款之擔保原因事項範圍內。

據此，該工程承攬關係之預付款還款保證，除係該項工程承攬報酬預先給付之返還擔保外，另具承攬人於承攬契約上義務履行擔保之性質。

Q17. 預付款還款保證之提出

該次招標文件內容明示得標廠商得申辦工程預付款，並規定得標廠商如欲申辦該項工程預付款者，應於規定期間內提供與該項工程預付款相同額度之預付款還款保證擔保。則該得標廠商如何為預付款還款保證之提出？

A17 解題說明

就目前國內營造建築工程承攬實務之當事人交易習慣，於一般情形，預付款申辦人之預付款還款保證提出，通常係以金錢種類以外之方式提出。其中有：1.由確定得標人（締約前提出預付款還款保證）；2.承攬人

7 最高行政法院105年度判字第5號判決。註：除廠商辦妥履約各項保證，並提出預付款還款保證，取得主辦機關之核可後，始須給付預付款外，承攬人實際施作工程進度落後，亦得成爲定作人不爲核可工程預付款給付之原因事項。

（締約後提出預付款還款保證），於該次工程預付款為實際申請或支領該次工程預付款前，提供不動產予定作人，為他項權利設定以作為該次工程預付款還款之保證擔保；3.由確定得標人或承攬人於該次工程預付款為實際支領前，提供不動產予金融機構業者，設定他項權利以換取金融機構業者之授信，為預付款還款保證之提出；4.由確定得標人或承攬人交付一定對價予金融機關業者，而以銀行開發或保兌之不可撤銷擔保信用狀、銀行之書面連帶保證，或保險公司之保證保險單繳納為預付款還款之保證擔保[8]。

綜上所述，承攬人丙營造公司得於 A 市政府綜合體育館新建工程承攬契約所規定之工程預付款還款保證提出期間內，以定作人 A 市政府所肯認之銀行開發或保兌之不可撤銷擔保信用狀、銀行之書面連帶保證，或保險公司之保證保險單繳納為預付款還款之保證擔保提出。畢竟，依承攬人丙營造公司通常資金有效利用立場之主觀認知，以金錢種類作為 A 市政府綜合體育館新建工程預付款還款保證之繳納或提出，恐不符承攬人通常資金有效利用（例如該綜合體育館新建工程承攬以外之其他工程承攬進行）。且以金錢種類提出為工程承攬契約報酬價金一部預付之返還保證，用來申請支領同為金錢種類之工程預付款情形，似有畫蛇添足之意。

Q18. 未依規定為預付款還款保證之提出，得否為押標金沒收之原因事項

今如丙營造公司於規定之綜合體育館新建工程預付款還款保證提出期間屆滿時，僅提供該項工程預付款申辦數額 50% 之還款保證擔保。此時，A 市政府是否得依相關法律規定，主張因丙營造公司未能依規定於期間內，提供與其申辦該項工程預付款相同額度之還款保證擔保，而沒收丙營造公司所繳納或提出之押標金？

8　押標金保證金暨其他擔保作業辦法第 23 條第 1 項：「廠商以銀行開發或保兌之不可撤銷擔保信用狀、銀行之書面連帶保證或保險公司之保證保險單繳納預付款還款保證者，除招標文件另有規定外，其有效期應較契約規定之最後施工、供應或安裝期限長九十日。」

A18 解題說明

通常而言，該系爭營造建築工程承攬之承攬人得否為工程預付款申請，招標人一般皆會於招標公告或投標須知文件內容中說明。若該系爭工程承攬有可為工程預付款支領之情形，則其申請辦法、數額、返還及保證擔保提出等相關要件規定，亦均應於招標文件或投標須知等內容明示[9]。亦即，定作人 A 市政府應於該次招標文件或投標須知等內容，明示得標廠商得申辦請領工程預付款，並規定得標廠商如欲申辦該項工程預付款者，需於規定期間內提供與該項工程預付款相同額度，或一定比例之還款保證擔保。

易言之，承攬人丙營造公司需於規定期間內，提供與該項工程預付款相同額度，或定作人 A 市政府規定之數額，或一定比例之還款保證擔保，始得申請辦理該項工程預付款。今如發生題示情形，**因丙營造公司未於規定期間內提供相當，或符合定作人規定之預付款還款保證擔保，定作人 A 市政府應可據此為拒絕履行工程預付款給付之理由。**

雖依我國內營造建築工程承攬實務當事人之一般交易習慣而言，該工程承攬契約當事人如無特別約定，於契約一方當事人申辦工程預付款時，通常該申辦人須於規定期間內，提供定作人允許之擔保提出種類，並與該項工程預付款相同額度，或一定比例之預付款還款保證擔保，他方當事人始為該項工程預付款之給付。

然此項工程預付款之立意，係指於一定情形下，該次工程承攬契約之定作人，允許承攬人於系爭工程承攬契約為實際履行前或於履行期間內，為該次工程承攬招標之確定得標人或承攬人，履行系爭工程承攬契約之資

---

9 押標金保證金暨其他擔保作業辦法第 21 條第 1 項：「機關得視案件性質及實際需要，於招標文件中規定得標廠商得支領預付款及其金額，並訂明廠商支領預付款前應先提供同額預付款還款保證。」同法第 22 條：「預付款還款保證，得依廠商已履約部分所占進度或契約金額之比率遞減，或於驗收合格後一次發還，由機關視案件性質及實際需要，於招標文件中訂明。廠商未依契約規定履約或契約經終止或解除者，機關得就預付款還款保證尚未遞減之部分加計利息隨時要求返還或折抵機關尚待支付廠商之價金。前項利息之計算方式及機關得要求返還之條件，應於招標文件中訂明，並記載於預付款還款保證內。」

金有效運用之便宜方式，已如前述。此一便宜方式，論其性質，應屬定作人之工程承攬報酬價金之部分數額的預先給付性質。於定作人承攬報酬價金後付原則下[10]，此項工程預付款之申辦主張，應屬於確定得標人（或承攬人）請求定作人工程承攬報酬價金一部先為預付之權利。而此一預付款還款保證擔保之提出，應係預付款申請人權利得為行使之約定條件，並非確定得標人（或承攬人）於工程承攬契約上之主給付義務，前已敘明。

今如發生題示情形，若 A 市政府依據現行政府採購法第 31 條第 2 項第 5 款規定[11]，因丙營造公司未於規定期間內提供相當之還款擔保，進而主張沒收丙營造公司所繳納或提出之押標金者，A 市政府之該項沒收押標金主張應無理由。蓋如若發生丙營造公司於規定之提供擔保期間屆滿時，僅提供該項工程預付款申辦數額 50% 還款擔保之情形者，應僅得認係丙營造公司發生權利行使之事實上障礙，而非契約上義務之違反。

亦即，若因申辦工程預付款之承攬人丙營造公司，於提出預付款還款擔保之規定期間屆滿時，僅提供該項工程預付款申辦數額 50% 之還款擔保者，定作人 A 市政府應僅得據此為該次工程預付款申辦數額 50% 部分之給付，或拒絕給付該次工程預付款之理由，似較合理。

若 A 市政府因丙營造公司未於規定期間內，提供該次相當之預付款還款擔保，而依據現行政府採購法第 31 條第 2 項第 5 款規定，逕自主張沒收丙營造公司所繳納或提出之押標金者，則 A 市政府沒收丙營造公司所繳納或提出押標金之情形，恐有權利濫用之嫌。畢竟，押標金之擔保本旨，係契約締結前之程序安定與利益（詳閱本書案例二 Q8 及 Q9）。因

---

10 民法第 505 條：「報酬應於工作交付時給付之，無須交付者，應於工作完成時給付之。工作係分部交付，而報酬係就各部分定之者，應於每部分交付時，給付該部分之報酬。」原最高法院 50 年台上字第 2705 號民事判例裁判要旨：「承攬人完成之工作，依工作之性質，有須交付者，有不須交付者，大凡工作之為有形的結果者，原則上承攬人於完成工作後，更須將完成物交付於定作人，且承攬人此項交付完成物之義務，與定作人給付報酬之義務，並非當然同時履行，承攬人非得於定作人未為給付報酬前，遽行拒絕交付完成物。」

11 政府採購法第 31 條第 2 項第 5 款：「廠商有下列情形之一者，其所繳納之押標金，不予發還；其未依招標文件規定繳納或已發還者，並予追繳：……五、得標後未於規定期限內，繳足保證金或提供擔保。」

此，若將工程契約承攬報酬預付便宜原則給付與否之條件，作為契約締結前擔保機制之擔保原因事項，應難謂有其合理之說。

另如前所述，於定作人承攬報酬價金後付原則下，此項工程預付款還款保證之提出，應屬於確定得標人（或承攬人）得為主張工程承攬契約報酬一部先為預付權利行使之條件，並非確定得標人（或承攬人）契約上之主給付義務。亦即，此一未為相當足額之預付款還款保證擔保提出，應僅發生工程預付款申請權利人權利行使之事實上障礙，而非契約上之債務不履行。且以此契約上權利行使之事實上障礙事項，作為押標金擔保原因事項者，亦有違押標金之正當程序利益擔保本旨。

筆者建議

綜上所述，定作人 A 市政府因申辦該項工程預付款之承攬人丙營造公司未能依規定於一定期間內，提供與其申辦該項工程預付款相同額度，或一定比例之預付款還款保證擔保，而逕自沒收丙營造公司所繳納或提出之押標金者，應無理由。

退而言之，即便 A 市政府引用現行政府採購法第 31 條第 2 項第 5 款規定，以一方當事人契約上權利行使之要件未為履行，作為沒收程序擔保性質之押標金的原因事項，仍難謂妥適。

蓋承攬人如未依契約約定繳納或提出擔保金，係屬於違反契約約定義務之原因事項。而因一方當事人違反契約約定義務之原因事項，他方當事人所得處分之標的，應為違約金。如因一方當事人違反契約約定義務之原因事項，而將押標金沒收者，恐與違約金係於違反契約約定義務之原因事項時始須提出，及於約定過高時，得請求法院酌減之性質不符。另參照現行政府採購法第 31 條立法理由，因未提出同額還款保證而沒收押標金情形，亦與立法者所指押標金係為程序擔保機制之精神，有相為逕庭之嫌。

Q19. 預付款還款擔保義務人之救濟途徑

今若該 A 市綜合體育館新建工程承攬定作人 A 市政府，以申辦工程預付款之承攬人丙營造公司未能依規定，於一定期間內提供與其申辦該項工程預付款相同額度之預付款還款擔保，而將丙營造公司所提出之押標金沒收。若丙營造公司係以 F 銀行開發或保兌之不可撤銷擔保信用狀、銀行之書面連帶保證書為該次投標之押標金提出者，該 F 銀行究係應依民事訴訟主張其權利，或以行政爭訟程序為救濟？

A19 解題說明

該 F 銀行以其所開發或保兌之不可撤銷擔保信用狀或書面連帶保證書，為確定得標人丙營造公司之該次 A 市政府綜合體育館新建工程承攬招標之押標金提出者，F 銀行如對於 A 市政府將丙營造公司所提出之押標金沒收有異議者，該 F 銀行應依民事訴訟程序，向該綜合體育館新建工程承攬契約上當事人所約定或依法定管轄之管轄法院，主張其權利。

目前司法實務對於招標、審標、決標等爭議之見解與國內學者之觀點，於定作人為行政機關或公法人時，該定作人之招標、審標、決標等爭議行為，認係公法上爭議[12]，該管行政法院有其審判權。亦即，於定作人

---

12 最高行政法院 97 年 5 月份第 1 次庭長法官聯席會議（二），決議要旨：「政府採購法第 74 條規定：『廠商與機關間關於招標、審標、決標之爭議，得依本章規定提出異議及申訴。』採購申訴審議委員會對申訴所作之審議判斷，依同法第 83 條規定，視同訴願決定。準此，立法者已就政府採購法中廠商與機關間關於招標、審標、決標之爭議，規定屬於公法上爭議，其訴訟事件自應由行政法院審判。機關依政府採購法第 50 條第 1 項第 5 款取消廠商之次低標決標保留權，同時依據投標須知，以不同投標廠商間之投標文件內容有重大異常關聯情形，認廠商有同法第 31 條第 2 項第 8 款所定有影響採購公正之違反法令行爲情形，不予發還其押標金。廠商對不予發還押標金行爲如有爭議，即爲關於決標之爭議，屬公法上爭議。廠商雖僅對機關不予發還押標金行爲不服，而未對取消其次低標之決標保留權行爲不服，惟此乃廠商對機關所作數不利於己之行爲一部不服，並不影響該不予發還押標金行爲之爭議，爲關於決標之爭議之判斷。因此，廠商不服機關不予發還押標金行爲，經異議及申訴程序後，提起行政訴訟，行政法院自有審判權。至本院 93 年 2 月份庭長法官聯席會議決議之法律問題，係關於採購契約履約問題而不予發還押標金所生之爭議，屬私權爭

為行政機關或公法人時，如以經招標程序作為工程承攬契約締結要件之情形，該契約締結前之完整招標程序應屬於公法行為。

易言之，於招標程序完結前，如發生程序當事人對於該程序上有任何爭執之情形者，則該程序當事人，應依行政爭訟程序為救濟管道[13]。而如係招標程序完結後，當事人於其所締結契約之權利義務有爭執者，則屬私經濟行為，當事人應依民事訴訟程序為權利之主張。即便因債務人契約上義務履行之違反，而因此造成該債務人於程序上所提出之擔保，成為債權人主張該債務人契約上義務違反之處罰標的，亦應認係當事人於其所締結契約之權利義務有爭執者，屬於私經濟行為，當事人應依民事訴訟程序為權利之主張[14]。

執，非公法上爭議，行政法院自無審判權，與本件係廠商與機關間關於決標之爭議，屬公法上爭議有間，附此敘明。」參閱政府採購法第 74 條之現行有效條文立法理由：「一、政府採購行爲一向被認定爲『私經濟行爲』，故已有契約關係之履約或驗收爭議應循民事爭訟途徑解決，使救濟制度單純化；且本法設有調解制度，已足可提供救濟管道。本條原規定履約或驗收之私法爭議，得由得標廠商自由選擇適用申訴程序或仲裁、起訴，將造成救濟體系積極衝突，實有不宜。爰予刪除。二、關於履約或驗收爭議得提出異議、申訴規定及第 83 條視同調解方案規定既經刪除，本條但書已無實益。爰移列於第 85 條之 1 第 1 項規範之。」

13 最高行政法院 104 年度判字第 286 號判決：「按政府採購法第 74 條規定：『廠商與機關間關於招標、審標、決標之爭議，得依本章規定提出異議及申訴。』依同法第 76 條規定，廠商對於公告金額以上採購案異議之處理結果不服者，得向主管機關、直轄市或縣（市）政府所設之採購申訴審議委員會提出申訴，該採購申訴審議委員會所爲之申訴審議判斷，依同法第 83 條之規定，視同訴願決定。準此，立法者已就政府採購法中廠商與機關間關於招標、審標、決標之爭議，規定屬於公法上爭議，其相關爭議決定、異議決定亦應相對定性為行政處分，以利止爭。是以，經申訴審議判斷所撤銷之爭議決定及異議決定，依行政程序法第 118 條前段規定，溯及既往失其處分效力。易言之，爭議審定及異議決定經申訴審議判斷撤銷者，即不復存在，無從成爲爭訟對象。本件上訴人原審起訴請求撤銷『原處分（即爭議決定）、異議決定及申訴審議判斷不利於上訴人部分』，所指原處分係『被上訴人 101 年 12 月 7 日以工中管字第 1016005139 號函』，異議決定爲『被上訴人 101 年 12 月 28 日工中管字第 1016005177 號函』（見臺中高等行政法院 102 年度訴字第 289 號 102 年 8 月 28 日準備程序筆錄第 2 頁），其內容包含追繳上訴人系爭 2 工程及『全興工業次要道路機能強化工程』之押標金。惟本件原處分及異議決定關於將追繳『全興工業次要道路機能強化工程』押標金部分業經申訴審議判斷撤銷，原處分及異議決定關於此部分規制效力，不復存在。……」

14 最高行政法院 93 年 2 月份庭長法官聯席會議（二）之決議：「採丙說。沒收押標金部分，係因採購契約履約問題所生之爭議，屬私權糾紛而非公法爭議，行政法院無審判權，應以裁

綜上所述，按押標金之擔保性質，係為締約前程序上擔保性質之擔保金，如發生押標金之程序上擔保原因事項，而有所爭執情形時，本應由行政法院管轄。惟該押標金擔保人F銀行所欲為主張者，係該綜合體育館新建工程承攬契約上權利之爭執，並非契約締結前之程序上紛爭，應不屬於招標人A市政府之行政行為。

因此，關於該A市綜合體育館新建工程承攬契約，定作人A市政府之後階段私法契約行為，行政法院並無管轄權。F銀行如對於A市政府將丙營造公司所提出之押標金沒收行為有爭執者，該F銀行應依民事訴訟程序，向該綜合體育館新建工程承攬契約上當事人所約定之管轄法院，主張其權利。

應注意者，最高行政法院102年11月份第1次庭長法官聯席會議：「依政府採購法第30條第1項本文、第31條第1項前段規定，機關辦理招標，應於招標文件中規定投標廠商須繳納押標金，並於決標後將押標金無息發還未得標廠商。是廠商繳納押標金係用以擔保機關順利辦理採購，並有確保投標公正之目的，為求貫徹，政府採購法第31條第2項乃規定機關得於招標文件中規定廠商有所列各款所定情形之一者，其所繳納之押標金不予發還，已發還者，並予追繳。法文明定機關得以單方之行政行為追繳已發還之押標金，乃屬機關對於投標廠商行使公法上請求權，應有行政程序法第131條第1項關於公法上請求權消滅時效規定之適用。」

若按前述最高行政法院102年11月份第1次庭長法官聯席會議之決議內容觀之，則A市政府以丙營造公司未能依規定，於期間內提供與其

定駁回。通知廠商將列為不良廠商於政府採購公報部分，則係行政機關依採購法第101條規定所為處分，屬公法事件，受訴法院應爲實體判決。」

申辦該項工程預付款相同額度之還款擔保，而將丙營造公司所提出之押標金沒收，係屬政府採購法第 31 條第 2 項第 5 款明文之得標後未於規定期限內，繳足保證金或提供擔保情形。據此，押標金擔保人 F 銀行，如對於定作人 A 市政府，將丙營造公司所提出之押標金沒收行為有爭執者，應依行政程序為申訴，或提起行政訴訟等為救濟方式。

如若於契約控制之原則下，確實依照押標金之程序利益擔保本旨，將押標金之擔保原因事項，限於契約成立前之程序階段事項，而非由一方當事人將押標金擔保範圍，任意涵蓋程序階段行為與契約義務履行。如此，應可令當事人法律關係更加清楚，並避免當事人救濟管道易誤及障礙發生之尷尬。

易言之，於通常情形，在確定得標人即丙營造公司，已經履行其與招標人 A 市政府之該綜合體育館新建工程承攬契約締結義務時，如無其他程序擔保事項，則因押標金擔保原因消滅，押標金受領人即 A 市政府須及時將押標金返還予押標金提出之人。

此時，若發生押標金受領人不為及時返還押標金之情形者，押標金提出人即得向該管行政法院主張押標金受領人不為給付或給付遲延之責任。而於契約締結後，發生契約上擔保事項情形時，應以契約上義務履行擔保機制作為契約上當事人利益之保護，當事人之契約上權利義務有所爭執者，則以民事訴訟為救濟管道，始為妥適。

Q20. 定作人得否因未提供足額預付款還款擔保而解除或終止承攬契約

今若申辦該 A 市綜合體育館新建工程預付款之承攬人丙營造公司，於定作人 A 市政府通知之預付款還款保證提出之一定期間經過後，仍僅能提供該項工程預付款申辦數額 50% 之預付款還款保證擔保。於此時，A 市政府是否得因丙營造公司未能依規定於期間內，提供與其申辦該項工程預付款相同額度之預付款還款擔保，而主張解除或終止該 A 市綜合體育館新建工程承攬契約？

A20 解題說明

題示情形，申辦該 A 市綜合體育館新建工程預付款之承攬人丙營造公司，於定作人 A 市政府通知之預付款還款保證提出之一定期間經過後，仍僅能提供該項工程預付款申辦數額 50% 之預付款還款保證擔保者，定作人 A 市政府應不得因丙營造公司未能依規定於期間內，提供足額之預付款還款擔保，而主張契約解除。

蓋預付款還款擔保之提出，並非決定工程承攬契約性質之主給付內容，其僅係工程承攬契約報酬部分先為給付之便宜條款的償還義務履行擔保。且如前所述，於定作人承攬報酬價金後付原則下，此項工程預付款之申辦主張，應屬於確定得標人（或承攬人），主張工程承攬契約報酬先為預付之契約利益。而該預付款還款擔保之提出，應係於該確定得標人（或承攬人），主張此一工程承攬契約報酬先為預付之契約利益時，其始須負該項預付款還款保證擔保提出之義務。

關於權利與契約利益，國內學者有謂：「……契約關係上的『利益』，雖然不像『權利』一般，由暨存法律體系予以一般性的承認並宣示應予尊重，而是由契約當事人雙方經由契約予以個別性的承認，並彼此承諾應予尊重。……由於契約關係上的『利益』，與『權利』具有相同的特性，債務人在締約或履約階段，可以預見其存否、主體、內容及範圍，並事先有所準備，經由契約約定，合理分配風險，或是透過價格機能，反映在交易對價上，或是透過保險機制，分散轉嫁風險，因而縱使將利益與權利等同視之，予以平等保護，使之適用相同的歸責原理，通常亦在債務人可以合理預見的範圍，其侵害所生的損害賠償責任，亦不至於對債務人造成賠償負擔過重，賠償範圍巨大到無法承受的地步。」[15]

由前述學者關於權利與契約利益之論述，可認契約關係上的「利益」，雖然不像「權利」一般，由暨存法律體系予以一般性的承認並宣示應予尊重，而是由契約當事人雙方經由契約予以個別性的承認，並彼此承

---

15 陳忠五，契約責任與侵權責任的保護客體，新學林，2008 年 12 月，初版一刷，第 79 頁。

諾應予尊重。可認契約關係上的「利益」，與「權利」具有相同的特性，債務人在締約或履約階段，可以預見其存否、主體、內容及範圍，並事先有所準備。因此，於契約當事人得以預見之範圍內，該契約利益，應與權利受到等同之保護。是該項承攬報酬預先給付之工程預付款，應屬於承攬人契約上利益之一種，並係由契約當事人雙方經由契約予以個別性的承認，契約當事人均應予尊重。

雖前項所稱契約利益之一種的承攬報酬預先給付，需先由承攬人先為履行預付款還款擔保提出義務，始得享受該項契約利益。然該申辦 A 市綜合體育館新建工程預付款之丙營造公司，於定作人 A 市政府規定之預付款還款保證擔保提出之一定期間經過，仍僅能提供該項工程預付款申辦數額 50% 預付款還款保證擔保之情形，應僅發生權利人權利行使之事實上障礙[16]，而非契約上主給付之債務不履行。蓋債務不履行者，包括給付不能、給付遲延及不完全給付[17]。然國內學者有謂：「債務不履行，顧名思義，乃債務之不履行，所謂債務若理解為債法上義務，固然能涵蓋附隨義務及保護義務等給付義務以外之義務，然認為附隨義務及保護義務亦為債務，似有不盡妥善之處。」[18]

契約利益之一種的承攬報酬預先給付，需先由承攬人先為履行預付款還款擔保提出義務，始得享受該項契約利益，已如前述。而此一承攬人先為履行預付款還款擔保提出之義務，似非系爭工程承攬契約之給付義務。

---

16 最高行政法院 105 年度判字第 5 號判決：「系爭契約第 5 條第 1 款第 1 目第 2 點約定：『預付款於雙方簽訂契約，廠商辦妥履約各項保證，並提供預付款還款保證，經本公司核可後於____日（由本公司於招標時載明）內撥付。』第 4 目約定：『契約未載明本公司接到廠商依契約規定提出之請款單據後之付款期限及審核程序者，應依行政院主計處訂頒之公款支付實現及處理應行注意事項。』又公款支付時限及處理應行注意事項第 2 條第 2 款規定：『各機關接到應（待）付款單據後，除遇天然災害之特殊因素外，對公款支付之處理時限，依下列規定辦理：……（二）普通事項，不得超過五日。』可知，廠商辦妥履約各項保證，並提出預付款還款保證，取得主辦機關之核可後，始須給付預付款。」

17 民法第 250 條立法理由：「一、第一項『不履行債務』，包括給付不能、給付遲延及不完全給付。爲統一用語，爰將之修正爲『於債務不履行』。」

18 陳自強，契約違反與履行請求，元照出版，2015 年 9 月，初版一刷，第 8 頁。

易言之，於定作人通知或規定之預付款還款保證擔保提出之期間經過，該預付款申辦人，未能提供符合規定是項工程預付款申辦數額之預付款還款保證擔保者，應僅係該預付款申辦人，發生此一契約上便宜權利行使之障礙事項，非屬該承攬契約給付義務之債務不履行。

除前述最高行政法院之見解與學者論述外，對於預付款還款保證未為提出之情形，最高法院亦有認為：「惟債務人如係違反契約之附隨義務，債權人原則上僅得請求損害賠償，需與給付目的相關之附隨義務之違反，足以影響契約目的之達成，而與違反主給付義務對債權人所造成之結果無差異者，始賦予解除權。依系爭契約第 5 條（1）1.約定，被上訴人縱未提供預付款還款保證，上訴人仍得於日後各期估驗請款時予以扣回，並無礙兩造締約目的，亦無影響上訴人之契約利益，其遽依系爭契約第 21 條（1）11.約定解約，即屬無據。」[19]

亦即，該預付款申辦人，其未能提供符合規定是項工程預付款申辦數額之預付款還款保證擔保，並未發生侵害該預付款給付人之權利或契約上利益的情形。因此，申辦該 A 市綜合體育館新建工程預付款之承攬人丙營造公司，於定作人 A 市政府通知之預付款還款保證提出之一定期間經過後，仍僅能提供該項工程預付款申辦數額 50% 之預付款還款保證擔保情形，應僅得作為該項權利之相對人即 A 市政府拒絕給付之抗辯理由，而無法成為該工程承攬契約一方當事人主張契約解除，或終止契約之理由。蓋按現行民法有關承攬契約解除之規定，於所承攬之工作為建築物或其他土地上之工作物者，僅於：1.其瑕疵重大致不能達使用之目的者[20]；2.因可歸責於承攬人之事由，致工作逾約定期限始完成，或未定期限而逾相當時期始完成者，而以工作於特定期限完成或交付為契約之要素者[21]；

---

19 最高法院 108 年度台上字第 57 號民事判決。

20 民法第 495 條立法理由：「依第四百九十四條但書之規定，承攬之工作爲建築物或其他土地上之工作物者，縱因可歸責於承攬人之事由，致有瑕疵時，定作人仍不得解除契約。在瑕疵重大致不能達使用之目的時，此項規定對定作人即有失公平，且有礙社會公益。爲兼顧定作人之權益及維護社會公益，爰增訂第二項。」

21 民法第 502 條立法理由：「謹按約定之工作，而不能於約定期內完成，或雖無約定期限，已

3.工作需定作人之行為始能完成者，而定作人不為其行為時，承攬人得定相當期限，催告定作人為之，定作人不於前項期限內為其行為者[22]等情形，契約一方當事人始得依各該法律規定解除契約。亦即，除前述情形外，承攬契約一方當事人似無得為任意解除契約，而無須負擔損害賠償責任之理由。且因契約一方當事人任意解除契約，而另契約目的無法完成，並因此負擔損害賠償責任者，亦應非屬該契約當事人之本意。

筆者建議

綜上所述，該項工程預付款之本旨，係為工程承攬契約報酬預為先付之便宜原則。而工程預付款還款保證，僅係該工程承攬契約報酬給付便宜原則下，預為先付部分之償還保證擔保提出，而非該工程承攬契約主給付義務履行之擔保。因此，定作人 A 市政府不得因丙營造公司未能依規定於期間內，提供與其申辦該項工程預付款相同額度之預付款還款保證擔保為由，而主張契約解除或終止該 A 市綜合體育館新建工程承攬契約。

該 A 市綜合體育館新建工程承攬契約，若該申辦預付款之承攬人未能依規定，於期間內提供與其申辦該項工程預付款相同額度之預付款還款保證擔保，定作人即得主張契約解除[23]之條款，係為契約一方當事人所預

經過相當時期而仍未完成者，如係可歸責於承攬人之事由時，定作人得請求減少報酬。又有上述情形，而其工作係以特定期限完成，或交付爲契約之要素者，承攬人不於期限內完成或交付，定作人即得解除契約，蓋以咎在承攬人，不應使定作人受損害也。」

22 民法第 507 條立法理由：「謹按工作須定作人之行爲，如須由定作人供給材料，或由定作人指示，或須定作人到場，例如寫真畫像之類，始得完成者，定作人不爲其行爲，即無由完成工作，遇有此種情形，不得不保護承攬人之利益。而保護之法，莫若使其可向定作人定相當期間，催令追完其行爲，若不於此期間內追完者，自應予以解約之權。」

23 最高行政法院 99 年度裁字第 2464 號裁定：「本件抗告人及訴外人仲○聯合建築師事務所共同投標承攬參與招標機關即相對人行政院文化建設委員會所辦理『華山電影藝術館工程統包案』採購案。嗣經相對人以民國 97 年 10 月 14 日文壹字第 0973132560 號函稱，系爭工程因擬訂定者。此時，應認該條款有民法第 247 條之 1 所規定附合契約之約定條款有顯失公平情形[24]，而認該有關申辦預付款之承攬人未能依規定，於期間內提供與其申辦該項工程預付款相同額度之預付款還款保證擔保，定作人即得主張契約解除之預擬訂定條款約定部分為無效約定[25]。

Q21. 承攬人可否因定作人未履行預付款給付義務而解除承攬契約

如申辦 A 市綜合體育館新建工程預付款之承攬人丙營造公司，於定作人 A 市政府規定之一定期間內，已經為與其申辦該項工程預付款相同額度之預付款還款保證擔保之提出。惟 A 市政府遲遲不為是項工程預付款之給付，業經丙營造公司多次通知仍為未果。此時，丙營造公司得否因此，而主張解除 A 市綜合體育館新建工程承攬契約？

A21 解題說明

如前所述，營造建築工程承攬仍係為定作人承攬報酬後付原則。工程

抗告人及仲◯聯合建築師事務所之因素造成進度嚴重落後，又依契約規定應繳納預付款還款保證，經相對人多次函催仍藉故推遲，乃通知解約在案，認抗告人及仲◯聯合建築師事務所有政府採購法第 101 條第 1 項第 10 款及第 12 款之情事，通知擬將抗告人及仲◯聯合建築師事務所刊登政府採購公報。……」

24 民法第 247 條之 1：「依照當事人一方預定用於同類契約之條款而訂定之契約，為左列各款之約定，按其情形顯失公平者，該部分約定無效：一、免除或減輕預定契約條款之當事人之責任者。二、加重他方當事人之責任者。三、使他方當事人拋棄權利或限制其行使權利者。四、其他於他方當事人有重大不利益者。」

25 最高法院 102 年度台上字第 2017 號民事判決裁判要旨：「民法第 247 條之 1 第 1 款、第 3 款規定，依照當事人一方預定用於同類契約之條款而訂定之契約，為左列各款之約定，按其情形顯失公平者，該部分約定無效：免除或減輕預定契約條款之當事人之責任者；使他方當事人拋棄權利或限制其行使權利者。所稱『免除或減輕預定契約條款之當事人之責任者』、『使他方當事人拋棄權利或限制其行使權利者』，係指一方預定之該契約條款，為他方所不及知或無磋商變更之餘地，始足當之。所謂『按其情形顯失公平者』，則係指依契約本質所生之主要權利義務，或按法律規定加以綜合判斷，有顯失公平之情形而言。」

預付款之本質，仍係為該次工程承攬契約報酬價金。而工程預付款之本旨，乃為該次工程承攬報酬價金之預先給付，係為定作人承攬報酬後付原則下之部分承攬報酬價金先付之一種便宜原則。

然此一種部分承攬報酬價金先付之便宜原則之履行與否，並非影響工程承攬契約成立或生效之必要之點，且亦非現行法定之契約解除要件。因此，除該工程預付款給付義務不履行，為契約當事人特別約定之契約解除要件外，丙營造公司不得因 A 市政府未履行工程預付款給付義務，而主張解除該綜合體育館新建工程承攬契約。

除前述外，丙營造公司可否主張該 A 市政府之工程預付款給付行為，係屬於定作人之協力義務，而依現行民法第 507 條規定[26]，為解除 A 市政府綜合體育館新建工程承攬契約之主張？

有關此一問題，在於工程承攬契約報酬主給付之一部預為先付，是否係屬於需定作人之行為始能完成之事項？如前述說明，工程預付款之本質係為工程承攬契約報酬之一部。然而，**工程承攬報酬係工作完成之對價，並非工作完成之必要事項[27]，是工程預付款之給付行為，應非屬定作人於工程承攬契約上之協力義務，承攬人不得主張工程預付款給付係定作人之協力義務。**

筆者建議

綜上所述，定作人 A 市政府之該項工程預付款給付行為，並非屬於 A 市政府於綜合體育館新建工程承攬契約之定作人協力義務。因此，除 A

26　民法第 507 條：「工作需定作人之行爲始能完成者，而定作人不爲其行爲時，承攬人得定相當期限，催告定作人爲之。定作人不於前項期限內爲其行爲者，承攬人得解除契約，並得請求賠償因契約解除而生之損害。」

27　最高法院 98 年度台上字第 1761 號民事判決之裁判要旨：「按依民法第 507 條規定，工作需定作人之行爲始能完成者，定作人不爲協力時，承攬人雖得定相當期限，催告定作人爲協力行爲，但除契約特別約定定作人對於承攬人負有必要協力之義務外，僅生承攬人得否依該條規定解除契約，並請求賠償因契約解除而生損害之問題，不能強制其履行，自不構成定作人給付遲延之責任。」

市政府與丙營造公司所締結之 A 市綜合體育館新建工程承攬契約，有當事人特別約定之情形外，丙營造公司不可主張 A 市政府違反定作人之協力義務，更不得以 A 市政府未履行該項工程預付款給付義務為理由，而主張解除其與 A 市政府之綜合體育館新建工程承攬契約。

Q22. 承攬人得否因定作人未履行預付款給付而主張同時履行抗辯

今定作人 A 市政府未於約定期間給付預付款，嗣經承攬人丙營造公司多次催告，仍未履行是項工程預付款給付義務。丙營造公司得否以一定方式通知 A 市政府，因定作人 A 市政府未履行預付款給付義務，而為該次承攬工作拒絕施作之同時履行抗辯主張？

A22 解題說明

如前所述，營造建築工程承攬通常仍係為定作人承攬報酬後付原則。工程預付款之本質，係為該次工程承攬契約報酬價金。且工程預付款之本旨，為該次工程承攬契約報酬價金一部之預先給付，係為定作人承攬報酬後付原則下之部分承攬報酬價金先付之一種便宜原則。而此部分承攬契約報酬價金先付之便宜原則之履行與否，並非影響工程承攬契約成立或生效之必要之點，亦非該工程承攬契約之主給付義務，已如前述。

易言之，**於承攬報酬後付原則下，部分承攬報酬先付之履行，除契約當事人有得為同時履行抗辯之特別約定外，承攬人應不得因定作人未履行預付款給付者，而據此主張同時履行抗辯。**亦即，於 A 市政府未履行是項工程預付款給付義務之情形，丙營造公司仍應依該綜合體育館新建工程承攬契約約定之承攬工作期間，進場實際施作，履行完成工作之義務。

惟於 A 市政府經丙營造公司多次催告，仍未履行是項工程預付款給付義務之情形，如係因為 A 市政府發生財政問題，或係有現行法律有關不安抗辯權得為行使之要件事項者。**則丙營造公司得據 A 市政府發生財**

政問題原因事項，依民法第 265 條之規定，對 A 市政府主張不安抗辯權之行使，於 A 市政府履行是項工程預付款給付義務前，拒絕自己之給付[28]。於此時，該綜合體育館新建工程承攬契約之承攬工作期間，應於 A 市政府履行是項工程預付款給付義務完成時，重新起算。如於該期間經過前，發生躉物指數有重大變化時，則應有情事變更原則[29]之適用餘地。

筆者建議

如發生定作人經承攬人即營造廠商多次催告，仍未履行是項工程預付款給付義務之情形，如係因為該定作人發生財政問題，或係有現行法律有關不安抗辯權得為行使之要件事項者，於定作人提供相當之擔保，或為是項工程預付款給付前，承攬人得據此而為拒絕工作給付之抗辯。

本文建議，於承攬人得因定作人給付遲延而主張履行抗辯情形，承攬人應於工程會議主張該綜合體育館新建工程承攬契約之承攬工作期間，須於該定作人履行是項工程預付款給付義務完成時，重新起算。且於該期間經過前，如有發生躉物指數重大變化時，得以情事變更原則[30]為重新計價之主張。

另外，若該工程預付款之未依約定給付情形，為無正當理由者。此

---

28 民法第 265 條：「當事人之一方，應向他方先爲給付者，如他方之財產，於訂約後顯形減少，有難爲對待給付之虞時，如他方未爲對待給付或提出擔保前，得拒絕自己之給付。」

29 民法第 227 條之 2：「契約成立後，情事變更，非當時所得預料，而依其原有效果顯失公平者，當事人得聲請法院增、減其給付或變更其他原有之效果。前項規定，於非因契約所發生之債，準用之。」

30 最高法院 108 年度台上字第 1721 號民事判決所涉案例：「按依民法第 227 條之 2 第 1 項規定請求增、減給付或變更契約原有效果者，應以契約成立後，發生非訂約當時所得預料之劇變（例如：戰爭、災害、通貨膨脹、經濟危機等），如依原有效果履行契約顯失公平，始足當之。倘當事人間契約已明文約定不依物價指數調整價金，即雙方當事人就物價漲跌之風險已有分配之約定，則就常態性之物價波動，未超過契約風險範圍而為當事人可得預見，自難認屬情事變更；僅就超過常態性波動範圍之劇烈物價變動，始有情事變更原則之適用。兩造雖於契約中約明不隨物價波動調整工程款，惟簽約後，營造工程指數總指數等物價指數漲幅顯已超出合理範圍，為原審認定之事實，則漲幅中何部分屬超過合理（常態性）波動範圍，攸關被上訴人依情事變更所得請求增加給付金額之計算，自應先予調查審認。」

時，應可以該次工程承攬契約有關工作給付遲延之條款內容，作為定作人之工程預付款給付遲延效果的計算標準。在誠信原則之契約當事人利益衡平的解釋下，前述工程預付款給付遲延之效果，仍可謂之公允。

Q23. 未履行預付款使用情形告知義務，得否為預付款追回之原因事項

今如 A 市政府於該綜合體育館新建工程承攬契約之專用條款部分，預擬訂定以下內容：「如承攬人未履行工程預付款使用情形告知義務者，A 市政府有權追回該項工程預付款」。嗣後丙營造公司未依規定履行工程預付款使用情形告知義務，A 市政府可否按前述該專用條款部分之內容，主張丙營造公司須於一定期間內繳回工程預付款？

A23 解題說明

於目前現行法律有關預付款之規定，賦予定作人有要求承攬人對於該預付款之使用情形說明之權利[31]。觀諸前述有關定作人要求支領預付款之承攬人為其預付款使用說明之規定，或有保護債權人即定作人財產上利益之附隨義務之旨趣。

惟該丙營造公司所為支領之工程預付款款項性質，係定作人及 A 市政府於系爭綜合體育館新建工程承攬契約上給付義務之工程承攬報酬預為給付，並非為系爭工程承攬契約關係以外原因之金錢給付。

況該丙營造公司亦已經提供相同數額之預付款還款擔保[32]，且動產之所有權於交付後，即已移轉於該動產之受領人即丙營造公司，該動產受領人即享有該動產之完全的處分權能，應得自由處分其所受領之動產。即便

---

31 押標金保證金暨其他擔保作業辦法第 21 條第 2 項：「機關必要時得通知廠商就支領預付款後之使用情形提出說明。」

32 押標金保證金暨其他擔保作業辦法第 21 條第 1 項後段：「……並訂明廠商支領預付款前應先提供同額預付款還款保證。」

於 A 市政府為工程預付款使用情況說明之通知後，發生丙營造公司不為預付款使用情況說明之情形，亦無造成定作人即 A 市政府固有或期待利益之損害。

易言之，**A 市政府不得單獨請求丙營造公司履行該項工程預付款使用情況說明義務**。否則，若於通知到達後，丙營造公司不為該項工程預付款使用情況說明者，A 市政府基於防免其經濟上損害發生之可能，而據此將該項工程預付款為追回之主張，豈不破壞了工程預付款之經濟上便宜作用，且動搖契約當事人間之信賴？基於工程承攬契約當事人間信賴基礎之維持，與預付款之性質及作用，要無將預付款使用情形之告知行為，歸為支領預付款之承攬人契約上義務之必要，似較妥適。

且該綜合體育館新建工程承攬契約之專用條款部分，係由 A 市政府所預擬訂定。嗣後丙營造公司未依規定履行工程預付款使用情形告知義務，A 市政府按前述預擬訂定之專用條款部分內容，主張丙營造公司須於一定期間內繳回工程預付款，應認有民法第 247 條之 1 明文所列顯不利益一方當事人之情形。據此，承攬人丙營造公司，應可主張前述 A 市政府綜合體育館新建工程承攬契約預擬訂定專用條款有關承攬人未履行工程預付款使用情形告知義務者，A 市政府有權追回該項工程預付款之條款內容部分，為民法第 247 條之 1 規定之無效條款內容。

筆者建議

綜上所述，基於預付款仍係承攬報酬性質，及其預先給付便宜原則之作用，與工程承攬契約當事人間信賴基礎之維持。定作人 A 市政府應不得按前述該專用條款部分之內容，以申辦 A 市綜合體育館新建工程預付款之承攬人丙營造公司，未依規定履行該項工程預付款使用情形告知義務為由，作為已經給付之預付款的追回原因事項，進而主張丙營造公司須於一定期間內繳回工程預付款。

第四單元

法定抵押權

案例四

K 縣政府鑑於雨汛災害嚴重，業經法定程序，決定於雨汛期經過後，將有危險存在且不堪使用之既有 M 跨河大橋拆除，並於新址另外興建 L 跨河大橋，以利交通遷徙。遂而辦理 M 跨河大橋拆除工程承攬招標，及 L 跨河大橋新建工程承攬招標。嗣後由乙營造公司為 M 跨河大橋拆除工程承攬招標之確定得標人，並由丁營造公司為 L 跨河大橋新建工程承攬招標之確定得標人。

Q24. 拆除工程承攬人得否主張法定抵押權

素聞 K 縣政府常年有財政問題存在，乙營造公司為令其 M 跨河大橋拆除工程承攬之承攬報酬能有保障，故而主張承攬人之法定抵押權。試問乙營造公司得否主張現行法律之承攬人法定抵押權？

A24 解題說明

按現行民法第 513 條第 1 項規定：「承攬之工作為建築物或其他土地上之工作物，或為此等工作物之重大修繕者，承攬人得就承攬關係報酬額，對於其工作所附之定作人之不動產，請求定作人為抵押權之登記；或對於將來完成之定作人之不動產，請求預為抵押權之登記。」依前開法律規定之明文，承攬工作標的內容為建築物或其他土地上工作物，或為該等工作物之重大修繕者，該承攬人得就承攬關係及其報酬額為法定抵押權之原因事項，主張對於其工作所附之定作人之不動產為抵押登記。

而觀諸民法第 513 條之立法本旨，係為確保承攬人之承攬工作報酬請求[1]。此一承攬人法定抵押權，得由承攬人請求定作人會同為抵押權登記，並兼採預為抵押權登記制度，然此法定抵押權範圍，係為承攬人就承攬關係所生之債權，因其債權額於登記時尚不確定，故以訂定契約時已確定之約定報酬額為限。且為確保承攬人之利益，該法定承攬人抵押權登記請求，承攬人於該工作開始前亦得為之。

如該次承攬契約之內容，業已經公證人作成公證書者，雙方當事人之法律關係自可確認，且亦足認定作人已有會同前往申辦登記抵押權之意，承攬人毋庸更向定作人請求，得由該承攬人單獨申請之。另就建築改良物或其他土地上之工作物，因該承攬關係之修繕工作，而令該建築改良物或其他土地上之工作物其原有價值有所增加者，則就因修繕所增加之價值限度內，因修繕報酬所設定之抵押權，優先於成立在先之抵押權。

關於承攬人之法定抵押權，最高法院所涉案例有：

➲「按民法第 513 條之法定抵押權，係指承攬人就承攬關係所生之債權，對於其工作所附之定作人之不動產，有就其賣得價金優先受償之權，倘無承攬人與定作人之關係，或工作物非定作人所有，不能謂就定作物有法定抵押權。又 88 年 4 月 21 日修正前之民法第 513 條規定之法定抵押

---

1 參閱民法第 513 條立法理由：「一、法定抵押權之發生，實務上易致與定作人有授信往來之債權人，因不明該不動產有法定抵押權之存在而受不測之損害，修正第一項爲得由承攬人請求定作人會同爲抵押權登記，並兼採『預爲抵押權登記』制度，因原條文抵押權範圍爲『承攬人就承攬關係所生之債權』，其債權額於登記時尚不確定，故修正爲以訂定契約時已確定之『約定報酬額』爲限。二、爲確保承攬人之利益，爰增訂第二項，規定前項請求，承攬人於開始工作前亦得爲之。三、承攬契約內容業經公證人作成公證書者，雙方當事人之法律關係自可確認，且亦足認定作人已有會同前往申辦登記抵押權之意，承攬人無庸更向定作人請求，爰增訂第三項。四、建築物或其他土地上之工作物，因修繕而增加其價值，則就因修繕所增加之價值限度內，因修繕報酬所設定之抵押權，當優先於成立在先之抵押權，始爲合理，爰增訂第四項。五、單獨申請抵押權或預爲抵押權登記之程序，應提出之證明文件及應通知定作人等詳細內容，宜由登記機關在登記規則內妥爲規定。」

權，固不待登記即生效力，但仍以屬於定作人所有之不動產為限，始得對之主張法定抵押權。」[2]

➲「次按法定抵押權，係指承攬人就承攬關係所生之債權，對於其工作所附之定作人之不動產，有就其賣得價金優先受償之權，倘無承攬關係所生之債權，不能依雙方之約定而成立法定抵押權。……上訴人雖依該新建工程合約，預為之抵押權登記，惟無實際施作而未發生承攬報酬債權，該抵押權並無擔保之債權，因以上揭理由，為上訴人不利之判決，經核於法並無違背。」[3]

➲「民法第 513 條之法定抵押權，係指承攬人就承攬關係所生之債權，對

---

2 最高法院 104 年度台上字第 2148 號民事判決：「按民法第 513 條之法定抵押權，係指承攬人就承攬關係所生之債權，對於其工作所附之定作人之不動產，有就其賣得價金優先受償之權，倘無承攬人與定作人之關係，或工作物非定作人所有，不能謂就定作物有法定抵押權。又 88 年 4 月 21 日修正前之民法第 513 條規定之法定抵押權，固不待登記即生效力，但仍以屬於定作人所有之不動產爲限，始得對之主張法定抵押權。而建物所有權之取得，除基於他人既存之權利而繼受取得者外，非不得因出資興建而原始取得其產權；至建造執照及使用執照之起造人名義，僅爲依建築法規行政管理之措施，並非決定建物所有權歸屬之依據；另建物之所有權第一次登記通常有其原因關係，或基於買賣或互易或其他法律關係，不一而足，亦不能僅以第一次登記名義人，作爲判斷原始取得建物產權之依據，進而推論爲該建物承攬契約之定作人。」

3 最高法院 107 年度台上字第 88 號民事判決所涉案例：「按民法第 66 條第 1 項所謂土地上之定著物，指非土地之構成部分，繼續附著於土地，而達經濟上使用之目的，即得獨立爲交易及使用之客體而言。次按法定抵押權，係指承攬人就承攬關係所生之債權，對於其工作所附之定作人之不動產，有就其賣得價金優先受償之權，倘無承攬關係所生之債權，不能依雙方之約定而成立法定抵押權。又不動產物權，依法律行爲而取得、設定、喪失及變更者，非經登記，不生效力，民法第 758 條第 1 項定有明文。是以『承攬人法定抵押權』固不待登記即生效力，然依法律行爲移轉該法定抵押權之處分行爲，仍須先爲法定抵押權登記後，再經該法定抵押權之移轉登記完訖，始生其物權移轉之效力。原審本其採證、認事及解釋契約之職權行使，合法認定系爭建物之地下層雖係船○公司委由啓○公司施作，惟依社會通念，斯時並非定著物，亦非土地之部分，於船○公司將之交付被上訴人，所有權已移轉予被上訴人，被上訴人出資完成系爭大樓地上層興建，爲系爭大樓所有權人，上訴人持對船○公司強制執行之拍賣抵押物裁定對系爭大樓強制執行，被上訴人依法得提起第三人異議之訴。系爭地下層雖係啓○公司施作，對船○公司取得興建地下層報酬之法定抵押權，但未經登記，無法將該法定抵押權讓與上訴人。上訴人自啓○公司受讓之系爭債權，並非其與船○公司間本於系爭新建工程合約之承攬關係所生債權。上訴人雖依該新建工程合約，預爲之抵押權登記，惟無實際施作而未發生承攬報酬債權，該抵押權並無擔保之債權，因以上揭理由，爲上訴人不利之判決，經核於法並無違背。」

於其工作所附之定作人之不動產，有就其賣得價金優先受償之權，倘無承攬人與定作人之關係，不能依雙方之約定而成立法定抵押權。」[4]

由前述最高法院關於承攬人法定抵押權之見解，承攬人行使法定抵押權之要件，係指承攬人就承攬關係所實際發生之債權，對於其工作所附之定作人的不動產，有就其賣得價金優先受償之權，倘無承攬關係所生之債權，不能依雙方之約定而成立法定抵押權。且若無承攬人與定作人之關係，或系爭工作物非該定作人所有，不能謂承攬人就該定作物有法定抵押權。

惟拆除工程承攬之實質工作內容，並非物之建築或其他土地上工作物之重大修繕，乃係前述之既存建築物或其他土地上工作物之破壞分析。而此一既存建築物或其他土地上工作物之破壞分析工作承攬，是否仍得為前開現行法律之承攬人法定抵押權行使之原因事項，容有討論餘地。

關於此一問題，最高法院所涉案例有：「承攬之工作為建築物或其他土地上之工作物，或為此等工作物之重大修繕者，承攬人就承攬關係所生之債權，對於其工作所附之定作人之不動產，有抵押權。乃民國 88 年 4 月 21 日修正前民法第 513 條基於公平原則之考量所為立法，即所謂之法

---

4 原最高法院 61 年台上字第 1326 號民事判例：「按民法第 513 條之法定抵押權，係指承攬人就承攬關係所生之債權，對於其工作所附之定作人之不動產有就其賣得價金優先受償之權，倘無承攬人與定作人之關係，縱雙方約定一方不動產由他方出資興建，並承認有法定抵押權，亦無從成立法定抵押權，本件訴外人陳○慶即台北都市開發建設企業股份有限公司董事長，前在中和鄉○○○段外南勢角小段一八○之二等號地上興建國民住宅南山新□一七六戶，嗣因資金短缺，雖曾與上訴人約定由上訴人墊款完成，並承認上訴人對興建房屋有法定抵押權，但依上訴人提出之台北地院請求返還土地事件和解筆錄，上訴人與都市開發公司訂立之協議書等有關契據記載，再參以興建上開房屋均係陳○慶與委建戶訂立委託購置土地代建房屋合約之情形，上開房屋之定作人應係房屋各委建戶，承攬人則爲陳○慶及其公司，上訴人不過因供給資金與陳○慶成立內部合夥或借貸關係而已，並無承攬人之地位，自無從享有法定抵押權，縱陳○慶於調解時承認上訴人對上開房屋有法定抵押權存在，亦不發生使上訴人因而取得法定抵押權之效力，原審基以認定上訴人既無法定抵押權存在，茲對聲請執行查封上開房屋之被上訴人提起確認法定抵押權存在之訴，即屬難以准許，因而維持第一審所爲上訴人敗訴之判決，業已說明其得心證之理由，於法洵無不合，上訴論旨徒就原審取捨證據判斷事實之職權行使，任意指摘，聲明廢棄原判決，不能謂爲有理由。」

定抵押權。依其規定意旨觀之，法定抵押權之成立，必承攬人為定作人施作建築物或地上工作物，或為此等建築物、工作物之重大修繕，始足當之。是以認定是否成立法定抵押權，須觀諸承攬之工作究否為新建建築物、工作物，或為相當於該建築物、工作物『重大修繕』之工程。此之謂『重大修繕』，係指就工作物為保存或修理，其程度已達重大者而言。」[5]

依前述最高法院之見解，似認定是否成立法定抵押權，須觀諸承攬之工作究否為新建建築物、地上工作物，或為相當於該建築物、工作物重大修繕之工程等云云，可知對於承攬人法定抵押權之見解，其成立，必承攬人為定作人施作建築物或地上工作物，或為此等建築物、地上工作物之重大修繕，且該承攬之工作須為新建建築物、工作物，或為相當於該建築物、地上工作物重大修繕之工程，始足當之。易言之，凡不屬於施作建築物或地上工作物，或為此等建築物、地上工作物之重大修繕者，該承攬人即不得本其工作承攬關係及工作承攬報酬額，向定作人主張承攬人之法定抵押權。

關於重大修繕，最高法院另涉案例：「原審維持第一審所為上訴人敗訴之判決，駁回其上訴，無非以：……又修正前民法第 513 條規定所謂建築物，係指建築物本身結構體。至建築物之主要構造，係指基礎、主要樑柱、承重牆壁、樓地板及屋頂之構造。上訴人係施作系爭乙、丙棟建物之泥作、防水粉刷、磁磚、櫸木扶手、鋁門窗按裝、地坪軟底、鋁門窗水泥崁縫、防火鐵門、硫化銅門、木門框、木纖門扇、塑鋼門、油漆、玻璃及安裝工程等裝修工程，有工程合約書、結算證明書及議價表可稽，該工程實係建築結構體完成後，用以增加建築物使用之效能，尚非建築物本身之新建，亦非建築物之重大修繕，無從據以主張法定抵押權。上訴人請求確認伊就系爭建物之二二一個房間及十四個公共設施區域，有一億一千八百十三萬九千五百六十一元及自 88 年 1 月 10 日起加計法定遲延利息之法定抵押權存在，不應准許等詞，為其判斷之基礎。惟按承攬之工作，為建築

---

5 最高法院 95 年度台上字第 1074 號民事判決裁判要旨。

物或其他土地上之工作物或為此等工作物之重大修繕者，承攬人就承攬關係所生之債權，對於其工作所附之定作人之不動產，有抵押權，88 年間修正前民法第 513 條定有明文。法定抵押權是否成立，須視承攬之工作究否為新建建築物、工作物，或為相當於該建築物、工作物『重大修繕』之工程。**此之謂重大修繕，係指就工作物為保存或修理，其程度已達重大者而言。**……果爾，上訴人既與傑○公司簽訂系爭建物裝修新建工程之合約，由上訴人承攬施作上開內牆輕鋼架隔間及外牆立固牆等，則上訴人主張上開承攬施作工程係屬建築物之新建或重大修繕，即非全屬無據，凡此均與上訴人就系爭建物有無法定抵押權所關頗切。原審未遑詳查究明，遽以前揭情詞為不利上訴人之認定，自嫌速斷。」[6]由此一最高法院關於重大修繕所涉案例之見解，可知該隔間裝修工程承攬標的，雖非新建工程之主結構體部分，但因該隔間裝修工程承攬報酬數額不斐，似仍可以此作為該隔間裝修工程承攬是否為法律明文之重大修繕的判斷基礎。

然而，觀諸前述民法第 513 條法定抵押權之成立要件，所謂相當於該建築物、地上工作物重大修繕之工程，其中所指之重大，究係以何標準為認定基礎，似有討論空間。於此，本文以為，**所謂重大與否，應以該修繕工程施作前，與該修繕工程完成後，該修繕工程標的所有人或使用人之使用價值，與該修繕工程標的之市場交易價值，及其客觀存在之可利用狀態等之變化，作為該建築物、地上工作物之修繕工程，是否具有重大之意義的判斷與認定基礎。**而非一概僅以該次建築物、地上工作物修繕工程之工程承攬報酬數額多寡，或該次修繕工程就標的工作物為保存或修理，其程度是否已達重大者，而指該次建築物、地上工作物之修繕工程，為重大與否之認定理由。

就今日吾人所能見者，所謂拆除工程承攬，係指依該拆除工程承攬契約內容所示標的物之拆離移除工作。如從土地及建築改良物、地上工作物充分利用之原則出發，及日後專業營造趨勢之立場，除建築改良物與地上

6　最高法院 98 年度台上字第 2059 號民事判決。

工作物之新建工程具有建設及開發之重要性外，拆除工程承攬對於此等建築改良物與地上工作物之新建工程而言，亦顯其重要性與必要性，更具一定之意義。

然而，前述之建築改良物或地上工作物之拆除工程承攬，其承攬標的，並未見於現行法定承攬人抵押權之承攬工作，係為建築物或其他土地上之工作物標的，亦不符合為此等工作物之重大修繕者之明文規定之工作。

惟查現行民法第 513 條有關承攬人法定抵押權之立法理由，旨在保護特定工作承攬人之承攬報酬請求得以實現，其目的應係保護承攬契約一方當事人之財產權。而於條文列舉之承攬工作為建築物或其他土地上之工作物，或為此等工作物之重大修繕者，其意旨應係因該類不動產之工作承攬報酬不斐，且承攬工作期間漫長，故有明文保護此類不動產工作承攬之承攬報酬請求得以實現之必要。但非謂該次承攬工作標的內容，需為前開法律明文之建築物或其他土地上之工作物，或為此等工作物之重大修繕者，始為工作承攬報酬被保護之對象。蓋若局限於前開法律明文之建築物或其他土地上之工作物，或為此等工作物之重大修繕者，始為主張承攬人法定抵押權之適格當事人者，恐有與保護承攬人之承攬報酬請求得以實現、保護承攬契約一方當事人財產權目的之立法意旨相違背。

再者，如於該拆除工程與拆除後之新建工程或修繕工程等，係為同一工程承攬契約內容者，則該拆除工程承攬報酬，則屬於該次新建工程或修繕工程之承攬報酬一部，仍得成為承攬人法定抵押權之內容對象，應無所議。惟若該拆除工程，係為獨立承攬之情形，不論該次拆除工程，與拆除後之新建工程或修繕工程等，是否係為同一承攬人，恐皆須面臨與現行法律之承攬人抵押權規定要件不符，而無法就該拆除工程承攬，單獨主張承攬人法定抵押權。因此，本文以為，**凡該次承攬工作標的內容，符合不動產之工作承攬報酬不斐、利用或交易價值增加，且承攬工作期間之漫長繼續性，即有明文保護此類不動產工作承攬之承攬報酬請求得以實現之必要。**

按目前司法實務之見解，承攬人行使法定抵押權之要件，係指承攬人就承攬關係所實際發生之債權，對於其工作所附之定作人之不動產，有就其賣得價金優先受償之權。是乙營造公司應可據其與 K 縣政府之 M 跨河大橋拆除工程承攬契約關係，依現行民法第 513 條第 1 項前段規定，向 K 縣政府就該 M 跨河大橋拆除工程承攬契約報酬額，主張其承攬人之法定抵押權。惟乙營造公司該次承攬之工程種類，係為建築改良物之拆除工程，並無所謂將來完成之定作人之不動產。因此，該類拆除工程承攬契約之承攬人，僅得因該拆除工程承攬契約關係及承攬契約報酬額，依現行民法第 513 條第 1 項前段規定，具有其承攬人法定抵押權。而無法據該拆除工程承攬契約關係，及承攬契約報酬額，對於將來完成之定作人之不動產，實現請求預為抵押權之登記。退而言之，在現行法律之規定下，因拆除工程之承攬工作種類，與其承攬工作標的內容，令該等拆除工程承攬人，須面對被排除在法定抵押權保護範圍以外之窘境。

據此，該 M 跨河大橋拆除工程承攬人乙營造公司，雖得就該拆除工程承攬契約關係及承攬契約報酬額，依現行民法第 513 條第 1 項前段規定，向定作人 K 縣政府主張其承攬人法定抵押權。但該乙營造公司，應無法據該拆除工程承攬契約關係及承攬契約報酬額，依現行民法第 513 條第 1 項後段規定，對於將來完成之定作人之不動產，請求預為抵押權之登記。易言之，拆除工程承攬契約之承攬人，因其承攬工作標的，並無所謂將來完成之定作人之不動產，與現行法定承攬人抵押權之要件明文不符，故恐有喪失其請求定作人預為抵押權登記權利之虞。

筆者建議

綜上所述，雖然該 M 跨河大橋拆除工程，並未見於現行法律規定之承攬之工作為建築物或其他土地上之工作物，或為此等工作物之重大修繕者之明文標的。惟該 M 跨河大橋拆除工程之完竣，除對於該等被拆除標地坐落之土地利用價值有其重要性外，其拆除工程承攬報酬數額實為不斐，且具承攬工作期間之漫長繼續性。

雖然拆除工程承攬於前述法律定之承攬標的，與其抵押標的規定之前後文觀諸，並非見於現有條文列舉之承攬工作為建築物或其他土地上之工作物，或為此等工作物之重大修繕者的明文範圍內。惟仍應將工程承攬報酬數額實為不斐、利用或交易價值增加，且具承攬工作期間漫長繼續性之拆除工程承攬，與現行法律明文之建築物或其他土地上工作物，作同等工作範圍之認知。

因此，按現行民法第 513 條第 1 項前段規定，乙營造公司應可本其與 K 縣政府之 M 跨河大橋拆除工程承攬契約關係，向 K 縣政府就該 M 跨河大橋拆除工程承攬契約報酬額，主張其承攬人之法定抵押權。

Q25. 拆除工程法定抵押權之抵押標的為何

如前所述情形，承攬人乙營造公司得本該 M 跨河大橋拆除工程承攬之承攬關係及工作承攬報酬額，主張其對定作人 K 縣政府之承攬人法定抵押權。惟乙營造公司所主張之承攬人法定抵押權，應以何物為該承攬人法定抵押登記之抵押標的，較為妥適？

A25 解題說明

此一問題在於該 M 跨河大橋拆除工程，並不在現行法律規定之對於其工作所附之定作人之不動產，請求定作人為抵押權之登記；或對於將來完成之定作人之不動產，請求預為抵押權之登記之抵押標的明文範圍內。乙營造公司雖得就該 M 跨河大橋拆除工程承攬關係報酬額，對 K 縣政府主張承攬人之法定抵押權，惟其抵押標的究應為何，始為適當？

於有關承攬人法定抵押權之抵押標的問題，最高法院認為：「承攬人之承攬工作既為房屋建築，其就承攬關係所生之債權，僅對『房屋』部分始有法定抵押權。至房屋之基地，因非屬承攬之工作物，自不包括在內。」[7]因此，如就以上述司法實務關於承攬人法定抵押權之抵押標的之見解，乙營造公司雖然得本其與 K 縣政府之 M 跨河大橋拆除工程承攬契約關係，向 K 縣政府就該 M 跨河大橋拆除工程承攬契約報酬額，主張其承攬人之法定抵押權。惟乙營造公司之該 M 跨河大橋拆除工程承攬契約報酬額之承攬人法定抵押權，似並無符合現行法律明文之適當抵押標的，可供承攬人法定抵押權登記。且就目前國內營造建築工程承攬實務及司法實務，有關此一拆除工程承攬人法定抵押權登記標的之說明及見解，似仍未見。

再者，如若該次拆除工程承攬標的係為造價成本較高之不動產，即便該標的於拆除後，或仍有其剩餘價值，惟就該剩餘價值部分，除難於拆除前為明白計算外，該剩餘價值之變價，恐仍與該次拆除工程承攬報酬數額相去甚遠，亦與現行民法第 513 條第 1 項規定：「承攬之工作為建築物或其他土地上之工作物，或為此等工作物之重大修繕者，承攬人得就承攬關係報酬額，對於其工作所附之定作人之不動產，請求定作人為抵押權之登記；或對於將來完成之定作人之不動產，請求預為抵押權之登記。」所明文之「其工作所附之定作人之不動產」，及「將來完成之定作人之不動產」等要件不符。

觀諸現行民法第 860 條：「稱普通抵押權者，謂債權人對於債務人或第三人不移轉占有而供其債權擔保之不動產，得就該不動產賣得價金優先受償之權。」民法第 881 條之 1 第 1 項：「稱最高限額抵押權者，謂債務人或第三人提供其不動產為擔保，就債權人對債務人一定範圍內之不特定債權，在最高限額內設定之抵押權。」規定明文，因債權之發生，債務人及債務人以外之第三人之不動產，均得為債權人債權擔保之抵押標的[8]。

7　最高法院 87 年度第 2 次民事庭會議決議。

8　參閱民法第 860 條立法理由：「查民律草案第一千一百三十五條理由謂抵押權者，使抵押權人之債權得以其標的物賣得之金額清償之，以確保其債權必能受清償之物權也。設定此物權之債務人或第三人，謂之抵押人。又抵押權者，標的物不由權利人占有之物權也，其與質權亦即，按前開現行民法之普通抵押權及最高限額抵押權規定，有關抵押標的之明文，該不動產所有權，不論係為債務人或第三人所有，均得為抵押權登記之抵押標的。

然而，因該 M 跨河大橋拆除工程承攬之定作人，係為具有國家公法人地位之 K 縣政府，K 縣政府自身並無妥適之抵押標的可為提出。蓋在國家行政運作及公益之前提下，以該 K 縣政府為所有人登記之縣有土地及縣有建築改良物，為承攬人乙營造公司法定抵押權之抵押標的，恐非適當。易言之，如該次工作承攬之內容係為拆除工程，且定作人為行政機關或公法人之情形，該拆除工程承攬之承攬人向定作人主張行使法定抵押權時，恐須面臨無妥適抵押標的可為抵押權登記之困境。

筆者建議

綜上所述，於定作人為行政機關或公法人之情形，該拆除工程承攬之承攬人向定作人主張行使法定抵押權時，該拆除工程承攬人恐須面對無妥適抵押標的可為抵押權登記之窘境。為避免前述窘境情形，本文建議，該 M 跨河大橋拆除工程承攬人乙營造公司，**應可援引現行政府採購法及押標金擔保金既其他作業辦法等相關規定，請求定作人 K 縣政府，以第三人為該 M 跨河大橋拆除工程承攬契約定作人之履約保證**。例如以銀行開發或保兌之不可撤銷擔保信用狀、銀行之書面連帶保證，或保險公司之保證保險單繳納履約保證金[9]，對其承攬契約報酬價金給付義務履行為擔保。

相異之點，實在於此，而抵押物必係債務人或第三人（即抵押人）所有之不動產，斯能達其擔保之目的。此本條所由設也。」

9 押標金保證金暨其他擔保作業辦法第 17 條第 1 項：「廠商以銀行開發或保兌之不可撤銷擔保信用狀、銀行之書面連帶保證或保險公司之保證保險單繳納履約保證金者，除招標文件另有規定外，其有效期應較契約規定之最後施工、供應或安裝期限長九十日。」

Q26. 抵押登記是否為定作人契約上之主給付義務

承攬人丁營造公司，本其承攬之 L 跨河大橋新建工程承攬契約關係及其承攬報酬價金，請求定作人 K 縣政府履行該項抵押登記義務。惟 K 縣政府認該項抵押登記，並非定作人於該 L 跨河大橋新建工程承攬契約之給付義務。故於丁營造公司請求抵押登記時，K 縣政府以該 L 跨河大橋新建工程承攬契約報酬給付擔保之登記，並非定作人於 L 跨河大橋新建工程承攬契約之給付義務，遂而拒絕辦理抵押登記。定作人 K 縣政府之拒絕辦理抵押登記，是否有理由？

A26 解題說明

按現行法律有關承攬人抵押權之規定，承攬之工作為建築物或其他土地上之工作物，或為此等工作物之重大修繕者，承攬人得就承攬關係報酬額，對於其工作所附之定作人之不動產，請求定作人為抵押權之登記；或對於將來完成之定作人之不動產，請求預為抵押權之登記，已如前述。然承攬人雖得本其承攬關係，及該承攬契約報酬額請求定作人履行該項抵押登記，惟該項抵押登記是否為定作人之工程承攬契約上主給付義務，容有討論空間。

就目前法律有關承攬關係之規定，係指當事人約定，一方為他方完成一定之工作，他方俟工作完成，給付報酬之契約[10]。由前開法律規定明文，可知契約為承攬關係之定性要件，係為一方為他方完成一定之工作，及他方俟工作完成給付報酬等二主給付義務。而現行法律有關承攬人抵押權之抵押登記規定，承攬人於該承攬契約未經公證者，承攬人得請求定作人為是項抵押登記[11]；於該承攬契約已經公證者，承攬人得為單獨申請是

---

10 民法第 490 條第 1 項：「稱承攬者，謂當事人約定，一方爲他方完成一定之工作，他方俟工作完成，給付報酬之契約。」

11 民法第 513 條第 1 項、第 2 項：「承攬之工作爲建築物或其他土地上之工作物，或爲此等工

項抵押登記[12]。

惟前開現行法律有關承攬人抵押登記請求權，及單獨登記生效等規定，係為使承攬人之承攬工作報酬請求得為實現之保護。因此，**可認定作人之抵押登記義務，係於承攬人為該項抵押登記為請求時，定作人始發生該項抵押登記之義務**。蓋如前所述，該定作人之抵押登記義務，並非決定工程承攬契約類型之主給付義務。

筆者建議

綜上所述，該L跨河大橋新建工程承攬人丁營造公司，雖得本其承攬之 L 跨河大橋新建工程承攬契約關係及其承攬報酬價金，請求定作人 K 縣政府履行該項抵押登記義務。惟該項抵押登記，並非決定工程承攬契約類型之主給付義務。可知 K 縣政府該項抵押登記義務之履行，應為丁營造公司於請求抵押登記時，定作人 K 縣政府，得以該 L 跨河大橋新建工程承攬報酬給付擔保之登記義務，並非 K 縣政府於 L 跨河大橋新建工程承攬契約之主給付義務，進而拒絕為該項抵押登記。

Q27. 定作人不履行抵押登記義務，得否成為契約解除之原因事項

承攬人丁營造公司，請求定作人 K 縣政府為抵押登記時，K 縣政府以該 L 跨河大橋新建工程承攬契約報酬給付擔保之登記，並非定作人於 L 跨河大橋新建工程承攬契約之給付義務，而拒絕辦理抵押登記。試問，該承攬人丁營造公司，得否據此而為該 L 跨河大橋新建工程承攬契約解除之主張？

作物之重大修繕者，承攬人得就承攬關係報酬額，對於其工作所附之定作人之不動產，請求定作人爲抵押權之登記；或對於將來完成之定作人之不動產，請求預爲抵押權之登記。前項請求，承攬人於開始工作前亦得爲之。」

12 民法第 513 條第 3 項：「前二項之抵押權登記，如承攬契約已經公證者，承攬人得單獨申請之。」

A27 解題說明

如前所述，於承攬之工作為建築物或其他土地上之工作物，或為此等工作物之重大修繕者，承攬人雖得就承攬關係報酬額，對於其工作所附之定作人之不動產，請求定作人履行該項抵押登記義務，或對於將來完成之定作人之不動產，請求預為抵押權之登記。惟該項抵押登記義務，並非決定工程承攬契約類型之主給付義務。

除此之外，按現行民法有關承攬契約解除之規定，於所承攬之工作為建築物或其他土地上之工作物者，僅於：1.其瑕疵重大致不能達使用之目的者；2.因可歸責於承攬人之事由，致工作逾約定期限始完成，或未定期限而逾相當時期始完成者，而以工作於特定期限完成或交付為契約之要素者；3.工作需定作人之行為始能完成者，而定作人不為其行為時，承攬人得定相當期限，催告定作人為之，定作人不於前項期限內為其行為者等情形，契約一方當事人始得依各該法律規定解除契約，已如前述（參見Q20）。

綜上所述，該L跨河大橋新建工程承攬人丁營造公司，得本其承攬之L跨河大橋新建工程承攬契約關係及承攬報酬價金，主張承攬人法定抵押權，請求定作人即K縣政府一起辦理抵押登記業務。惟該項登記請求，係為契約價金債權擔保請求權，非屬決定承攬契約類型之給付義務，並非債務人於契約上之主給付義務，亦非承攬關係之現行法定契約解除之原因事項。因此，於定作人不履行抵押登記義務時，承攬人應不得以之為該次承攬契約解除的原因事項。

筆者建議

如題所示，今L跨河大橋新建工程承攬人丁營造公司，本其承攬之L跨河大橋新建工程承攬關係及其承攬報酬價金，主張承攬人法定抵押權，通知定作人K縣政府一起辦理抵押登記業務，卻被K縣政府所拒絕者。於此情形，除該L跨河大橋新建工程承攬契約當事人有特別約定者外，於丁營造公司通知定作人 K 縣政府一起辦理抵押登記業務，被 K 縣政府所拒絕之情形，承攬人丁營造公司，仍不得因 K 縣政府拒絕履行該項抵押登記義務，而主張 L 跨河大橋新建工程契約之解除。

於現行法定擔保之規定下，承攬人丁營造公司，不得因 K 縣政府拒絕履行該項抵押登記義務，而主張 L 跨河大橋新建工程契約之解除。惟丁營造公司於該 L 跨河大橋新建工程契約締結時，非不得與 K 縣政府為該抵押登記之意定擔保條款，於定作人不履行抵押登記義務時，承攬人得據此為契約解除之約定內容。

Q28. 承攬人可否因定作人不履行抵押登記義務，主張承攬工作履行抗辯

承攬人丁營造公司依現行法律規定，於該 L 跨河大橋新建工程承攬實際進場施作前，請求定作人 K 縣政府為抵押登記時，K 縣政府以該 L 跨河大橋新建工程承攬契約報酬給付擔保之登記，並非定作人於 L 跨河大橋新建工程承攬契約之給付義務，而拒絕辦理抵押登記。嗣丁營造公司，據此向 K 縣政府為該 L 跨河大橋新建工程承攬履行抗辯之主張。該丁營造公司之履行抗辯，是否有理由？

A28 解題說明

如前所述，丁營造公司本其承攬之 L 跨河大橋新建工程承攬關係及其報酬價金，主張承攬人之法定抵押權，通知定作人 K 縣政府一起辦理抵押登記業務，而被 K 縣政府所拒絕者，丁營造公司仍不得因此而主張該 L 跨河大橋新建工程承攬契約之解除。惟於此一定作人拒絕為抵押登記之情

形，承攬人丁營造公司得否據此為該L跨河大橋新建工程承攬工作履行抗辯之主張？

按現行民法第513條第2項規定[13]，承攬人於開始工作前，亦得對於其工作所附之定作人之不動產，請求定作人為抵押權之登記，或對於將來完成之定作人之不動產，請求預為抵押權之登記。該項保護承攬人之承攬人法定抵押權登記請求，雖非債務人於契約上之主給付義務，似可認係為使債權人之給付能獲得最大滿足之從給付義務。

亦即，如認此一定作人之抵押登記責任，於承攬關係言，該抵押登記義務雖非決定契約類型之主給付義務，然仍應得由契約當事人自由約定，使該抵押登記之作用，為可令債權人之給付能因此而得到最大滿足的債務人從給付義務。因此，該系爭L跨河大橋新建工程承攬契約，**如有債權人即承攬人丁營造公司，得單獨請求K縣政府履行抵押登記義務，並得主張不履行抵押登記義務之損害賠償責任等約定者**，則該定作人之抵押登記，**應屬於定作人契約上之從給付義務**[14]。於此時，如發生承攬人丁營造公司，通知定作人K縣政府一起辦理抵押登記業務，而被K縣政府所拒絕之情形，則丁營造公司應可主張履行抗辯權，於K縣政府完成抵押登記完成前，拒絕自己之給付。

除前述情形外，如該項定作人抵押登記義務及其不履行之效果，均未

---

13 民法第513條第1項、第2項：「承攬之工作爲建築物或其他土地上之工作物，或爲此等工作物之重大修繕者，承攬人得就承攬關係報酬額，對於其工作所附之定作人之不動產，請求定作人爲抵押權之登記；或對於將來完成之定作人之不動產，請求預爲抵押權之登記。前項請求，承攬人於開始工作前亦得爲之。」

14 王澤鑑，債法原理，基本理論，三民書局，2012年3月，增訂三版，第30頁：「從給付義務，例如交付原廠證明書，其非契約所必備，旨在滿足實現（主）給付義務。從給付義務得依法律規定、當事人約定或契約解釋而發生。從給付義務原則上亦得訴請履行，得構成雙務契約的對待給付（第264條），並適用關於債務不履行（給付不能、給付遲延、不完全給付）的規定。」姚志明，債務不履行之研究（一）—給付不能、給付遲延與拒絕給付，自版，2004年9月，初版二刷，第16頁：「從給付義務係指，爲了準備、確定、支持及完全履行主給付義務具有本身目的之獨立附隨義務。學說上，又稱爲與給付有關之附隨義務（leistungsbezogene Nebenpflichten）。從給付存在之目的乃爲確保債權人之利益，能獲得最大之滿足。」

明文於該工程承攬契約者，則應認該定作人之抵押登記義務，屬於契約上之附隨義務，債權人不得單獨請求債務人履行該項抵押登記義務。亦即，如發生承攬人丁營造公司，通知定作人 K 縣政府一起辦理抵押登記業務，而被 K 縣政府所拒絕之情形，丁營造公司仍不得據此主張履行抗辯權。惟若於契約締結後，定作人 K 縣政府拒絕辦理抵押登記之原因，係 K 縣政府發生財政困難或相類財產減少情形，則承攬人丁營造公司，應得依現行民法第 265 條之規定，為履行抗辯之主張[15]。

本文以為，為使承攬人之給付獲得最大滿足，及保障工作承攬報酬請求，應將契約公證行為視為民法第 513 條第 1 項規定之工作承攬契約上從給付義務。亦即，於承攬契約成立後，即得由承攬人單獨申請該項工作承攬報酬價金之抵押權登記[16]，以保障承攬契約當事人之權利與契約利益，並避免契約履行上之障礙及紛爭。

筆者建議

綜上所述，承攬人丁營造公司依現行法律規定，於該 L 跨河大橋新建工程承攬實際進場施作前，請求定作人 K 縣政府為抵押登記時，K 縣政府以該 L 跨河大橋新建工程承攬契約報酬給付擔保之登記，並非定作人於 L 跨河大橋新建工程承攬契約之給付義務，而拒絕辦理抵押登記者，除有民法第 265 條規定之情形外，承攬人丁營造公司，似仍不得據此向 K 縣政府為該 L 跨河大橋新建工程承攬履行抗辯之主張。

筆者的話

本文建議，承攬人之該次承攬標的，不論係現行民法第 513 條第 1 項

---

15 民法第 265 條：「當事人之一方，應向他方先爲給付者，如他方之財產，於訂約後顯形減少，有難爲對待給付之虞時，如他方未爲對待給付或提出擔保前，得拒絕自己之給付。」

16 民法第 513 條第 3 項：「前二項之抵押權登記，如承攬契約已經公證者，承攬人得單獨申請之。」

規定之工作為建築物或其他土地上之工作物，或為此等工作物之重大修繕者，抑或拆除工程承攬，承攬人皆應於締約時，主張須將該次工程承攬契約為契約公證行為，以利由承攬人單獨申請該項工作承攬報酬價金之抵押權登記，以保障承攬契約當事人之利益，並避免契約履行上之障礙及紛爭。

Q29. 承攬人法定抵押權拋棄書之效力

今於 L 跨河大橋新建工程施工期間，因 K 縣政府欲以該 L 跨河大橋新建工程及其坐落土地，向 H 銀行辦理融資。K 縣政府遂與丁營造公司協商，由丁營造公司簽立 L 跨河大橋新建工程承攬之承攬人抵押權拋棄書。則該丁營造公司所簽立之承攬人法定抵押權拋棄書，其效力為何？

A29 解題說明

權利拋棄書之作成，仍係屬於當事人之私法律行為。於私法自治之原則下，除該當事人之權利拋棄書作成，有牴觸法律規定者外，應認為係法律所允許之有效法律行為。

關於承攬人法定抵押權拋棄，最高法院有認為：「然該法定抵押權，旨在保護承攬人之私人利益，究與公益無涉，非不得由承攬人事先予以處分而為拋棄之意思表示，此細繹修正後民法第 513 條已規定法定抵押權應辦理物權登記，並可預為登記。如未辦理登記，縱其承攬關係之報酬請求權發生在先，仍不能取得抵押權，亦無優先於設定抵押權之效力等意旨益明。……至該第 3 款所謂『使他方當事人拋棄權利或限制其行使權利』，應係指一方預定之契約條款，為他方所不及知或無磋商變更之餘地而言，另所稱『按其情形顯失公平』，則指依契約本質所生之主要權利義務，或按法律規定加以綜合判斷，有顯失公平之情形。……查上訴人對於被上訴人有關一般建築業於建築基地興建房屋或大樓，為籌措資金乃向銀行申請建築融資貸款，銀行基於保障自己權益，均要求建商必須邀同承攬之營造商簽立『法定抵押權拋棄書』，俾銀行之抵押權及貸款有所保障，此為建築、營造及金融業實務上常見之慣例，歷年來均無任何異議之抗辯，並不爭執，業經原審所認定。」[17]

由前述最高法院關於承攬人法定抵押權拋棄所涉案例之見解，可知承攬人之法定抵押權，係法律為承攬人之工作承攬報酬請求實現的擔保機制，其本旨在保護承攬人之私人利益，究與公益無涉，非不得由承攬人予以處分，而為拋棄之意思表示。且一般建築業於建築基地興建房屋或大樓新建工程之定作人，為籌措資金乃向銀行申請建築融資貸款，該為建築融資之銀行基於保障自己權益，均要求建商必須邀同承攬之營造商簽立法定抵押權拋棄書，俾銀行之抵押權及貸款有所保障，此為建築、營造及金融業實務上常見之慣例。

惟按現行法律規定，不動產物權依法律行為而取得、設定、喪失及變更者，非經登記，不生效力[18]。民法第 513 條所規定之法定抵押權，係基

---

17 最高法院 92 年度台上字第 2744 號民事判決：「……然該法定抵押權，旨在保護承攬人之私人利益，究與公益無涉，非不得由承攬人事先予以處分而為拋棄之意思表示，此細繹修正後民法第 513 條已規定法定抵押權應辦理物權登記，並可預爲登記。如未辦理登記，縱其承攬關係之報酬請求權發生在先，仍不能取得抵押權，亦無優先於設定抵押權之效力等意旨益明。……次按依照當事人一方預定用於同類契約之條款而訂定之契約，爲使他方當事人拋棄權利或限制其行使權利之約定，按其情形顯失公平者，該部分約定無效，固爲民法第 247 條之 1 第 3 款所明定。惟 88 年 4 月 21 日民法債編增訂該條規定之立法理由，乃鑑於我國國情及工商發展之現況，經濟上強者所預定之契約條款，他方每無磋商變更之餘地，爲使社會大眾普遍知法、守法，防止契約自由之濫用及維護交易之公平，始列舉四款有關他方當事人不利益之約定，而爲原則上之規定，明定『附合契約』之意義，及各款約定按其情形顯失公平時，其約定爲無效。至該第 3 款所謂『使他方當事人拋棄權利或限制其行使權利』，應係指一方預定之契約條款，為他方所不及知或無磋商變更之餘地而言，另所稱『按其情形顯失公平』，則指依契約本質所生之主要權利義務，或按法律規定加以綜合判斷，有顯失公平之情形。查上訴人對於被上訴人有關一般建築業於建築基地興建房屋或大樓，爲籌措資金乃向銀行申請建築融資貸款，銀行基於保障自己權益，均要求建商必須邀同承攬之營造商簽立「法定抵押權拋棄書」，俾銀行之抵押權及貸款有所保障，此爲建築、營造及金融業實務上常見之慣例，歷年來均無任何異議之抗辯，並不爭執，業經原審所認定。」

18 民法第 758 條：「不動產物權，依法律行爲而取得、設定、喪失及變更者，非經登記，不生效力。前項行爲，應以書面爲之。」

於法律規定、非本於法律行為而發生，原不待承攬人與定作人意思表示合致及辦理物權登記即生效力。至其抵押權拋棄，係屬依法律行為而喪失其不動產物權之處分，非依法為登記，不生效力[19]。亦即，於抵押權人未依法為抵押權拋棄登記前，該承攬人法定抵押權之拋棄，僅發生債權效力，尚不發生法定抵押權消滅之效果[20]。

筆者建議

綜上所述，承攬人丁營造公司，雖已簽立 L 跨河大橋新建工程承攬之承攬人抵押權拋棄書，然於未經辦理該項抵押權拋棄登記前，丁營造公司應仍得本於 L 跨河大橋新建工程承攬關係及契約報酬額，主張其承攬人之法定抵押權登記。蓋於承攬人丁營造公司未為法定承攬人抵押權登記前，尚不發生該法定承攬人抵押權喪失之效果。畢竟，該 L 跨河大橋新建工程承攬關係為一般債權，其債權效力僅存在於承攬人丁營造公司，與定作人 K 縣政府之契約當事人間。即便該 L 跨河大橋新建工程承攬報酬請求債權，先發生於 H 銀行對 K 縣政府之融資債權，於丁營造公司尚未依法辦理該法定抵押權之登記前，丁營造公司仍未取得該法定承攬人抵押權，更不得對 H 銀行主張優先受償之權利。

惟如該法定承攬人抵押權拋棄書之簽訂行為，係定作人 K 縣政府所預擬訂定 L 跨河大橋新建工程承攬契約之條款者，則承攬人丁營造公司，非不得依現行民法第 247 條之 1 有關附合契約之相關規定[21]，主張 K 縣政府於該 L 跨河大橋新建工程承攬契約，所預擬訂定之法定承攬人抵押權拋

---

19 司法院院字第 2193 號解釋。

20 原最高法院 74 年台上字第 2322 號民事判例裁判要旨：「民法第 758 條規定，不動產物權依法律行爲而喪失者，非經登記不生效力。拋棄對於不動產公同共有之權利者，亦屬依法律行為喪失不動產物權之一種，如未經依法登記，仍不生消滅其公同共有權利之效果。」

21 民法第 247 條之 1：「依照當事人一方預定用於同類契約之條款而訂定之契約，爲左列各款之約定，按其情形顯失公平者，該部分約定無效：一、免除或減輕預定契約條款之當事人之責任者。二、加重他方當事人之責任者。三、使他方當事人拋棄權利或限制其行使權利者。四、其他於他方當事人有重大不利益者。」

棄書簽訂之條款，係屬使當事人拋棄權利之不利益約定，為無效條款[22]。

Q30. 拋棄法定抵押權之效果

於丁營造公司簽立拋棄法定承攬人抵押權後，尚未為依法辦理拋棄法定抵押權之登記前，嗣後因 K 縣政府財政負面消息頻傳，丁營造公司欲再次主張承攬人法定抵押權。試問丁營造公司得否於簽立承攬人抵押權拋棄書後，再次主張承攬人法定抵押權登記？

A30 解題說明

關於承攬人簽立抵押權拋棄書後，再次主張承攬人法定抵押權登記之問題，最高法院所涉案例：「本件上訴人以系爭拋棄書表示拋棄系爭法定抵押權，因未經登記而不生拋棄物權之效力，上訴人原得依系爭法定抵押

22 最高法院 104 年度台上字第 472 號民事判決裁判要旨：「按契約之一方當事人爲與不特定多數相對人訂立契約，而預先就契約內容擬定交易條款，經相對人同意而成立之契約，學說上稱爲附合契約或定型化契約，在現代社會中，具有靈活交易行爲，促進工商發達、提高經營效率及節省締約成本之特色，本於私法自治及契約自由原則，固應承認其效力。惟因此種契約，締約當事人之地位每不對等，契約之文字及內容恆甚為繁複，他方當事人（相對人）就契約之一般條款輒無個別磋商變更之餘地。為防止預定契約之一方（預定人），挾其社經上優勢之地位與力量，利用其單方片面擬定契約之機先，在繁雜之契約內容中挾帶訂定以不合理之方式占取相對人利益之條款，使其獲得極大之利潤，造成契約自由之濫用及破壞交易之公平。於此情形，法院應於具體個案中加以審查與規制，妥適調整當事人間不合理之狀態，苟認該契約一般條款之約定，與法律基本原則或法律任意規定所生之主要權利義務過於偏離，而將其風險分配儘移歸相對人負擔，使預定人享有不合理之待遇，致得以免除或減輕責任，再與契約中其他一般條款綜合觀察，其雙方之權利義務有嚴重失衡之情形者，自可依民法第 247 條之 1 第 1 款之規定，認為該部分之約定係顯失公平而屬無效，初與相對人是否為公司組織及具有磋商機會無必然之關係。蓋任何法律之規定，均係立法者在綜合比較衡量當事人之利益狀態後，所預設之價值判斷，乃爲維護契約正義與實現公平之體現。縱其爲任意規定，亦僅許當事人雙方以其他正當之規範取代之，尙不容一方恣意片面加以排除。況相對人在訂約之過程中，往往爲求爭取商機，或囿於本身法律專業素養之不足，對於內容複雜之一般條款，每難有磋商之餘地；若僅因相對人為法人且具有磋商之機會，即認無民法第 247 條之 1 規定之適用，不啻弱化司法對附合契約控制規整之功能，亦有違憲法平等原則及對於契約自由之保障（司法院釋字第 576 號、第 580 號解釋參照）。」

權，主張優先受償之權利，但上訴人既書立該拋棄書，以祐〇公司為同意人，並載明交由被上訴人收執，而為拋棄該法定抵押權之債權行為，於兩造及祐〇公司間，即生債之效力。原審認定上訴人再據該法定抵押權為優先受償之主張，有違誠實及信用原則，……」[23]

由前述最高法院關於承攬人簽立抵押權拋棄書後，再次主張承攬人法定抵押權登記所涉案例之見解，可知按現行法律規定，不動產物權依法律行為而取得、設定、喪失及變更者，非經登記，不生效力。因此，承攬人丁營造公司，雖已簽立 L 跨河大橋新建工程承攬之法定承攬人抵押權拋棄書，然於未經辦理拋棄登記前，該法定抵押權人丁營造公司，尚未真正喪失其承攬人之法定抵押權，應仍得本於 L 跨河大橋新建工程承攬契約報酬，主張其承攬人之法定抵押權。

惟該 L 跨河大橋新建工程承攬人丁營造公司，既已簽立該法定抵押權拋棄書，並交由定作人 K 縣政府收執，而為拋棄該法定承攬人抵押權之債權行為，於丁營造公司與 K 縣政府間，即已發生債之效力。此時，若該 L 跨河大橋新建工程承攬人，再據該法定承攬人抵押權為優先受償之主張，即有違誠實及信用原則。

綜上所述，該承攬抵押權人丁營造公司，於簽立承攬人之法定抵押權拋棄書後，再次為承攬人之法定抵押權登記，並為優先受償之主張者，應認丁營造公司該項承攬人法定抵押登記，有違誠實信用原則。據此，該管抵押權登記機關，應據該有效之 L 跨河大橋新建工程承攬之承攬人抵押權拋棄書，為拒絕丁營造公司申請辦理抵押登記之理由，並為駁回該抵押登記申請之處分。

筆者建議

除題示案例情形外，就目前國內營造建築工程承攬實務之當事人交易習慣，於一般建築開發商於建築基地為建築改良物新建工程，為籌措資金

---

23 最高法院 92 年度台上字第 2744 號民事判決。

乃向銀行申請建築融資貸款者，比比皆是。而為建築融資貸款授信之銀行業者，基於保障其自己權益，幾乎均會於實際授信行為前，要求申請建築融資貸款之建築開發商，必須邀同該次申請建築融資貸款工程之承攬營造商，簽立「法定抵押權拋棄書」，俾銀行之抵押權及貸款有所保障。而此一情形，為國內建築開發商、營造商及金融業實務上常見之慣例。惟於此交易習慣下，承攬人之法定抵押權拋棄，僅係為成就定作人之該次建築改良物新建工程之建築融資行為，及滿足為授信行為之金融機構的授信權益保障。

本文建議，該次工程承攬契約之承攬營造廠商，應於法定承攬人抵押權拋棄書狀簽立前，請求定作人為相當數額之履約擔保提出，以保障該次工程承攬契約報酬價金之請求。**畢竟，於契約當事人權益保護立場，以承攬人之法定抵押權的拋棄，作為成就定作人之該次建築改良物新建工程之建築融資行為，及滿足為授信行為之該金融機構的授信權益保障的手段，恐有限制契約一方當事人行使權利，而減輕他方當事人責任之顯失公平或不利益情形。**

第五單元 差額保證金

案例五

B 縣政府位處偏鄉，致始 B 縣政府財務亦經年不充裕，然其縣內之 W 河川已經多年未整治，為減輕梅雨季之汛災負擔，仍決定對其縣內之 W 河川下游出海口段做疏濬工程。B 縣政府遂將該次 W 河川下游出海口段疏濬工程承攬為公開招標，並以最低總標價作為決標條件，且於該次招標公告及投標須知內容，均有差額保證金之規定明文。另外，B 縣政府鑑於該次 W 河川下游出海口段疏濬工程承攬之數額龐大，故依以往行政慣例，於該次 W 河川下游出海口段疏濬工程承攬之投標須知文件內容，定有工程預付款條款。業經正常程序，最終由戊營造公司為確定得標人，丙營造公司為第二低標投標人。

Q31. 差額保證金之擔保性質

B 縣政府將該次 W 河川下游出海口段疏濬工程承攬為公開招標，並以最低總標價作為決標條件，且於該次招標公告及投標須知內容，均有差額保證金之規定明文。則該差額保證金之擔保性質為何？

A31 解題說明

所謂差額保證金，係定作人採最低投標價為決標條件之招標程序，於決標時，發生確定得標人之投標總價低於定作人總標價之情形，而該情形有顯不合理、降低品質、不能誠信履約之虞時，該確定得標人提出一定之數額，或其標價與底價之差額部分之一定比例數額之擔保金，以擔保該次工程承攬契約之工作承攬義務的完全履行。

據此，應可認差額保證金之擔保性質，應屬於契約義務履行擔保之履約保證性質一種。另從現行押標金保證金暨其他擔保作業辦法第 8 條第 4 款：「保證金之種類如下：……四、差額保證金。保證廠商標價偏低不會有降低品質、不能誠信履約或其他特殊情形之用。」之規定明文，亦可窺探其屬於契約義務履行擔保之履約保證性質。

關於差額保證金之性質與作用，最高法院所涉案例有：

- 「第 22 條第 1 項第 4 款記載：『**契約經依第 1 款約定或因可歸責於廠商之事由致終止或解除者**，機關得自通知廠商終止或解除契約日止，扣留廠商應得之工程款，包括尚未領取之工程估驗款、全部保留款等，**並不發還廠商之履約差額保證金。**』」[1]
- 「同條第 3 項第 5 目至第 7 目約定：『廠商有下列情形之一，其所繳納之履約保證金（含差額保證金）及其孳息得不予發還。**其情形屬契約一部未履行者，機關得視其情形不發還履約保證金（含差額保證金）及其孳息之一部。**……5.擅自減省工料情節重大者。6.偽造或變造契約或履約相關文件，經查明屬實者。7.無正當理由而不履行契約之一部或全部者。』又同條項第 2 款約定：『保固保證金及其孳息不予發還之情形，準用前款第 2 目至第 15 目之規定。』是兩造已明文約定保固保證金準用履約保證金上開不發還之約定。」[2]

---

1 最高法院 109 年度台上字第 626 號民事判決：「第 22 條第 1 項第 4 款記載：「契約經依第 1 款約定或因可歸責於廠商之事由致終止或解除者，機關得自通知廠商終止或解除契約日止，扣留廠商應得之工程款，包括尚未領取之工程估驗款、全部保留款等，並不發還廠商之履約差額保證金。至本契約經機關自行或洽請其他廠商完成後，如該扣留之工程款扣除機關爲完成本契約所支付之一切費用及所受損害後有剩餘者，機關應將該剩餘金額給付廠商；無洽其他廠商完成之必要者，亦同。如有不足者，廠商及其連帶保證人應將該項差額賠償機關」（見一審卷第 48 頁反面、55 頁反面）。」

2 最高法院 105 年度台上字第 129 號民事判決。

- 「原審斟酌全辯論意旨及調查證據之結果，以：系爭契約第 14 條第（一）項第 2 款約定：『保固保證金於保固期滿且無待解決事項後三十日發還』、同條第（三）項第 1 款、第 2 款分別約定『廠商有下列情形之一，其所繳納之履約保證金（含差額保證金）及其孳息得不予發還。**其情形屬契約一部未履行者，機關得視其情形不發還履約保證金（含差額保證金）及其孳息之一部。**……6.偽造或變造契約或履約相關文件，經查明屬實者。』」[3]
- 「其次，系爭工程合約第 19 條第 2 款、第 3 款分別約定：『工程全部完竣，經初驗合格後，由甲方（即被上訴人）派員驗收……甲方驗收時，如發現工程與規定不符，乙方（即上訴人）應在甲方指定期限內修改完妥或依第 1 款之規定處理完妥，**逾期尚未修改完妥，除應參照第 20 條之規定賠償逾期損失外，甲方並得動用乙方未領工程款保證金（含履約保證金及差額保證金）予以改善……**』」[4]
- 「惟查系爭工程合約第 22 條第 2 項約定『乙方（即雙〇公司）有下列情事之一時，甲方（即停車管理處）得不經催告隨時終止或解除本合約，除甲方因此所受之一切損失，乙方應負賠償之全責外，**甲方有權沒收尚未發還乙方或解除保證之履約保證金、差額保證金、估驗計價保留款充作懲罰性違約金。**』」[5]

依以上最高法院關於差額保證金所涉案例之見解，**似可發見差額保證金之性質與作用，除其完成工作之擔保本旨外，亦作為承攬人誠實義務、工作瑕疵修補及懲罰性違約金等之契約上義務履行擔保性質。**另由前述最高法院所涉案例中，一方當事人預擬於系爭工程承攬契約條款：「廠商有下列情形之一，其所繳納之履約保證金（含差額保證金）及其孳息得不予發還。其情形屬契約一部未履行者，機關得視其情形不發還履約保證金（含差額保證金）及其孳息之一部。……5.擅自減省工料情節重大者。6.

3　最高法院 103 年度台上字第 2572 號民事判決。

4　最高法院 100 年度台上字第 533 號民事判決。

5　最高法院 100 年度台上字第 1930 號民事判決。

偽造或變造契約或履約相關文件，經查明屬實者。7.無正當理由而不履行契約之一部或全部者。」之規定內容，亦可知定作人所認識之差額保證金的性質與作用，除其完成工作之擔保本旨外，並作為承攬人誠實義務、工作瑕疵修補及懲罰性違約金等之契約上義務履行擔保性質，且此等條款內容，亦已經成為國內營造建築工程承攬契約之通常、必要條款。

Q32. 差額保證金提出之數額

假設戊營造公司對於該 W 河川之實際情況瞭若指掌，且預計梅雨季將會提前到來，將造成該 W 河川上游之大量砂石沖刷至下游，其中可獲利益大於該 W 河川下游出海口段疏濬工程承攬之可得利潤。今戊營造公司之投標總價為 B 縣政府總價標 10%，並以該投標總價得標，則戊營造公司該次 W 河川下游出海口段疏濬工程承攬之差額保證金提出數額，應為多少？

A32 解題說明

目前現行法律，對於該次承攬招標之定作人，係為行政機關或公法人情形，並採最低總價標為決標條件者，而有確定得標人提出差額保證金之需要時，對該差額保證金之提出數額，有其相關規定[6]。如按前開現行法律規定，B 縣政府得要求戊營造公司提出之差額保證金之擔保金數額，為總標價與底價之 80% 之差額，或為總標價與現行政府採購法第 54 條[7]評

---

6 押標金保證金暨其他擔保作業辦法第 30 條第 1 項第 1 款、第 2 款：「廠商以差額保證金作爲本法第 58 條規定之擔保者，依下列規定辦理：一、總標價偏低者，擔保金額爲總標價與底價之百分之八十之差額，或爲總標價與本法第五十四條評審委員會建議金額之百分之八十之差額。二、部分標價偏低者，擔保金額爲該部分標價與該部分底價之百分之七十之差額。該部分無底價者，以該部分之預算金額或評審委員會之建議金額代之。」

7 政府採購法第 54 條：「決標依第五十二條第一項第二款規定辦理者，合於招標文件規定之最低標價逾評審委員會建議之金額或預算金額時，得洽該最低標廠商減價一次。減價結果仍逾越上開金額時，得由所有合於招標文件規定之投標廠商重新比減價格。機關得就重新比減價格之次數予以限制，比減價格不得逾三次，辦理結果，最低標價仍逾越上開金額時，應予

審委員會建議金額之 80% 之差額。

如定作人為私法人或自然人時，通常則依定作人於招標公告或投標須知文件內容所明示之提出數額為主，就目前營造建築工程承攬實務，差額保證金之提出數額，一般大多仍係比照前述現行法律規定，擔保金額為總標價與底價差額 80% 部分，為差額保證金提出數額之範圍。惟實際之差額保證金提出數額的範圍，仍以當事人合致之意思表示為其確定提出數額。

縱然該次工程承攬招標程序之辦理人（或定作人），係以最低總標價為得標之條件，然該次招標之定作人，應以客觀上之條件（例如：符合當時之合理且經多方之工作承攬價金訪價、估算，確定得標人之歷年實際業務績效，與目前之工程承攬數及有效資金之運用，或該次招標工程承攬之施作風險評估……等），作為其主觀上判斷該確定得標人之總標價或部分標價偏低情形，是否有顯不合理、降低品質、不能誠信履約之虞的依據。並以該客觀要件查察結果，作為該確定得標人是否必須為差額保證金提出之審核標準，甚至以之為必須提出差額保證金之情形時，該差額保證金提出額度多寡的決定。若能按前述客觀要件為審核，較能防止招標程序辦理人或審議人員過於主觀，並得因此而保護程序參與人之程序參與權，及避免過當之程序參與負擔。

筆者建議

題示情形，戊營造公司之投標總價為 B 縣政府總價標 10%，並以該投標總價得標。因該 W 河川下游出海口段疏濬工程承攬定作人 B 縣政

廢標。」政府採購法第 52 條：「機關辦理採購之決標，應依下列原則之一辦理，並應載明於招標文件中：一、訂有底價之採購，以合於招標文件規定，且在底價以內之最低標爲得標廠商。二、未訂底價之採購，以合於招標文件規定，標價合理，且在預算數額以內之最低標爲得標廠商。三、以合於招標文件規定之最有利標爲得標廠商。四、採用複數決標之方式：機關得於招標文件中公告保留之採購項目或數量選擇之組合權利，但應合於最低價格或最有利標之競標精神。機關辦理公告金額以上之專業服務、技術服務、資訊服務、社會福利服務或文化創意服務者，以不訂底價之最有利標爲原則。決標時得不通知投標廠商到場，其結果應通知各投標廠商。」

府，係為適用現行政府採購法之公法人，則按押標金保證金暨其他擔保作業辦法第30條第1項第1款：「廠商以差額保證金作為本法第五十八條規定之擔保者，依下列規定辦理：一、總標價偏低者，擔保金額為總標價與底價之百分之八十之差額，或為總標價與本法第五十四條評審委員會建議金額之百分之八十之差額。」規定之明文。確定得標人戊營造公司，該次W河川下游出海口段疏濬工程承攬之差額保證金提出數額，應屬總價偏低情形，故該擔保金額為需以其得標之總標價與底價的80%之差額為提出。

Q33. 定作人得否以確定得標人未於期間內提出差額保證金而拒絕締約

今如B縣政府將該次W河川下游出海口段疏濬工程承攬為公開招標，並以最低總標價作為決標條件，且於該次招標公告及投標須知內容，均有差額保證金之規定明文。惟於差額保證金繳納之規定期間經過，確定得標人戊營造公司仍未為差額保證金之繳納或提出。試問，定作人B縣政府，得否以確定得標人戊營造公司未於規定期間內繳納或提出差額保證金為由，拒絕與戊營造公司締結該次W河川下游出海口段疏濬工程承攬契約？

A33 解題說明

於定作人為行政機關或公法人時，有關確定得標人未於一定期間內提出差額保證金，定作人是否得據此為拒絕締結該次工程承攬契約之理由，現行法律有所明文[8]。如按現行法律規定，確定得標人若未於定作人所定之差額保證金提出期間內為差額保證金之提出者，定作人有拒絕與確定得

8 政府採購法第58條：「機關辦理採購採最低標決標時，如認為最低標廠商之總標價或部分標價偏低，顯不合理，有降低品質、不能誠信履約之虞或其他特殊情形，得限期通知該廠商提出說明或擔保。廠商未於機關通知期限內提出合理之說明或擔保者，得不決標予該廠商，並以次低標廠商為最低標廠商。」

標人締結該次招標內容所示標的之工程承攬契約之權利[9]。

考其原因，係該次招標之定作人採最低投標價為決標條件，於決標時，發生確定得標人之投標總價低於定作人之總標價。而該價差情形有顯不合理、降低品質、不能誠信履約之虞時，定作人為確保承攬工作之完成與品質，得令該確定得標人提出一定之數額，或其標價與底價之差額部分之一定比例數額之擔保金，以擔保該次工程承攬契約之工作承攬義務的完全履行。

嚴格而言，確定得標人差額保證金之提出，應係定作人為使該工作承攬周全及其財產保護，所加諸之契約締結條件。惟此一契約締結條件，究係確定得標人契約締結權利取得之要件，抑或屬於定作人契約締結選擇權利，還是承諾不受拘束之聲明？容有討論餘地。

本文以為，於營造建築工程承攬契約履行期間，本就有保護定作人權益之相關法律規定，且亦有其他擔保條款與驗收機制，實不需以差額保證金之提出與否，作為與該確定得標人締結該次招標公告內容所示標的工程承攬契約之選擇標準。在以最低價標為得標原則之招標程序，有發生撤銷決標、拒絕締約、解除契約、終止契約，或有另與同一招標程序之其他未得標之投標人締約之情形時，對於定作人之強制提出差額保證金之權利行使，仍應有所限制[10]。

否則，定作人一概以其主觀上之認知，即為該最低總價之確定得標人須以差額保證金提出為其履約擔保之認定，並以差額保證金之提出完成，作為該確定得標人與定作人締結系爭工程承攬契約之條件，似有造成定作

9　押標金保證金暨其他擔保作業辦法第 30 條第 1 項第 3 款：「……三、廠商未依規定提出差額保證金者，得不決標予該廠商。」

10　政府採購法施行細則第 58 條第 1 項第 2 款、第 2 項：「機關依本法第五十條第二項規定撤銷決標或解除契約時，得依下列方式之一續行辦理：……二、原係採最低標爲決標原則者，得以原決標價依決標前各投標廠商標價之順序，自標價低者起，依序洽其他合於招標文件規定之未得標廠商減至該決標價後決標。其無廠商減至該決標價者，得依本法第五十二條第一項第一款、第二款及招標文件所定決標原則辦理決標。……前項規定，於廠商得標後放棄得標、拒不簽約或履約、拒繳保證金或拒提供擔保等情形致撤銷決標、解除契約者，準用之。」

人之契約締結選擇權過度擴張[11]之結果。於前述情形，設定以最低標價為該次招標之得標條件之定作人，或有藉該確定得標人須提出差額保證金始能正常履約之名，而行利用該差額保證金之提出為其他目的之實之嫌[12]。

筆者建議

題示情形，B 縣政府將該次 W 河川下游出海口段疏濬工程承攬為公開招標，並以最低總標價作為決標條件，且於該次招標公告及投標須知內容，均有差額保證金之規定明文。如 B 縣政府已經決標予確定得標人戊營造公司，若戊營造公司未能於 B 縣政府通知之一定期間內，為規定數額之差額保證金提出者，按現行政府採購法之規定，B 縣政府得以該原因事項，撤銷該次決標之決定，並為拒絕與戊營造公司締結 W 河川疏濬工程承攬契約之理由。

另如該確定得標人戊營造公司，對於 B 縣政府以其未能於一定期間內提出差額保證金，撤銷該次決標之決定，並為拒絕締結該 W 河川疏濬工程承攬契約之理由有異議者，戊營造公司應以申訴及行政爭訟程序等，為該次 B 縣政府撤銷決標之決定的救濟途徑。

應注意者，即便該次招標之定作人 B 縣政府，未於該次 W 河川疏濬工程承攬招標公告或投標須知文件等內容，明示確定得標人未能於一定期間內提出差額保證金，定作人得不與該次確定得標人締結 W 河川疏濬工程承攬契約之規定條款者。如 B 縣政府已經決標予確定得標人戊營造公司後，而發生戊營造公司於 B 縣政府通知或規定之一定期間內，未能提

---

11 政府採購法第 58 條末段：「……廠商未於機關通知期限內提出合理之說明或擔保者，得不決標予該廠商，並以次低標廠商為最低標廠商。」

12 國內營造建築工程承攬實務，因原確定得標人未能如期提出或無法提出規定數額差額保證金之情形，而發生定作人指定同一招標程序之其他投標人為實際締結契約者，並非罕見。

出規定之差額保證金之情形，則 B 縣政府仍得依現行法律規定，以戊營造公司未能於一定期間內提出差額保證金，撤銷該次決標之決定，並為拒絕締結該 W 河川疏濬工程承攬契約之理由。

綜上所述，確定得標人戊營造公司如未能於一定期間內，提出 B 縣政府所規定數額之差額保證金者，則定作人 B 縣政府得據此為由，拒絕與戊營造公司締結該次招標之 W 河川疏濬工程承攬契約。

Q34. 疏濬工程承攬標的所有權之歸屬

今戊營造公司明知出賣河川砂石可獲利益，大於該 W 河川下游出海口段疏濬工程承攬之可得利潤。故戊營造公司於梅雨季到來期間，將該 W 河川上游之大量沖刷至下游之砂石，於疏濬工作範圍內之砂石出賣。嗣後經 B 縣政府獲悉，欲向戊營造公司追回該經其出賣之砂石款。B 縣政府之砂石款追回主張，是否有理由？

A34 解題說明

所謂河川疏濬工程，一般係指為保持該疏濬河川之河床深度與寬度在應有理想範圍，以利該河川之引流與排放等功能，所作之河床深度與寬度整治工程。今於河川疏濬工程承攬當事人間，存在於疏濬物所有權歸屬之問題，其中較有爭議者，係所謂疏濬物價值認定部分。

一般而言，河川疏濬工程內容物，除常見之砂石外，漂流木、貴金屬及保育類動植物等，亦非罕見。然就砂石部分，其價值之認定即已充滿爭議，考其原因在於砂石之種類不同則價值各異，疏濬期間背景不同所造成之市場交易價格波動等原因。

除該河川疏濬工程承攬招標人於招標公告或投標須知等文件內容有該疏濬物處理辦法之明文，或契約當事人於契約締結時即已經約定疏濬物所有權歸屬者外，通常情形，該河川疏濬物之所有權，應歸屬於該疏濬河川之所有權登記名義人。

今有疑義者，該梅雨期間沖刷至河川下游出海口之砂石，究屬該河川上游之埋藏物，抑或漂流物、沉沒物？蓋依現行法律規定，有關埋藏物發現之法律效果[13]，與拾得漂流物、沉沒物之法律效果[14]並不相同。在該河川疏濬工程承攬招標公告或投標須知未明文公示，或契約當事人未約定疏濬物所有權誰屬之情形，按通常情形，該河川疏濬物之所有權，應歸屬於該疏濬河川之所有權登記名義人。

惟於國內河川疏濬工程承攬實務之當事人習慣，今如該疏濬物具一定市場交易價值者，則該疏濬河川之所有權登記名義人，得主張該河川疏濬物之所有權應歸屬於己；若該疏濬物不具市場交易價值者，則該疏濬河川之所有權登記名義人，可主張該河川疏濬物為疏濬工程廢棄物，疏濬工程承攬人應將該疏濬工程廢棄物為處理。此一疏濬物之市場交易所得，及疏濬物放置、運輸與廢棄物處理等費用，常為疏濬工程承攬契約當事人紛爭之所在。

筆者建議

綜上所述，該次 W 河川疏濬工程之疏濬物所有權，應歸屬於 B 縣政府。惟 B 縣政府不論係採疏濬物**採售分離**或**採售合一**為該 W 河川疏濬工

---

13 民法第 808 條：「發見埋藏物而占有者，取得其所有權。但埋藏物係在他人所有之動產或不動產中發見者，該動產或不動產之所有人與發見人，各取得埋藏物之半。」

14 民法第 810 條：「拾得漂流物、沈沒物或其他因自然力而脫離他人占有之物者，準用關於拾得遺失物之規定。」民法第 805 條：「遺失物自通知或最後招領之日起六個月內，有受領權之人認領時，拾得人、招領人、警察或自治機關，於通知、招領及保管之費用受償後，應將其物返還之。有受領權之人認領遺失物時，拾得人得請求報酬。但不得超過其物財產上價值十分之一；其不具有財產上價值者，拾得人亦得請求相當之報酬。有受領權人依前項規定給付報酬顯失公平者，得請求法院減少或免除其報酬。第二項報酬請求權，因六個月間不行使而消滅。第一項費用之支出者或得請求報酬之拾得人，在其費用或報酬未受清償前，就該遺失物有留置權；其權利人有數人時，遺失物占有人視爲爲全體權利人占有。」民法第 807 條：「遺失物自通知或最後招領之日起逾六個月，未經有受領權之人認領者，由拾得人取得其所有權。警察或自治機關並應通知其領取遺失物或賣得之價金；其不能通知者，應公告之。拾得人於受前項通知或公告後三個月內未領取者，其物或賣得之價金歸屬於保管地之地方自治團體。」

程承攬之方式，皆應將其辦法規定[15]，並就疏濬物認定內容**逐一明示於招標公告或投標須知**等文件內容，使投標人能明確清楚其於承攬之權利義務。

Q35. 改以第二低標（次低標）為決標之差額保證金提出數額

今如該次招標最低投標總價之原確定得標人戊營造公司，於規定期間內未能提出合於 B 縣政府評議委員所規定數額之差額保證金，B 縣政府決定不決標予戊營造公司。嗣 B 縣政府為減少重新招標之負擔，遂邀該次招標之第二低投標總價丙營造公司為議價。丙營造公司於投標時之投標總價，為 B 縣政府之預訂底價 60%。定作人 B 縣政府要求第二低標之丙營造公司，以該次最低標即原確定得標人戊營造公司之得標總價，作為該 W 河川疏濬工程承攬契約締結價款。此時，丙營造公司應提出之差額保證金應為多少數額？

A35 解題說明

一般而言，如該次工程承攬招標之決標，係以最低投標總價之投標人為確定得標人條件者，若發生該次招標確定得標人之投標總價，低於定作人總標價之情形，而該情形有顯不合理、降低品質、不能誠信履約之虞者。於通常情形，定作人皆會要求該確定得標人提出一定之數額，或其標價與底價之差額部分之一定比例數額之保證擔保金，以擔保該次工程承攬契約之工作承攬義務的完全履行。如該確定得標人不能，或不願意為該項差額保證金提出者，定作人得不決標予該原確定得標人，或於決標後，撤銷該決標予確定得標人之決標意思表示。

於此時，由該原確定得標人差額保證金提出之數額推算，通常可以得

15 參照河川水庫疏濬標準作業規範，http://wralaw.wra.gov.tw（最後瀏覽日期：2020/9/28）。

知定作人之該次招標總標價。因此，定作人為避免總標價洩漏所造成招標困擾及重新招標之負擔，大多願意選擇與該次招標第二低投標總價之投標人，以議價之方式作為該次招標之工程承攬契約締結之方式。

然而，定作人與該第二低投標總價（次低標）之投標人，所為之議價基礎，通常係以該次招標之原確定得標人之最低投標總價為議價起始點，與該第二低投標總價之投標人為該次招標工程承攬契約締結價金之議價，其議價結果大多係屆於原確定得標人之最低投標總價與該第二低投標總價之間。此時，定作人通常會要求該議價得標人提出一定之數額，或其議價結果低於其總標價之差額部分之一定比例數額之保證擔保金，以擔保該次工程承攬契約之工作承攬義務的完全履行。而議價得標人通常會以其原始投標之投標總價低於其總標價之差額部分為差額保證金提出數額之計算基準。

通常於此情形，不論定作人及議價得標人之差額保證金提出數額之主張如何，皆應以定作人與議價得標人之最終議定承攬總價為所有契約上義務履行擔保金提出之計算基準，始為公允。亦較能避免因定作人契約締結選擇權不當擴張，而造成契約締結前正當程序發生瑕疵之情形。

綜上所述，因該次招標最低投標總價之原確定得標人戊營造公司，於規定期間內未能提出合於 B 縣政府評議委員所規定數額之差額保證金，B 縣政府得決定不決標予戊營造公司。

如定作人 B 縣政府為減少重新招標之負擔，可邀該次招標之第二低投標總價丙營造公司為議價。若 B 縣政府與丙營造公司，對於該次招標 W 河川疏濬工程承攬總價之議價結果，已經為同意並確定者，如認仍有差額保證金提出之必要時，**B 縣政府應以該議價結果之 W 河川疏濬工程承攬總價，為丙營造公司差額保證金提出數額之計算基準**。丙營造公司不得因其於該次 W 河川疏濬工程承攬招標時之投標總價為 B 縣政府總價標 60%，而以其投標總價與定作人預訂底價 40% 差額部分，為差額保證金提出數額計算基準之主張。

筆者建議

如 B 縣政府與丙營造公司對於該次招標 W 河川疏濬工程承攬總價之議價結果，已經同意並為確定者，如認仍有差額保證金提出之必要時，定作人 B 縣政府應以該經議價確定之該次 W 河川疏濬工程承攬總價，為丙營造公司差額保證金提出數額之計算基準。惟於此時，如丙營造公司於該次 W 河川疏濬工程承攬招標前，已經具有優良廠商之資格者，則丙營造公司應可依現行押標金保證金暨其他擔保作業辦法第 33 條之 5 規定[16]，主張該次差額保證金之減收。畢竟，差額保證金之本質，仍應屬於履約保證金之性質。而具審查結果為優良廠商之承攬人，於該工程承攬契約義務履行之風險，相對為減少，是基於此原因基礎，對該承攬人減收履約保證性質之差額保證金，堪稱合理。

Q36. 差額保證金返還要件

今丙營造公司於其與 B 縣政府締結 W 河川疏濬工程承攬契約後，尚未為實際進場施作前，丙營造公司又在 B 縣政府活動中心新建工程承攬招標及 T 客運公司轉運大樓新建工程承攬招標得

16 押標金保證金暨其他擔保作業辦法第 33 條之 5 第 1 項前段：「機關辦理採購，得於招標文件中規定優良廠商應繳納之押標金、履約保證金或保固保證金金額得予減收，其額度以不逾原定應繳總額之百分之五十爲限。」押標金保證金暨其他擔保作業辦法第 33 條之 5 立法理由：「一、爲維護公平合理原則，第一項修正爲繳納後方爲優良廠商者，不溯及適用減收規定，並增訂減收後獎勵期間屆滿者，免補繳減收之金額。二、爲明確規範優良廠商之適用對象及獎勵方式，第二項增訂評定優良廠商之條件及獎勵期間。此外，鑒於各目的事業主管機關評定爲優良廠商之性質，與機關採購標的特性及實際需要或有異，爰於第二項後段增訂機關得於招標文件就個案所適用之優良廠商種類予以限制。三、第三項未修正。四、對於地方政府評爲優良之廠商，第四項後段增訂免報主管機關及於指定之資料庫公告，以免各機關誤用。五、考量其他法令也有得予減收押標金、保證金之情形，卻因招標文件未載明，或僅載明公告於主管機關優良廠商資料庫者始得給予獎勵，衍生爭議，爰增訂第五項。例如，依營造業法第五十一條得以獎勵者，內政部營建署 98 年 3 月 3 日營署中建字第 0980010371 號函釋略以：依優良營造業複評及獎勵辦法第六條規定，優良營造業由複評單位每年於完成複評後二個月內公告，並非規定由該署公告才生效力，且營造業法及優良營造業複評及獎勵辦法，尚無明定給予優良營造業獎勵須於招標文件內規定，亦無需以主管機關優良廠商資料庫公告者爲限。」

標，丙營造公司基於人力及資金有效運用考量，遂將 W 河川疏濬工程承攬轉包予丁營造公司。嗣經 B 縣政府獲悉，B 縣政府則將丙營造公司之差額保證金全部數額沒收。試問，定作人 B 縣政府將丙營造公司之差額保證金全部數額沒收之主張，是否有理由？

A36 解題說明

按現行法律規定，於定作人係行政機關或公法人情形，有關確定得標人或承攬人，將其承攬工作再次承攬予他人之規定，一般皆係禁止承攬人或確定得標廠商將其承攬工作為轉包行為[17]。所謂轉包，係指承攬人將其承攬工作之全部或主要部分，轉由他人代為履行。

如確定得標人丙營造公司，與定作人 B 縣政府締結之 W 河川疏濬工程承攬契約專用條款，訂有得標廠商若將得標工程轉包予第三人者，B 縣政府得沒收保證金之條款內容。現因發生丙營造公司將其得標之 W 河川疏濬工程轉包予丁營造公司之情形，故 B 縣政府即按前述專用條款規定，沒收丙營造公司提出或繳納之履約保證金及差額保證金全部數額。

今有所爭議者，因定作人認為最低標廠商之**總標價或部分標價偏低，顯不合理**，有降低品質、不能誠信履約之虞或其他特殊情形，而令該確定得標人所為提出之差額保證金，是否得為違反轉包規定之契約義務履行擔保事項之保證金沒收標的？易言之，差額保證金提出之擔保範圍，是否包含確定得標人或承攬人不得為承攬工作轉包之行為。

關於此一問題，最高法院所涉案例有：「又閎○公司係因投標價格過低顯不合理，為擔保工程品質及誠實履約，而依投標須知第 21 條規定繳納**系爭差額保證金，與系爭契約約定不得轉包無關**，且系爭契約第 14 條第 3 項第 4 款約定：『乙方所繳納之履約保證金，得部分或全部不予發還

---

17 政府採購法第 65 條：「得標廠商應自行履行工程、勞務契約，不得轉包。前項所稱轉包，指將原契約中應自行履行之全部或其主要部分，由其他廠商代為履行。廠商履行財物契約，其需經一定履約過程，非以現成財物供應者，準用前二項規定。」

之情形如下：……違反採購法第 65 條規定轉包者，全部保證金』，是新北市政府依上開約定僅得沒收系爭履約保證金，而不得沒收系爭差額保證金。……惟查系爭契約第 14 條第 3 項第 4 款固約定：『乙方（即閎〇公司）所繳納之履約保證金，得部分或全部不予發還之情形如下：……違反採購法第 65 條規定轉包者，全部保證金』，惟於第 14 條第 1 項、第 9 條第 14 項第 5 款亦分別約定：『**乙方同意繳納履約保證金**新臺幣參佰萬元、**差額保證金**新臺幣參佰貳拾陸萬元共計新臺幣陸佰貳拾陸萬元整，**作履行本契約之保證**』，『**乙方違反不得轉包之規定時，甲方（即新北市政府）得解除契約、終止契約或沒收保證金，並得要求損害賠償**』，依其文義，作**為履行契約保證之給付，包括差額保證金，且未限制新北市政府得沒收之保證金限於履約保證金**。乃原審未綜合觀察上開約定，僅擷取系爭契約第 14 條第 3 項第 4 款約定，謂新北市政府僅得沒收系爭履約保證金，不得請求閎〇公司返還系爭差額保證金云云，自有可議。」[18]

依前述最高法院有關差額保證金與為違法轉包所涉案例之見解，即便轉包人將系爭**承攬工作已經完成**，於差額保證金之**擔保原因事項消滅**時，定作人仍得以確定得標人違反轉包規定，作為定作人沒收確定得標人提出之差額保證金之理由事項。亦即，違反轉包規定者，得成為差額保證金之擔保原因事項。易言之，**差額保證金提出之擔保範圍，包含確定得標人或承攬人違反不得為承攬工作轉包之行為義務**。

然於定作人為行政機關或公法人以外之自然人或私法人之情形，除定作人有轉包禁止條款規定外，由他人代為履行承攬工作，似為法所不禁。且差額保證金之擔保本旨，應係該次招標定作人採最低投標價為決標條件之招標程序，於決標時，發生確定得標人之投標總價低於定作人總標價之情形，而該情形有顯不合理、降低品質、不能誠信履約之虞時，該確定得標人提出一定之數額，或其標價與底價之差額部分之一定比例數額之擔保金，以擔保該次工程承攬契約之工作承攬義務的完全履行。如於該次招標

---

18 最高法院 108 年度台上字第 2185 號民事判決。

之工程承攬標的完成時，應認差額保證金之擔保原因事項已經消滅，定作人應將所受領之差額保證金返還予承攬人。蓋工程承攬契約上其他義務履行擔保，仍有其他相對應擔保本旨之契約義務履行擔保機制可供擔保。

如依差額保證金之擔保本旨，定作人應於該承攬工作完成時，將所受領之差額保證金為返還。惟依前述最高法院有關差額保證金與違法轉包所涉案例之見解，如丙營造公司與 B 縣政府締結之 W 河川疏濬工程承攬契約專用條款，訂有得標廠商若將得標工程轉包予第三人情形，B 縣政府得沒收保證金之條款內容者。則現因發生丙營造公司將其得標之 W 河川疏濬工程，轉包予丁營造公司之情形，B 縣政府即可按前述 W 河川疏濬工程承攬契約專用條款規定，沒收丙營造公司提出或繳納之履約保證金及差額保證金。即便丙營造公司與 B 縣政府締結之 W 河川疏濬工程承攬契約專用條款，未曾訂有得標廠商若將得標工程轉包予第三人者，B 縣政府得沒收差額保證金之條款內容，B 縣政府仍得依現行政府採購法之相關規定，主張沒收丙營造公司提出之差額保證金。惟如承攬人丙營造公司，認定作人 B 縣政府沒收差額保證金數額有過高之情形時，丙營造公司非不得請求法院予以酌減。

筆者建議

如定作人為行政機關或公法人時，依前述最高法院有關差額保證金與違法轉包所涉案例之見解，即便系爭工程承攬工作已經完成，於差額保證金之擔保原因事項消滅時，定作人仍得以確定得標人違反轉包規定，作為定作人沒收該確定得標人所繳納或提出之差額保證金的理由事項。

蓋於國內營造建築工程承攬實務之通常習慣，一方當事人皆將差額保證金作為一般履約保證金看待，並將差額保證金列入履約擔保金條款內容，以契約義務不履行，或違反條款內容規定者等情形，均作為差額保證金之擔保原因事項。且縱使確定得標人與定作人締結之系爭工程承攬契約專用條款，未曾訂有得標廠商若將得標工程轉包予第三人者，定作人得沒收差額保證金之條款規定內容，行政機關或公法人之定作人，仍得依現行政府採購法之相關規定，主張沒收確定得標人提出之差額保證金。惟於此時，如該確定得標人或承攬人認定作人沒收差額保證金數額有過高之情形時，該確定得標人或承攬人，應得請求法院予以酌減。

本文建議，定作人應將差額保證金之擔保範圍，於招標公告或投標須知等文件內容明示，以避免嗣後發生差額保證金擔保範圍之認知歧異。於定作人為自然人或私法人之情形，亦應將差額保證金擔保範圍及原因事項，於締約時逐項為明文列舉，並應納入契約當事人磋商條款項目之一，以避免一方當事人將差額保證金之擔保範圍無端擴張，違背差額保證金之擔保本旨。此由最高法院：「是投標須知所稱；押標金，係專為擔保工程承攬契約之訂立，於得標廠商無故不簽訂工程承攬契約時，由上訴人沒收作為損害賠償。至於差額保證金其性質則不相同。蓋投標須知第 12 條規定：『差額保證金：得標總額若未達底價百分之九十時，得標廠商應於訂約前辦妥現金保證或由銀行（局、庫）或保險公司保證其底價與標價之差額保證金或保證書。承包商若未能履約，本學院得隨時沒收之，若依約如期完成全部工程時經正式驗收合格後，始得退還差額保證金或解除保證責任』。差額保證金之繳納時期固在簽訂工程承攬契約之前，但其目的係在保證以低於底價得標之廠商能如期完工並經驗收合格。故投標須知第 12 條前段所稱承包商未能履約者，應係指未能如期完成全部工程或未能經驗收合格者而言。否則，投標須知第 11 條既已規定得標廠商未能訂立工程承攬契約，其押標金即由上訴人沒收，就同一違約情事，當無於第 12 條再訂罰則之理。」[19]之見解，亦可得知。

---

19 最高法院 84 年度台上字第 848 號民事判決：「兩造所爭執者，唯在被上訴人於得標後未訂立工程承攬契約，上訴人除沒收押標金外，是否亦得併將被上訴人繳交之差額保證金予以沒收。查系爭工程投標須知第 11 條規定：『得標廠商須自決標日起十日內完成各項訂約手續，逾期無故不辦理簽約者，本學院即視爲不承攬，沒收其押標金』。是決標後上訴人與得

另如該差額保證金擔保範圍及原因事項等條款內容，係由定作人所預擬訂定，而顯有不利益之情形者，應可認該條款部分為民法第 247 條之 1 規定的附合條款。若定作人未賦予確定得標人就該部分條款內容，可為磋商機會，或經磋商仍未果者，該確定得標人應可依民法第 247 條之 1 規定，主張該顯有不利益條款內容為無效條款內容。

Q37. 契約終止時之差額保證金返還

今如丙營造公司之 W 河川疏濬工程承攬實際完成進度 50% 時，於非因當事人之過失，發生當事人終止 W 河川疏濬工程承攬契約之情形。惟 B 縣政府以丙營造公司未能於約定期限完成 W 河川疏濬工程，有逾期違約情事，故而沒收丙營造公司所繳納或提出之差額保證金。此時，丙營造公司得否請求 B 縣政府返還其所繳納或提出之差額保證金？

A37 解題說明

按差額保證金之擔保本旨，應係定作人採最低投標價為決標條件之招標程序，於決標時，發生確定得標人之投標總價低於定作人總標價之情

標廠商所成立者係招標契約，得標廠商僅取得者與上訴人訂立工程承攬契約之權利，必上訴人與得標廠商另行簽訂工程承攬契約，其承攬關係始行發生。是投標須知所稱；押標金，係專爲擔保工程承攬契約之訂立，於得標廠商無故不簽訂工程承攬契約時，由上訴人沒收作爲損害賠償。至於差額保證金其性質則不相同。蓋投標須知第 12 條規定：『差額保證金：得標總額若未達底價百分之九十時，得標廠商應於訂約前辦妥現金保證或由銀行（局、庫）或保險公司保證其底價與標價之差額保證金或保證書。承包商若未能履約，本學院得隨時沒收之，若依約如期完成全部工程時經正式驗收合格後，始得退還差額保證金或解除保證責任』。差額保證金之繳納時期固在簽訂工程承攬契約之前，但其目的係在保證以低於底價得標之廠商能如期完工並經驗收合格。故投標須知第 12 條前段所稱承包商未能履約者，應係指未能如期完成全部工程或未能經驗收合格者而言。否則，投標須知第 11 條既已規定得標廠商未能訂立工程承攬契約，其押標金即由上訴人沒收，就同一違約情事，當無於第 12 條再訂罰則之理。上訴人辯稱：未能履行訂立工程承攬契約義務，亦屬投標須知第 12 條所指未能履約情事，伊得沒收差額保證金云云，應無可採。」

形，而該情形有顯不合理、降低品質、不能誠信履約之虞時，該確定得標人提出一定之數額，或其標價與底價之差額部分之一定比例數額之擔保金，以擔保該次工程承攬契約之工作承攬義務的完全履行。

另如於當事人終止系爭工程承攬契約之情形，應認契約關係自終止時起，向後為之消滅，此為國內通說所主張，應無所議。據此，於該工程承攬契約約定之竣工期日屆至前，當事人已經終止工程承攬契約，該工程承攬契約之契約關係自終止時起，向後為之消滅，因此應無所謂承攬人未能於契約約定之竣工期日屆至時，發生逾期違約事項之情形。

有關此一問題，最高法院所涉案例有：

- 「但系爭工程合約第 19 條約定雙○公司如不依照合約約定期限完工，應按逾期之日數，每日科罰按結算總價千分之一計算之懲罰性違約金，乃關於雙○公司遲延給付應罰違約金之約定，惟停車管理處既於兩造約定之完工日屆至前，即依系爭工程合約第 22 條第 2 項第 3 款約定終止合約，自不生該第 19 條所稱逾期完工之問題。」[20]
- 「系爭保證金（含差額保證金及履約保證金）應支付之範圍固包含逾期罰款、重新招標所生之工程費差額及廣告費、工地管理費等項目，惟系爭工程迄未施工，北市國宅處即已解除系爭工程合約，自無逾期完工可能，此與工程已施工而遲延之情況迥異，是以系爭工程保證金即無支付『逾期罰款』之可言。」[21]

前述最高法院對於該工程承攬契約約定之完工期日屆至前，當事人已經終止系爭工程承攬契約者，該工程承攬契約之契約關係自終止時起，向後為之消滅，因此應無所謂承攬人發生逾期違約事項情形之見解，可為契約當事人終止或解除契約時，差額保證金返還之參考基礎。

---

20 最高法院 100 年度台上字第 1930 號民事判決。

21 最高法院 89 年度台上字第 2282 號民事判決。

筆者建議

綜上所述，今丙營造公司在 W 河川疏濬工程承攬實際完成進度 50% 時，非因當事人之過失，發生當事人終止 W 河川疏濬工程承攬契約者。此一情形，應屬於該 W 河川疏濬工程承攬契約約定之竣工期日屆至前，當事人已經終止工程承攬契約，該 W 河川疏濬工程承攬契約之契約關係自終止時起，向後為之消滅。因此應無所謂丙營造公司未能於 W 河川疏濬工程承攬契約約定之竣工期日屆至時，發生逾期違約事項之情形。

據此，B 縣政府要不能以丙營造公司未能於約定期限完成 W 河川疏濬工程，有逾期違約情事，而沒收丙營造公司所繳納或提出之差額保證金。此時，丙營造公司應得請求 B 縣政府返還其所繳納或提出之差額保證金。

第六單元

變更圖說

案例六

T 市政府為舉辦 2024 年宇宙運動大會，遂辦理 S 宇宙運動大會會館新建工程承攬招標。於該次招標公告與投標須知文件內容所示，該 S 宇宙運動大會會館係為 T 市政府經一定程序，由銀河系知名建築師設計為地下六層、地上十層之建築改良物新建工程，並經相關主管機關審核通過。投標參與人於所領投標文件內容之藍晒圖說，亦是與該次招標公告與投標須知文件內容所示工程承攬施工基地相同位址之地下六層、地上十層之建築改良物新建工程。嗣經正常程序，由戊營造公司成為該次 S 宇宙運動大會會館新建工程承攬招標之確定得標人。

Q38. 藍晒圖說之法律性質

該 S 宇宙運動大會會館係為 T 市政府經一定程序，由銀河系知名建築師設計為地下六層、地上十層之建築改良物新建工程，並經相關主管機關審核通過。則投標參與人於所領投標文件內容之藍晒圖說的法律性質為何？

A38 解題說明

就一般而言，藍晒圖說為工程承攬之根本，不論係工程承攬施工期間、施工材料種類數量、承攬施作工種、施作工法及工程承攬報酬數額等，皆須以藍晒圖說為根據而取得相關資料訊息，幾乎無所例外。據此，藍晒圖說對於工程承攬而言，係為該工程承攬契約主要契約內容之一。除前述外，就國內營造建築工程承攬實務，藍晒圖說係該次工程承攬報酬計算與其爭議解決之重要依據[1]，亦是與該次工程承攬所有相關問題之解釋基礎[2]。然而，有關藍晒圖說之法律性質，本文以為，仍須依其所屬階段而定，不能一概以工程承攬契約內容論之。

關於招標文件、投標文件之法律性質，最高行政法院有認為：

➲「**政府採購程序中的公告**，即政府採購法第27條第1項規定：『機關辦理公開招標或選擇性招標，應將招標公告或辦理資格審查之公告刊登於政府採購公報並公開於資訊網路。公告之內容修正時，亦同。』**在締結採購契約的過程中，應僅屬於要約引誘性質，而並非要約，然其與民法上之要約引誘並無任何法律上之拘束力者並不完全相同**。……若廠商依照招標公告而提出投標，**採購機關並無法隨意拒絕投標，必須依照招標文件所示條件，決標給最低標或最有利標之投標廠商**。此與一般要約引誘之情形，原則上潛在的交易相對者對於要約引誘之內容，在民法上並無表示異議之權，且要約引誘人無必然要與某一提議訂約者締結契約之

---

1 原最高法院91年台上字第812號民事判例：「本工程結算時，如因變更設計致工程項目數量有增減時，應就變更部分按合約條款第6條辦理加減帳結算。第33條約定：『本合約附件（含投標須知、標單，單價分析表）視爲本合約之一部分，具備與本合約同等之效力』，投標須知第8條第1款約定：『標單以總價爲準，並以總價爲決標之依據。』，系爭工程費總表並載明『本工程以總價決標』、『本標單總數量僅供參考之用』、『參加投標廠商應至施工現場實際勘查及按照圖說規定精確估算』等語，足證系爭工程係採總價承包，標單所載數量僅供參考，非以實作實算，僅於變更設計致工程項目或數量有增減時，始得就變更部分辦理加減帳。上訴人雖以系爭工程建築師之設計、指示有錯誤，伊按設計圖施工，多支出估算工程數量百分之二十五之用料量，因認系爭工程有變更、追加之情形云云。但查系爭工程既係以總價承包，上訴人於投標前應按照圖說規定精確估算所需要之材料數量，其提出之材料重量明細表及台灣省土木技師公會鑑定報告書，僅能證明其用料之數量，不足以證明系爭工程有變更設計之情事。」

2 最高法院109年度台上字第282號民事判決：「依系爭契約第1條約定，該契約施工說明及設備規範內容優於工程數量明細表，設計圖說之內容優於施工說明及設備規範。被上訴人既依上訴人備查同意之第二版施工計畫書併新設計圖完成工程，自應以之作爲議定價格之基礎。至系爭工程之招標文件所編金額，依吉○公司105年10月3日函文，係爲避免綁標爭議及投標廠商據以推估底價，始以一式計價方式編列，並非實際金額，至多僅爲辦理採購機關於估算及編列工程預算時之參考。」

義務，有所不同，此亦為本院向來見解，**即以招標公告為要約引誘，廠商之投標為要約，而採購機關之決標，為承諾性質**，且以決標時點意思合致為雙方契約成立時點。準此，採購契約內容於決標時即已確定，而嗣後契約之簽訂僅係將投標須知及公告相關事項，另以書面形式為之，故簽約手續並非契約成立或生效要件，且雙方對締約內容並無任何磋商空間，自不能將形式上之簽約日期視為契約實際成立時點，而應以決標日為契約成立日。」[3]

➲「本件拆除大樓工程之『**招標公告**』，**其性質係屬私法上之要約引誘**，相對人為上開招標公告，**僅係藉此公告誘引合格廠商日後與之成立私法上之承攬契約，故該公告並未對抗告人產生規制作用**。抗告人所指之上開招標公告，顯非屬對抗告人之行政處分或決定。抗告人依行政訴訟法第 116 條第 2 項之規定聲請停止執行，核與該條所規定停止執行之要件不合，乃駁回抗告人之聲請。經核並無不合。」[4]

由前述最高法院關於招標文件與投標文件之見解，可知招標文件於招標階段，係屬於要約引誘之法律性質；而投標人所為投標行為之投標文件，則為要約之法律性質。

依前述最高行政法院關於要約引誘、要約及承諾之見解，與本書前述國內學說有關於要約引誘、要約與要約承諾之論述（參閱本書案例一之 A1），可知要約之引誘乃表示意思，是為契約的準備行為，並不發生法律上效果，其性質為意思通知。而要約係指以訂立契約為目的之意思表示，其內容須確定或可得確定，因相對人之承諾而使契約成立。至於所謂承諾，係指受領要約之相對人以與該要約人訂立契約為目的，所為同意之意思表示。

因此，如按前述司法實務及國內學說，作為工程承攬招標程序之招標、投標與決標等三個階段行為，其各自於法律上定性分辨之依據者，則

---

3 最高行政法院 98 年度判字第 38 號判決。

4 最高行政法院 90 年度判字第 646 號判決。

藍晒圖說於招標、投標與決標等三個階段，即各具其不同之法律性質。分別敘述如下：

1. 領標

於一般營造建築工程承攬之招標程序言，招標辦理人之招標公告行為，應可認為係要約引誘之行為。於此時，定作人或招標辦理人所提供之藍晒圖說，僅係要約引誘人之要約引誘內容之一，並不具任何法律效果。亦即，欲參與該次工程承攬招標之廠商繳交領標費用，所領取由定作人或招標辦理人提供之藍晒圖說，僅係要約引誘人之要約引誘內容之一，或解釋為投標人準備作成要約意思表示之參考資料之一，應不具任何法律效果。

2. 投標

然而，於參與該次招標程序之投標人，按投標須知內容所示之參與投標所需之相關文件（例如：投標人之資料訊息、工程承攬施作期間、工程承攬報酬價金、押標金提出之證明文件、施工計畫及相關資格證明文件……等）確定、備妥，依照該次招標辦理人所規定之方式為封標，並遞交予招標辦理人之投標行為，應屬於要約人即投標人之承攬要約行為，而該等遞交之投標文件，即為承攬要約人之承攬要約內容。

依營造建築工程承攬招標實務之習慣，投標人雖然無需將該藍晒圖說一併檢付於投標封袋內，與其他必須提出之文件資料，同時送達予定作人或招標辦理人。惟仍應認此時之藍晒圖說係為要約內容之一，蓋藍晒圖說除係該投標人作成該次要約內容之主要依據、相關計算基礎的必須來源外，亦係定作人為承諾之內容。因此，該投標人作成該次要約內容之主要、亦為必要的依據及來源基礎之藍晒圖說，是為要約內容之一部，仍有要約拘束力之適用餘地。

於要約生效後，在該要約存續期間內（通常係指該次招標公告，或投標須知所明示之有效等標期間），除該要約人於要約當時預先聲明不受拘束，或依其情形或事件之性質，可認當事人無受其拘束之意思者外，要約人應不得將其要約擴張、限制、撤銷、變更[5]。亦即，在投標人將其所擬定之投標書，及其相關資料備妥並完成封袋，為遞出或交付後，定作要約人及承攬要約人，即須受到要約之不可撤回性之拘束。易言之，於該次營造建築工程承攬實務招標程序之有效等標期間，該承攬要約行為人即投標人，不得將其承攬要約內容為擴張、限制、撤銷、變更。

3. 決標

而嗣後招標人之決標（認該次招標之得標人）行為，則應為要約受領人之承諾行為。亦即，招標人之決標行為，即係招標人對於該確定得標人之承攬要約為承諾。於此時，則係屬承諾人，同意以該承攬要約人（即確定得標）所為之意思表示內容（投標文件內容），與其訂立該次招標之工程承攬契約為目的之承諾意思表示。此一部分，亦有要約拘束力之適用餘地。亦即，一旦要約受領人（即招標辦理人或定作人）對該承攬要約為承諾（決標程序確定得標人）之意思表示時，即發生要約之實質拘束力。易言之，藍晒圖說於決標時，應屬於要約受領人的承諾內容之一。此依前述最高行政法院 98 年度判字第 38 號判決：「……此與一般要約引誘之情形，原則上潛在的交易相對者對於要約引誘之內容，在民法上並無表示異議之權，且要約引誘人無必然要與某一提議訂約者締結契約之義務，有所不同，此亦為本院向來見解，**即以招標公告為要約引誘，廠商之投標為要約，而採購機關之決標，為承諾性質，且以決標時點意思合致為雙方契約成立時點**。準此，採購契約內容於決標時即已確定，而嗣後契約之簽訂僅係將投標須知及公告相關事項，另以書面形式為之，故簽約手續並非契約成立或生效要件，且雙方對締約內容並無任何磋商空間，自不能將形式上之簽約日期視為契約實際成立時點，而應以決標日為契約成立日。」之有

---

5 民法第 154 條第 1 項：「契約之要約人，因要約而受拘束。但要約當時預先聲明不受拘束，或依其情形或事件之性質，可認當事人無受其拘束之意思者，不在此限。」

關決標的見解，亦可明瞭。

除前述外，於當事人為該次招標之工程承攬契約締結時，該藍晒圖說亦是契約所示主要內容之一。此觀諸營造建築工程承攬實務，於定作人與確定得標人，締結該次招標之營造建築工程承攬契約時，均可見以藍晒圖說為解釋、計算及施作標準之條款明文，即可認該確定得標人作成該次要約內容之主要、亦為必要的依據，及來源基礎之藍晒圖說，必然成為該工程承攬契約內容之一部。本文以為，在成為該工程承攬契約內容一部前之藍晒圖說，論其本質，仍應屬該確定得標人之承攬要約內容，及定作人之承諾標的，仍有要約拘束力適用之餘地。雖然藍晒圖說所具備的意義，因招標、投標、決標程序及契約締結成立之各個不同階段，而各異其趣。然該藍晒圖說於各個不同階段，所具備要約內容、承諾標的及契約內容之每個性質，均須受到拘束力適用與當事人之尊重。

Q39. 契約締結時變更圖說

今如 T 市政府與戊營造公司於決標後，締結 S 宇宙運動大會會館新建工程承攬契約時，T 市政府表示該 S 宇宙運動大會會館新建工程藍晒圖說內容有誤，主張欲以經修正變更後之新版 S 宇宙運動大會會館新建工程藍晒圖說，為該次新建工程承攬契約締結之藍晒圖說。戊營造公司可否拒絕變更後之新版 S 宇宙運動大會會館新建工程藍晒圖說，為該次新建工程承攬契約締結之藍晒圖說？

A39 解題說明

按前述有關要約之形式拘束力與實質拘束力的論述基礎，戊營造公司將其由定作人，或招標辦理人提供之藍晒圖說為依據，所作成要約內容之投標書及其相關資料備妥並完成封袋，為遞出或交付後，於該次 S 宇宙運動大會會館新建工程承攬招標程序之有效等標期間，該承攬要約行為人，即戊營造公司不得將要約內容擴張、限制、撤銷、變更。於要約相對人即

T 市政府，為承諾即確定決標予戊營造公司時，戊營造公司即有以該藍晒圖說為依據所作成之要約內容，與 T 市政府締結該次招標之 S 宇宙運動大會會館新建工程承攬契約之義務。易言之，T 市政府所為承諾者，係戊營造公司以 T 市政府自己所提供之藍晒圖說為依據而作成之要約內容。

今如要約受領人已經為承諾，若於以原承攬要約內容為基礎之契約締結時，主張以原承攬要約內容以外之新的定作要約內容，取代以該原承攬要約內容為原契約基礎之締結內容者。則應認該原承攬要約之承諾人，以新要約之意思表示，拒絕履行以原承攬要約內容承諾之契約締結義務，而非以新要約內容，取代原要約內容之承諾。蓋除原要約人之要約內容，應受要約拘束力外，原要約之承諾人更要不能對其所承諾之原要約內容為擴張、限制、撤銷、變更。蓋此一要約相對人於承諾後，履行契約締結義務時，主張以其已經承諾之原要約以外之其他新意思表示，為原契約締結內容者，究與要約相對人先將要約人之要約擴張、限制或為其他變更而承諾者，視為拒絕原要約而為新要約之情形不同[6]。

對此一問題，國內通說認為，契約因要約與承諾意思表示一致而成立。例如，國內學者有謂：「契約因要約與承諾意思表示一致而成立，法律判斷上，必須要先確定要約的存在，再判斷要約的相對人是否對要約的內容表示同意，要約與承諾的區別，相當重要。」[7]「如同要約人須有受要約拘束之意思，要約相對人也要有受承諾拘束的意思，即願意受到與要約相同條件內容契約的拘束。反之，若相對人僅證實收到要約，或將要約

6 民法第 160 條第 2 項：「將要約擴張、限制或爲其他變更而承諾者，視爲拒絕原要約而爲新要約。」最高法院 81 年度台上字第 1907 號民事判決：「按將要約擴張、限制或變更而爲承諾者，視爲拒絕原要約而爲新要約，民法第 160 條第 2 項定有明文。前述大安國宅甲區互助會主張，陳◯航要求延長（租期）三個月，不同意僅延長一個月，故未簽約，因而作罷云云（並參見原審卷 64 頁正、反面），倘所言非虛。且該互助會所屬第一管理小組主任委員童◯啓依據該小組 79 年 4 月 15 日第六次委員會議之決議，同意延長租期一個月，爲原審認定之事實。經查該第六次委員會議紀錄記載：『租期延長一個月，請互助會協助完成租約加簽手續』等語（見外放證物上證十一號）。則第一管理小組似已將陳◯航延長租期三個月之要約予以限制、變更，應視爲新要約。」

7 陳自強，契約之成立與生效，自版，2014 年 2 月，三版一刷，第 92 頁。

擴張限制變更時，均無受承諾拘束的意思。」[8]

準此，於定作人為決標予該確定得標人時，該次招標之工程承攬契約，即因該確定得標人擬定之投標文件內容，即承攬要約，與定作人之承諾意思表示一致而成立。而該因確定得標人之承攬要約，與定作人承諾意思表示一致所成立之契約，係以該定作人願意受到確定得標人之承攬要約，相同條件內容拘束的工程承攬契約。

因此，除該錯誤部分係不具重要性、範圍亦小，且經當事人同意，可得將該部分以補充條款，或施作備忘等為補正者外，於定作人決標確定得標人後，與該確定得標人締結該次招標之工程承攬契約時，定作人表示招標時之工程藍晒圖說內容有誤，主張欲以經修正變更後之新版工程藍晒圖說，為該次招標之工程承攬契約締結內容之藍晒圖說情形，應認係該定作人拒絕原要約，而另為新要約之意思表示，而非僅承諾人將承諾內容擴張限制變更，或無受原承諾拘束之意思。蓋於定作人為決標確定得標人時，該次招標之工程承攬契約，即因該確定得標人擬定投標文件等之要約內容，與定作人之承諾意思表示一致而成立。易言之，定作人確定該次招標得標人之決標行為，即為該定作人願意受到確定得標人投標文件內容拘束之意思表示。

綜上所述，T市政府於決標確定得標人後，與戊營造公司於締結S宇宙運動大會會館新建工程承攬契約時，T市政府表示該S宇宙運動大會會館新建工程之招標藍晒圖說內容有誤，主張欲以經修正變更後之新版S宇宙運動大會會館新建工程藍晒圖說，為該次S宇宙運動大會會館新建工程承攬契約締結內容之情形，應認係原要約之承諾人即T市政府，變更原要約內容而承諾。此一該原承諾人主張原要約以外之新要約，取代原要約內容基礎始為締約情形，應可視為該原承諾人拒絕以原要約內容締結契約。

前述情形，應認該原要約之承諾人T市政府以新要約意思表示，拒絕對戊營造公司之原要約內容為承諾，履行該次招標之S宇宙運動大會會館

---

8 陳自強，前揭書，第96頁。

新建工程承攬契約締結義務。戊營造公司應得以該變更後之新版 S 宇宙運動大會會館新建工程藍晒圖說，係 T 市政府之新要約，而不為承諾，拒絕該次 S 宇宙運動大會會館新建工程承攬契約締結。蓋該變更後之新版 S 宇宙運動大會會館新建工程藍晒圖說，並非確定得標人戊營造公司，於 T 市政府之 S 宇宙運動大會會館新建工程承攬招標時，所為之要約內容。且戊營造公司並未對變更後之新版工程藍晒圖說承諾，無須受到其之拘束。

筆者建議

定作人 T 市政府於決標予確定得標人後，於其與戊營造公司締結 S 宇宙運動大會會館新建工程承攬契約時，T 市政府表示該 S 宇宙運動大會會館新建工程藍晒圖說內容有誤，主張欲以經修正變更後之新版 S 宇宙運動大會會館新建工程藍晒圖說，為該次 S 宇宙運動大會會館新建工程承攬契約締結內容之藍晒圖說情形。此時，確定得標人戊營造公司，應可拒絕以經修正變更後之新版 S 宇宙運動大會會館新建工程藍晒圖說，為該次招標 S 宇宙運動大會會館新建工程承攬契約締結內容，並催告 T 市政府於一定期間內，履行以決標內容為基礎之契約締結義務。如 T 市政府仍拒絕締結該以決標內容為基礎之契約者，則戊營造公司應可向 T 市政府主張不履行締約之責任，並以正當程序利益擔保之押標金提出數額，為 T 市政府違反正當程序利益，及不履行預約義務之違約責任數額的計算基礎（有關預約不履行之法律效果等問題，請參閱本書案例十之 Q55）。

筆者的話

本文建議，除前述情形外，該經修正變更後之新版 S 宇宙運動大會會館新建工程藍晒圖說，即便所為更改部分之變動性及重要性皆微，並未造成契約履行之明顯負擔者，戊營造公司仍應主張以其投標文件內容，為該次招標之 S 宇宙運動大會會館新建工程承攬契約締結之內容。蓋任何部分之更改、變動，均屬將原要約內容擴張、限制或為其他變更而承諾者，視為拒絕原要約而為新要約。於此情形，當事人仍應主張以確定得標文件內容，為該次招標之 S 宇宙運動大會會館新建工程承攬契約締結之內容，僅係於該 S 宇宙運動大會會館新建工程承攬契約締結時，再另以協商條款、附加補充條款或工程會議等正當程序，為該藍晒圖說變更部分之施作方法、材料數量、施作期間及預算追加減等之確認，始符合要約與承諾之拘束力與程序正當性，並保護契約當事人程序上與契約上之利益。

Q40. 承攬人於契約履行期間變更圖說

今如於該 S 宇宙運動大會會館新建工程承攬契約履行期間，承攬人戊營造公司發現部分結構鋼筋配置設計受施工現場環境因素限制，而無法按照該部分結構鋼筋配置設計施作，或該部分結構鋼筋配置設計圖說不符現場施作條件，或係因該部分結構鋼筋配置設計圖說有設計錯誤或標示錯誤等，導致無法按該部分結構鋼筋配置原設計圖說為鋼筋配置施作。承攬人戊營造公司遂向定作人 T 市政府為變更 S 宇宙運動大會會館新建工程藍晒圖說之主張，則該戊營造公司主張變更 S 宇宙運動大會會館新建工程藍晒圖說行為之法律效果為何？

A40 解題說明

題示之受施工現場環境因素限制、圖說有設計錯誤或標示錯誤等，致無法實際施作情形，於該 S 宇宙運動大會會館新建工程承攬契約履行期間，應認定作人 T 市政府或承攬人戊營造公司任何一方，應均有主張變更 S 宇宙運動大會會館新建工程藍晒圖說之權利。蓋契約當事人於契約履行期間，經當事人同意而變更契約標的之內容者，在不違反強行規定情形下，應非現行法所禁止。惟於工程承攬契約，定作人所為之該工程承攬標的藍晒圖說變更，與承攬人所為該工程承攬標的藍晒圖說變更之情形，仍有其效果不同之處。

於工程承攬契約履行期間，承攬人主張變更工程藍晒圖說者，通常係於技術層面之施作工法設計或標示錯誤，或受施工現場環境因素限制等，而顯有實際施作困難或有公共危險之虞時，必須為變更情形[9]。例如該建築改良物某部分結構鋼筋配置或施作工法之變更，其中原因可能係該部分結構鋼筋配置設計受施工現場環境因素限制，而無法按照該部分結構鋼筋配置設計施作，或該部分結構鋼筋配置設計圖說不符現場施作條件，或係因該部分結構鋼筋配置設計圖說有設計錯誤或標示錯誤等，導致無法按該部分結構鋼筋配置原設計圖說為鋼筋配置施作。

因此，如發生前述題示情形，通常係由承攬人按一定方式通知定作人，或於工程會議時提出該項情形，請求定作人與該部分結構鋼筋配置設計人，於一定期間內自行變更或修正該部分結構鋼筋配置設計圖說，並將變更或修正完成之該部分結構鋼筋配置設計圖說以一定程序交付予承攬人，或係由承攬人按一定方式通知定作人，或於工程會議時提出該項情形，由承攬人及其聘僱之鋼筋結構技師等，請求定作人與該部分結構鋼筋配置設計人，於一定期間內與承攬人及其聘僱之鋼筋結構技師等，就該結構鋼筋配置設計部分為重新設計或檢討變更，並將重新設計或檢討變更完成之該部分結構鋼筋配置設計圖說，以一定程序交付予承攬人。

於前述之該結構鋼筋配置設計部分，為重新設計或檢討變更情形，考其原因，係承攬人為完成工作，或令工作及承攬標的能具備約定之品質，及無減少或滅失價值，或不適於通常或約定使用之瑕疵，所必要的行為之一。然該部分結構鋼筋配置設計受施工現場環境因素限制，而無法按照該部分結構鋼筋配置設計施作，或該部分結構鋼筋配置設計圖說不符現場施作條件，或係因該部分結構鋼筋配置設計圖說有設計上錯誤或標示錯誤

---

9 營造業法第 37 條：「營造業之專任工程人員於施工前或施工中應檢視工程圖樣及施工說明書內容，如發現其內容在施工上顯有困難或有公共危險之虞時，應即時向營造業負責人報告。營造業負責人對前項事項應即告知定作人，並依定作人提出之改善計畫爲適當之處理。定作人未於前項通知後及時提出改善計畫者，如因而造成危險或損害，營造業不負損害賠償責任。」

等，導致無法按該部分結構鋼筋配置原設計圖說為鋼筋配置施作者，應屬定作人之過失或指示有誤情形。

按現行法律規定，如因定作人之指示錯誤，而使工作或工作物發生瑕疵者，於一定要件下，則定作人喪失因該工作或工作物之瑕疵修補請求、減少報酬或契約解除，或於請求減少報酬外並得請求損害賠償等權利[10]。

前述承攬人於工程承攬契約履行期間，發現該部分結構鋼筋配置設計，因受施工現場環境因素限制，而無法按照該部分結構鋼筋配置設計施作，或該部分結構鋼筋配置設計圖說，不符現場施作條件，或係因該部分結構鋼筋配置設計圖說，有設計上錯誤或標示錯誤等，導致無法按該部分結構鋼筋配置原設計圖說為鋼筋配置施作等情形，承攬人因而主張藍晒圖說變更者，**應屬於承攬人為使承攬工作完成，或令工作或工作物能具備約定之品質及無減少或滅失價值，或不適於通常或約定使用之瑕疵，與防止定作人因此發生損害之積極作為，亦是債務人履約善意行為之一**。而非僅係該承攬人，為避免定作人對於工作或工作物瑕疵修補請求或契約解除，或請求減少報酬並得請求損害賠償等權利時，以之為法定失權要件該當的消極行為[11]。

綜上所述，該承攬人因定作人之過失或指示有誤，而有該部分藍晒圖說變更或修正之主張者，應予肯定。蓋該藍晒圖說變更或修正之主張者，係承攬人完成工作，及使工作或工作物能具備約定之品質，及無減少或滅失價值或不適於通常或約定使用瑕疵之契約上義務履行必要行為，亦是該工程承攬契約當事人契約上利益保護之重要之點。

職是，如因該部分藍晒圖說變更或修正有影響他項工種施工作業，而造成他項工種之施工作業障礙，或他項工程可施作範圍縮減，或必須停止施工作業者，其因此所造成之損失或負擔，例如施工材料進場發生障礙、

---

10 民法第 496 條前段：「工作之瑕疵，因定作人所供給材料之性質或依定作人之指示而生者，定作人無前三條所規定之權利。」

11 民法第 496 條後段：「但承攬人明知其材料之性質或指示不適當，而不告知定作人者，不在此限。」

施工材料損耗增加，或他項工種施作順序錯置協調、施工人員調度負擔，及因此造成之施工進度落後……等。如該承攬契約未有前述情形之補償約定者，基於誠信原則與當事人履約善意，定作人似仍應負擔其責任，為此部分增加承攬人不必要之負擔部分為價金補償，或為工作承攬施作期間之增加或展延等行為。

筆者建議

今如承攬人戊營造公司向定作人 T 市政府為主張變更 S 宇宙運動大會會館新建工程藍晒圖說之原因，係因其於該 S 宇宙運動大會會館新建工程承攬契約履行期間，發現部分結構鋼筋配置設計受施工現場環境因素限制，而無法按照該部分結構鋼筋配置設計施作，或該部分結構鋼筋配置設計圖說不符現場施作條件，或係因該部分結構鋼筋配置設計圖說有設計錯誤或標示錯誤等，導致無法按該部分結構鋼筋配置原設計圖說為鋼筋配置施作，則該承攬人戊營造公司主張變更 S 宇宙運動大會會館新建工程藍晒圖說行為，應認係承攬人為使工作完成，或令工作或工作物能具備約定之品質，及無減少或滅失價值或不適於通常或約定使用之瑕疵，與防止定作人因此發生損失之積極作為，亦是承攬人履約善意行為之一。據此，承攬人戊營造公司主張變更 S 宇宙運動大會會館新建工程藍晒圖說行為，係承攬人為使該次承攬契約目的達成之善意行為，應屬於承攬人契約上義務履行之必要行為。

筆者的話

承攬人於工程承攬契約履行期間，如發現施工藍晒圖說、材料圖說或其他圖說，有發生因受施工現場環境因素限制，而無法按照該部分結構鋼筋配置設計施作，或該部分設計圖說不符現場施作條件，或係因該部分設計圖說有設計上錯誤或標示錯誤等，導致無法按該部分原設計圖說為施作者。承攬人必須依定作人或法律規定之一定程序為藍晒圖說變更之意思表示，並按合法變更或修正完成之藍晒圖說為施作。

若承攬人怠於依當事人約定或法律規定之一定程序，向定作人為藍晒圖說變更之意思表示，或僅憑一己專業技術或經驗而逕自變更為施作者，雖然一己專業技術或經驗能令該工作符合施作條件，並順利完成該部分工作。惟此承攬人未依一定程序，為藍晒圖說變更之意思表示，而逕自變更為施作者，應認係承攬人未按藍晒圖說施作。而該承攬人未按藍晒圖說為施作情形，除須面對定作人之工作或工作物瑕疵之請求修補或解除契約，或請求減少報酬並得請求損害賠償等權利外，仍應負擔債務不履行責任。

Q41. 定作人於契約履行期間變更圖說

今如於該 T 市之 S 宇宙運動大會會館新建工程承攬契約履行期間，定作人 T 市政府：1.發現部分結構鋼筋配置設計受施工現場環境因素限制，而無法按照該部分結構鋼筋配置設計施作，或該部分結構鋼筋配置設計圖說不符現場施作條件，或係因該部分結構鋼筋配置設計圖說有設計錯誤或標示錯誤等，導致無法按該部分結構鋼筋配置原設計圖說為鋼筋配置施作；2.將地下負一層原停車空間改成選手休息室；3.將地上第九層原選手休息室改成開放空間；4.將屋頂之原空中花園改成太空梭起落跑道；5.將原地上十層改成地上八層；6.將原地上十層改成地上十三層等。遂主張變更 S 宇宙運動大會會館新建工程藍晒圖說者，則 T 市政府因各種不同情形，而變更 S 宇宙運動大會會館新建工程藍晒圖說行為之各個法律效果為何？

A41 解題說明

題示之定作人 T 市政府，主張變更 S 宇宙運動大會會館新建工程藍晒圖說，係 T 市政府因各種不同情形而所為之圖說變更行為。故該各個變更 S 宇宙運動大會會館新建工程藍晒圖說行為之法律效果，亦應有所不同。以下就各個變更 S 宇宙運動大會會館新建工程藍晒圖說行為之法律效果為說明：

1. 發現部分結構鋼筋配置設計受施工現場環境因素限制，而無法按照該部分結構鋼筋配置設計施作，或該部分結構鋼筋配置設計圖說不符現場施作條件，或係因該部分結構鋼筋配置設計圖說有設計錯誤或標示錯誤等，導致無法按該部分結構鋼筋配置原設計圖說為鋼筋配置施作（原設計配置、工法、標示修正情形）

定作人因發現部分結構鋼筋配置設計受施工現場環境因素限制，而無法按照該部分結構鋼筋配置設計施作，或該部分結構鋼筋配置設計圖說不符現場施作條件，或係因該部分結構鋼筋配置設計圖說有設計錯誤或標示錯誤等，導致無法按該部分結構鋼筋配置原設計圖說為鋼筋配置施作，而主張變更藍晒圖說者，應屬定作人指示行為。

於此情形，承攬人於定作人為指示通知到達時，承攬人應依定作人之指示為工作施作，如有因此而發生工作施作或材料等費用增加之情形，承攬人得據此增加費用部分，請求定作人為該增加費用部分之價金給付。若因該部分藍晒圖說變更或修正有影響他項工種施工作業，而造成他項工種施工作業障礙，或工程可施作範圍縮減，或必須停止施工作業、施工材料進場發生障礙、他項工種施作順序錯置協調、施工人員調度負擔，及因此造成之施工進度落後……等，定作人應適度增加工作承攬施作期間。

2. 將地下負一層原停車空間改成選手休息室（空間用途變更而增加結構工程數量情形）

如定作人變更藍晒圖說之原因，係因定作人欲將地下負一層原停車空間改成選手休息室，則應屬原建築改良物單一樓層使用面積內之空間用途變更，而增加該次工程承攬契約施作範圍及工作數量之定作人指示情形。其應屬於變更原藍晒圖說設計，而非原藍晒圖說之修正。因此，定作人應依法定程序，向該管行政機關申請變更設計，並經相關機關及有關單位審查核准後[12]，始得以該經審查核准後之該部分新藍晒圖說，提供予承攬人為其施作該部分樓層之圖說依據，並令承攬人按圖說施作。於此之前，承攬人應不得僅因定作人之變更意思表示，即為施作工法、施作範圍之變更施作，或預為該部分之材料加工等實際施作行為。

於上述情形，承攬人於定作人為指示通知到達時，承攬人應依定作人之指示為工作施作，如有因此而發生工作施作或材料等費用增加之情形，承攬人得據此增加費用部分，請求定作人為該增加費用部分之價金給付，或為重新計價之申請。此一期間所造成之停止施工作業、施工材料進場發生障礙、他項工種施作順序錯置協調、施工人員調度負擔，及因此造成之施工進度落後……等，定作人應適度增加工作承攬施作期間。

筆者建議

須注意者，此種因定作人變更承攬標的用途，而所發生之行政程序期間，除定作人應適度增加工作承攬施作期間外，該行政程序期間應屬限期完工之除外期間，**定作人不得將此期間歸入限期完工之不變期間計算範圍內**[13]。

---

12 參閱行政院內政部營建署建築執照申請審核，https://www.cpami.gov.tw（最後瀏覽日期：2020/10/20）。

13 最高法院 108 年度台上字第 369 號民事判決：「次查本件被上訴人榮○工程股份有限公司（下稱榮○公司）、益○工程股份有限公司（下稱益○公司）主張：伊等於民國 92 年 11 月 12 日與上訴人簽訂工程契約（下稱系爭契約），以總價新臺幣（下同）三十九億五百元之價格，承攬上訴人之『率真分案主體工程』（下稱系爭工程），依約應於 94 年 8 月 30 日全部竣工。兩造曾成立調解，因上訴人辦理第二次變更設計，最終經中華民國仲裁協會作成 97 年度仲聲信字第 45 號仲裁判斷（下稱系爭仲裁判斷），展延工期至 96 年 3 月 30 日。然系爭工程自 94 年 10 月 1 日起至 96 年 3 月 30 日止之休息日 100 日，不應計入工期；另因上訴人遲延申請消防圖說變更、就無障礙設施與主管機關意見不同致影響使用執照核發、新增之污水處理廠流量計工作，及因漏項、數量不足、變更設計等事由，總計應展延工期 156 日。」

3. 將地上第九層原選手休息室改成開放空間（空間用途變更而減少結構工程數量情形）

此一將地上第九層原選手休息室改成開放空間者，屬於原設計建築改良物單一樓層使用面積內之空間用途變更，而減少該次工程承攬施作範圍及工作數量之定作人指示情形。其等應屬於變更設計，而非修正藍晒圖說，定作人應依法定程序，向該管行政機關申請變更設計，並經相關機關及有關單位審查核准後，始得以該經審查核准後之該部分新藍晒圖說，提供予承攬人為其施作該部分樓層之圖說依據，並令承攬人按圖說施作。於此之前，承攬人應不得僅因定作人之變更意思表示，即為施作工法、施作範圍之變更施作，或預為該部分之材料加工等實際施作行為。

於此情形，承攬人於定作人為指示通知到達時，承攬人應依定作人之指示為工作施作，如有因此而發生工作施作或材料等費用減少之情形，定作人得據此減少費用部分，請求為重新計價。此一因施工範圍及施作項目、數量減少所縮短之工作施作期間，定作人應可適度減縮該工作承攬之施作期間。

應注意者，此種因定作人變更承攬標的用途，而所增加之行政程序期間，除定作人應加計算入工作承攬之施作承攬總期間外，該行政程序期間仍應屬限期完工之除外期間，定作人不得將此期間歸入限期完工之不變期間計算範圍內。**若因該設計使用變更之行政作業期間延宕，造成該次工程承攬完成期間超過系爭工程承攬契約所定之限時完工期間者，定作人應不得因此而主張承攬人逾期完成工作之遲延責任。**

4. 將屋頂之原空中花園改成太空梭起落跑道（結構上及使用目的上之重大變更情形）

今如藍晒圖說變更之事由，係因定作人將原審查合格之藍晒圖說屋頂空中花園設計，改成太空梭起落跑道。此一情形，仍屬定作人指示之設計藍晒圖說變更，且係為工程承攬標的結構上，及使用目的上之重大變更。該工程承攬標的結構上及使用上之重大變更，須由該管行政機關及有關單位之審查合格，並經合法程序取得變更設計之藍晒圖說。

惟於原工程承攬標的結構上及使用目的上之重大變更情形，即便定作人業由該管行政機關及有關單位之審查合格，並經合法程序取得變更設計之藍晒圖說，如該變更後之工作，已非原工程承攬契約之承攬人所能實際施作，或顯有難以負擔情形者，則應認該原工程承攬契約之承攬人，得有拒絕履行該結構上及使用目的上有重大變更之標的施作的權利。**蓋應認該原工程承攬標的結構上及使用目的上之重大變更部分，屬於定作人所為之新要約，該原工程承攬契約之承攬人得有不為承諾之權利。**

畢竟，該原工程承攬標的結構上及使用目的上之重大變更部分，與原工程承攬契約標的之結構及使用目的顯然相異，是不得將該原工程承攬標的結構上及使用目的上之重大變更部分，視為原工程承攬標的之施作範圍或數量上之擴張或減縮。而應認該原工程承攬標的結構上及使用目的上之重大變更部分，係為定作人於原工程承攬契約內容以外之新要約，並賦予新要約之相對人即原工程承攬契約之承攬人，有承諾人通常之權利，似較妥適。

另外，若該原工程承攬標的結構上及使用目的上之重大變更部分之工作承攬施作內容，已經非原工程承攬契約之承攬人的廠商等級所能承攬者，或已經逾越其特許營業項目之情形，應認該原工程承攬契約之承攬人，並非該新要約之適格承諾人，不具備該新要約之承諾人地位與能力。

筆者建議

如於原工程承攬契約履行期間，發生原工程承攬標的結構上及使用目的上之重大變更，即便定作人業由該管行政機關及有關單位之審查合格，並經合法程序取得變更設計之藍晒圖說，且定作人亦已經以該合法程序取得變更設計之藍晒圖說送達交付原承攬人。若該原工程承攬標的結構上及使用目的上之重大變更部分，與原工程承攬契約標的之結構及使用目的顯然相異，應認該原工程承攬標的結構上及使用目的上之重大變更部分，係為定作人於原工程承攬契約內容以外之新要約。此時，原承攬人應向定作人主張將該變更設計之藍晒圖說部分為與原工程承攬契約聯立之另一工程承攬契約，與定作人另為訂立該變更部分之工程承攬契約。

另外，**如該變更後之工作，已非原工程承攬契約之承攬人所能施作，或顯有難以負擔情形者，原承攬人應可拒絕對定作人該藍晒圖說變更部分之新要約的承諾，主張原工程承攬契約已經實際施作範圍部分為結算，並以該發生原工程承攬標的結構上及使用目的上之重大變更為由，終止原工程承攬契約**。若定作人無結算及終止原工程承攬契約關係，此時原承攬人應視現實情況，如有其他符合承攬該變更部分資格之協力廠商可以配合運作者，應據實且依一定程序通知定作人，並據此主張該變更部分工程承攬轉包之同意取得。

若該原工程承攬標的結構上及使用目的上之重大變更部分內容，已經非原工程承攬契約之承攬人的廠商等級所能承攬者，或已經逾越其特許營業項目之情形，應認該原工程承攬契約之承攬人並非該新要約之適格承諾人，不具備該新要約之承諾人地位與能力。**此時，該承攬人應向定作人為原工程承攬契約總結算與終止契約之意思表示，並據該原工程承攬標的結構上及使用目的上之重大變更，係為無法繼續完全履行原工程承攬契約之理由，主張定作人契約終止之損害賠償責任。**

5. 將原地上十層改成地上八層（承攬契約標的總高程以內之施作範圍及數量減少情形）

如在該工程承攬契約原設計藍晒圖說之建築改良物完成總高程以內，將原地上十層改成地上八層者，應屬定作人所為工程承攬契約標的施作範圍及數量減少之指示。其等雖為工程承攬契約標的施作範圍及數量減少，惟仍應屬於原設計之變更，而非藍晒圖說之修正，定作人應依法定程序，向該管行政機關申請變更設計，並經相關機關及有關單位審查核准後，始得以該經審查核准後之該部分新藍晒圖說，提供予承攬人為其施作該變更部分樓層之圖說依據，並令承攬人按圖說施作。於此之前，承攬人應不得僅因定作人之變更意思表示，即為施作工法、施作範圍之變更施作，或預為該部分之材料加工等實際施作行為。

於此情形，承攬人於定作人為指示通知到達時，承攬人應依定作人之指示為工作施作，如有因此而發生工作施作或材料等費用減少之情形，定作人得據此減少費用部分，請求為重新計價。此一因施工範圍及施作項目、數量減少所縮短之工作施作期間，定作人應可適度減縮該工作承攬之施作期間。

須注意者，此種因定作人變更承攬標的用途，而所增加必要之行政程序期間，除定作人應加計算入工作承攬之施作承攬總期間外，該必要之行政程序期間，仍應屬限期完工之除外條件，定作人不得將此期間，強行歸入限期完工之不變期間計算範圍內。**若因該設計使用變更之行政作業期間延宕，造成該次工程承攬完成期間超過系爭工程承攬契約所定之限時完工期間者，定作人應不得因此而主張承攬人逾期完成工作之遲延責任。**

6. 將原地上十層改成地上十三層（承攬契約標的總高程變更之施作範圍及數量增加情形）

如該次變更藍晒圖說之事由，係因定作人欲將原工程承攬契約標的之地上十層改成地上十三層，則屬於原建築改良物樓層總層數、使用面積及標的建物完成總高程變更，而增加該次工程承攬契約施作範圍及工作數量之定作人指示情形。其仍應屬於變更設計，而非原設計藍晒圖說之修正。

定作人應依法定程序，向該管行政機關申請變更設計，並經相關機關及有關單位審查核准後，始得以該經審查核准後之該部分新藍晒圖說，提供予承攬人為其施作該部分樓層之圖說依據，並令承攬人按圖說施作。於此之前，承攬人應不得僅因定作人之變更意思表示，即為施作工法、施作範圍之變更施作，或預為該部分之材料加工等實際施作行為。

於此一定作人將原地上十層改成地上十三層情形，如在建築法規與相關行政規定皆能允許之前提下，應認該情形並非屬於該原工程承攬標的結構上或使用目的上之重大變更。因其與原工程承攬契約標的之結構及使用目的，並無顯然相異，是應得將該變更部分，視為原工程承攬契約標的之施作範圍或數量上之擴張或減縮情形。如該變更後之工作，並無造成原工程承攬契約之承攬人無法實際施作，或顯有難以負擔情形者，則應認該工程承攬契約之承攬人，應於該合格變更藍晒圖說及定作人之意思表示到達時，即按該合格變更藍晒圖說，及定作人之意思表示內容為實際施作的義務，而不得拒絕履行該變更之標的施作，或有據此為契約終止之權利。蓋工程承攬標的結構上實際施作之一體性與連續性，有其實質上的重要性與必要性。

據此，承攬人於定作人為指示通知到達時，承攬人應依定作人之指示即合格變更之藍晒圖說為工作施作，並據此合格變更之藍晒圖說工作施作或材料等費用增加之部分，請求定作人為該增加費用部分之價金給付，或為承攬報酬重新計價之申請。此一期間所造成之停止施工作業、施工材料進場發生障礙、他項工種施作順序錯置協調、施工人員調度負擔，及因此造成之施工進度落後……等，定作人應適度增加工作承攬施作期間。如前所述，此種因定作人變更承攬標的用途之行政程序期間，除定作人應適度增加工作承攬施作期間外，該行政程序期間應屬限期完工之除外期間，定作人不得將此期間歸入限期完工之不變期間計算範圍內。

筆者建議

若該原工程承攬標的設計變更後之部分工作承攬施作內容，已經非原工程承攬契約之承攬人的廠商等級所能承攬者（例如：變更後之工程承攬總造價額已經超過該等級營造廠商之法定承攬總價允許數額範圍）[14]，該承攬人應向定作人為該次工程承攬契約報酬總結算之申請，並取得定作人為該次工程承攬契約之合意終止。並將此一原工程承攬標的設計變更部分，視為另一新的工程承攬要約，而將該原工程承攬契約之承攬人為該新要約之適格承諾人，並以之為該變更部分之當然承攬人，即可解決超過該等級營造廠商之法定承攬總價允許數額範圍之尷尬。

此一原工程承攬契約當事人**於契約終止後，再以該變更設計之藍晒圖說，與原契約承攬人訂立另一工程承攬契約者，應認係一新的契約關係，並非原工程承攬契約之延續**。而此一新契約之訂立，應為現行法律所允許。如若定作人無意為前述之合意終止與當然承攬者，此時之原承攬人，應向定作人為原工程承攬契約總結算與終止契約之意思表示，並據該定作人於原工程承攬標的之重大變更，造成變更後之工程承攬總造價額已經超過該等級營造廠商之法定承攬總價允許數額範圍，係為無法繼續完全履行原工程承攬契約之理由，主張定作人之損害賠償責任。

---

14 營造業承攬工程造價限額工程規模範圍申報淨值及一定期間承攬總額認定辦法第4條：「丙等綜合營造業承攬造價限額爲新臺幣二千七百萬元，其工程規模範圍應符合下列各款規定：一、建築物高度二十一公尺以下。二、建築物地下室開挖六公尺以下。三、橋樑柱跨距十五公尺以下。乙等綜合營造業承攬造價限額爲新臺幣九千萬元，其工程規模應符合下列各款規定：一、建築物高度三十六公尺以下。二、建築物地下室開挖九公尺以下。三、橋樑柱跨距二十五公尺以下。甲等綜合營造業承攬造價限額爲其資本額之十倍，其工程規模不受限制。」

第七單元 總價、實價契約

案例七

Y 縣地處偏僻，惟於 Y 縣行政區域內擁有豐富漁場，Y 縣政府打算改善 Y 縣濱海漁民之生活水準，並將 Y 縣推上國內旅遊之熱門選單，以增加 Y 縣政府之觀光收入及提升 Y 縣之城市名氣，故經 Y 縣政府相關單位規劃 YES 濱海觀光海洋展覽館新建工程一案，並將該 YES 濱海觀光海洋展覽館規劃案及預算送交 Y 縣議會審查。Y 縣議會對於 Y 縣政府此一 YES 濱海觀光海洋展覽館新建工程規劃案相當給予肯定，惟於預算案之 YES 濱海觀光海洋展覽館新建工程承攬契約審查程序，Y 縣議會議員對於該 YES 濱海觀光海洋展覽館新建工程承攬契約，究應採工程承攬總價契約之模式，抑或工程實作實算契約模式之看法意見，各有所持。

Q42. 工程承攬契約之法律性質

定作人於該 YES 濱海觀光海洋展覽館新建工程承攬之計價方式確定後，仍需與承攬人訂立該 YES 濱海觀光海洋展覽館新建工程承攬契約，始得為工程承攬施作與計價之依據。則該工程承攬契約之法律性質為何？

A42 解題說明

一般而言，營造建築工程承攬契約，依契約當事人所約定承攬內容不同，大約可分為建築改良物之新建工程承攬、修繕工程承攬、增建工程承攬、拆除工程承攬、雜項工程承攬、大地工程承攬等之各種類工程承攬契約，觀諸前述各種類工程承攬契約，其契約之法律性質通常如下：

1. 雙務契約

一般所謂雙務契約（Gegenseitige Verträge），係指雙方當事人互負對價關係債務（主給付義務，Hauptpflichten）之契約。此時，雙方當事人同時具有債務人（Schuldner）及債權人（Gläubiger）身分[1]。國內學者謂：「雙務契約係片務契約之對稱，乃各當事人互負對價關係之債務之契約也。」[2]由前述學者論述，可知契約各當事人互負對價關係之債務，係為雙務契約的要件之一。

現行民法第 490 條第 1 項：「稱承攬者，謂當事人約定，一方為他方完成一定之工作，他方俟工作完成，給付報酬之契約。」按前開法律關於承攬關係之明文，觀諸營造建築工程承攬契約，一方當事人負有完成約定之一定工作物之義務，他方當事人負有給付約定工作承攬報酬之義務，而此一完成約定之一定工作物之義務，與給付約定之工作承攬報酬價金之義務，係屬於工程承攬契約上之固有、必備，並用以決定工程承攬契約當事人間基本義務（債之關係的要素）[3]之給付義務，故其等係工程承攬契約雙方當事人之各自主給付義務。據此，營造建築工程承攬契約，係為雙方當事人互負對價關係債務之雙務契約[4]，應無所議。

1　姚志明，契約法總論，元照出版，2014 年 9 月，初版一刷，第 36 頁。

2　鄭玉波著，陳榮隆修訂，民法債編總論，三民書局，2010 年 3 月，修訂二版七刷，第 450 頁。

3　王澤鑑，債法原理，三民書局，2012 年 3 月，增訂三版，第 39 頁。

4　參閱民法第 505 條立法理由：「謹按雙務契約之原則，兩造之義務，應同時履行。承攬爲雙務契約，故須於交付工作時支給報酬，其工作之性質，無須交付者，應於工作完成之時，支給報酬。此第一項所由設也。至工作係分部交付，而其報酬亦係就各部分定之者，則應於每一部分工作交付時，即給付該部分所應受領之報酬，以符雙務契約同時履行義務之旨趣。此第二項所由設也。」最高法院 108 年度台上字第 19 號民事判決：「被告就原告請求履行因雙務契約所負之債務，在裁判上援用民法第 264 條之抗辯權時，原告如不能證明自己已爲對待給付或已提出對待給付，法院應爲原告提出對待給付時，被告即向原告爲給付之判決，不於一般雙務契約，契約當事人通常大多有同時履行抗辯權可為主張。然於一般承攬契約（尤其係營造建築工程承攬契約），除該承攬契約當事人有其特別約定外，承攬人通常需先為約定之一定工作或工作物完成或為交付時，定作人始需為約定承攬報酬之給付。此觀現行民法第 505 條規定：「報酬應於工作交付時給付之，無須交付者，應於工作完成時給付之。工作係分部交付，而報酬係就各部分定之者，應於每部分交付時，給付該部分之報酬。」即能明瞭。由前開法律規定，可知具雙務契約性質之承攬契約，係為前述雙務契約通常適用同時履行抗辯之例外情形。

關於契約當事人同時履行之抗辯，最高法院所涉案例：

➲「所謂同時履行之抗辯，乃係基於雙務契約而發生，倘雙方之債務，非本於同一之雙務契約而發生，縱令雙方債務在事實上有密切之關係，或雙方之債務雖因同一之雙務契約而發生，然其一方之給付，與他方之給付，並非立於互為對待給付之關係者，均不能發生同時履行之抗辯。」[5]

➲「雙務契約之一方當事人受領遲延者，其原有之同時履行抗辯權，並未因而歸於消滅。故他方當事人於其受領遲延後，請求為對待給付者，仍非不得提出同時履行之抗辯。除他方當事人應為之給付，因不可歸責於己之事由致給付不能，依民法第 225 條第 1 項規定，免其給付義務者外，法院仍應予以斟酌，如認其抗辯為有理由，應命受領遲延之一方當事人，於他方履行債務之同時，為對待給付。」[6]

➲「被告就原告請求履行因雙務契約所負之債務，在裁判上援用民法第 264 條之抗辯權時，原告如不能證明自己已為對待給付或已提出對待給付，法院應為原告提出對待給付時，被告即向原告為給付之判決，不得

得僅命被告爲給付，而置原告之對待給付於不顧。又系爭工程全部完竣後，中華公司應將現場堆置的施工機具、器材、廢棄物及非本工程所應有之設施全部運離或清除，系爭合約第 16 條第 1 項亦有約定。中臺大學辯稱：中華公司應將遺留於工地現場之大量剩餘磁磚等相關材料，全部運離或清理，並爲同時履行抗辯等情（見一審卷四 155 頁、卷五 25 頁背面；原審卷三 26 頁背面），依上說明，自應一併加以斟酌。」

5 原最高法院 59 年台上字第 850 號民事判例裁判要旨。

6 原最高法院 75 年台上字第 534 號民事判例裁判要旨。

僅命被告為給付，而置原告之對待給付於不顧。」

由前述最高法院有關契約當事人同時履行抗辯之見解，可知雙務契約之當事人，本於同一之雙務契約，互負契約上之對待給付義務，始有民法有關債務人之同時履行抗辯規定之適用。

雙務契約當事人同時履行之例外：按國內營造建築工程承攬實務之通常習慣，不論係由定作人提供材料之單純工程施作之勞務型工作承攬契約，或由承攬人自行提供材料並為工程施作之混合型工程承攬契約，該等承攬人均有先為履行給付之義務，而定作人之承攬報酬給付義務則為後付主義。因此，於通常情形下，在工程承攬契約承攬人於系爭契約成立後、尚未履行契約約定之一定工作或工作物完成或交付義務前，定作人尚無需履行給付約定承攬報酬予承攬人之對待給付義務[7]，此即一般所謂之定作人承攬報酬後付原則。

關於承攬契約定作人之承攬報酬後付，最高法院所涉案例：「稱承攬者，謂當事人約定，一方為他方完成一定之工作，他方俟工作完成，給付報酬之契約；報酬，應於工作交付時給付之，無須交付者，應於工作完成時給付之，為民法第 490 條第 1 項、第 505 條第 1 項所明定，此乃報酬後付原則之規定。是雙務契約若為承攬關係，一般咸認承攬人有先為給付之義務。」[8]

由此一最高法院關於承攬契約定作人給付承攬報酬之見解，可知除該承攬契約當事人有其特別約定外，於定作人承攬報酬後付原則下，承攬人通常需先為約定之一定工作或工作物完成或為交付時，定作人始需為約定承攬報酬之給付。而此定作人承攬報酬後付原則，令具雙務契約性質之工程承攬契約當事人，並無一般雙務契約當事人同時履行抗辯之適用。

---

7 民法第 264 條：「因契約互負債務者，於他方當事人未爲對待給付前，得拒絕自己之給付。但自己有先爲給付之義務者，不在此限。他方當事人已爲部分之給付時，依其情形，如拒絕自己之給付有違背誠實及信用方法者，不得拒絕自己之給付。」由此一法律規定，對照民法第 505 條規定明文，亦可得知工程承攬契約後付原則之適法性。

8 最高法院 97 年度台上字第 319 號民事判決裁判要旨。

2. 有償契約

契約以各當事人是否因給付而取得對價為標準，可將契約分為有償契約與無償契約。其中，契約雙方當事人各因其之給付，而取得對待給付者，係為有償契約[9]。於營造建築工程承攬契約，承攬人完成一定之工作物而取得工作物承攬報酬請求權，得請求定作人為工作物承攬報酬之對待給付。定作人因給付工作或工作物承攬報酬，而取得交付約定工作或工作物之請求權，得請求承攬人為交付約定工作或工作物之對待給付。因此，營造建築工程承攬契約，係為有償契約。

另外，現行法律於承攬未規定之部分，得準用買賣之規定[10]。而其中較為明顯者，應係在契約標的物之權利擔保及檢查義務二部分，蓋目前現行法律於承攬章節，並無有關工作物之權利瑕疵擔保[11]與定作人之工作物檢查義務[12]等部分的相關規定。是有關工程承攬契約標的工作物之權利瑕疵擔保，及定作人之工作物檢查義務，應有適用買賣之法律規定的餘地。

因此，除於定作人提供工作物所需材料之情形者外，承攬人以自己提供原物料而加工成為半製品或全製品，與其他營造建築工程承攬標的物所需之材料部分（例如：鋼骨、竹節鋼筋、塑料管件、電線、電纜、混凝土預鑄品、玻璃製品……等），皆應有現行法律關於買賣關係之物之瑕疵擔保，及權利擔保等相關規定[13]之適用餘地。至於嗣後由承攬人將所有動產材料加工完成，而成為系爭營造建築工程承攬標的之工作物交付予定作人

---

9 王澤鑑，債法原理，三民書局，2012 年 3 月，增訂三版，第 153 頁。

10 民法第 347 條：「本節規定，於買賣契約以外之有償契約準用之。但爲其契約性質所不許者，不在此限。」

11 民法第 349 條：「出賣人應擔保第三人就買賣之標的物，對於買受人不得主張任何權利。」

12 民法第 356 條：「買受人應按物之性質，依通常程序從速檢查其所受領之物。如發見有應由出賣人負擔保責任之瑕疵時，應即通知出賣人。買受人怠於爲前項之通知者，除依通常之檢查不能發見之瑕疵外，視爲承認其所受領之物。不能即知之瑕疵，至日後發見者，應即通知出賣人，怠於爲通知者，視爲承認其所受領之物。」

13 民法第 368 條：「買受人有正當理由，恐第三人主張權利，致失其因買賣契約所得權利之全部或一部者，得拒絕支付價金之全部或一部。但出賣人已提出相當擔保者，不在此限。前項情形，出賣人得請求買受人提存價金。」

時，該系爭工作物則須適用現行法律有關承攬建築物，或其他地上工作物之瑕疵擔保[14]規定。

3. 意定要式契約

在契約自由原則下，目前現行之民事法律對於當事人契約之作成，除法律規定須以要式為之者[15]外，係以不要式為原則[16]。當事人對於契約之約定方式，亦以約定自由之不要式為原則。在此一契約作成方式與契約約定方式，二者均為自由之前提下，營造建築工程承攬契約亦應屬於不要式契約之範疇。

惟於現行法律保護建築物、其他土地上之工作物，或為此等工作物之重大修繕之承攬人工作承攬報酬請求之相關規定，承攬人得將該系爭工作物之承攬契約提出而為於其工作所附之定作人之不動產，請求定作人為抵押權之登記，或對於將來完成之定作人之不動產，請求預為抵押權之登記[17]。

按民法第 166 條之 1 第 1 項規定，如當事人之契約係以負擔不動產物權之移轉、設定或變更之義務為標的者，應由公證人作成公證書。而法律保護建築物、其他土地上之工作物，或為此等工作物之重大修繕之承攬人工作承攬報酬請求之相關規定，僅於係爭營造建築工程承攬契約已經公證者，承攬人始得單獨申請就承攬關係報酬額，對於其工作所附之定作人之不動產，為抵押權之登記[18]，或對於將來完成之定作人之不動產，為預為

---

14 民法第 499 條：「工作爲建築物或其他土地上之工作物或爲此等工作物之重大之修繕者，前條所定之期限，延爲五年。」

15 民法第 166 條之 1 第 1 項：「契約以負擔不動產物權之移轉、設定或變更之義務爲標的者，應由公證人作成公證書。」

16 民法第 166 條：「契約當事人約定其契約須用一定方式者，在該方式未完成前，推定其契約不成立。」

17 民法第 513 條第 1 項：「承攬之工作爲建築物或其他土地上之工作物，或爲此等工作物之重大修繕者，承攬人得就承攬關係報酬額，對於其工作所附之定作人之不動產，請求定作人爲抵押權之登記；或對於將來完成之定作人之不動產，請求預爲抵押權之登記。」

18 民法第 513 條第 3 項、第 4 項：「前二項之抵押權登記，如承攬契約已經公證者，承攬人得單獨申請之。第一項及第二項就修繕報酬所登記之抵押權，於工作物因修繕所增加之價值限

抵押權之登記。

易言之，於系爭營造建築工程承攬契約未經公證之情形，承攬人僅得請求定作人為登記，而此一定作人之不動產物權之移轉、設定或變更之登記，是否為定作人之法定義務？容有討論空間。

蓋如若認此一建築物、其他土地上之工作物，或為此等工作物之重大修繕工程承攬契約之定作人之不動產物權之移轉、設定或變更之登記，係為承攬人於工作承攬契約上之請求權一種，承攬人本於該次工程承攬契約關係及其工程承攬報酬額，請求該定作人為其不動產物權之移轉、設定或變更之登記。然非謂承攬人得請求該定作人之不動產物權之移轉、設定或變更之登記，即謂其屬於定作人之法定義務。

因此，於該定作人未為履行是項不動產物權之移轉、設定或變更之登記之情形，該承攬人應仍無法據此而為同時履行抗辯權利之主張。蓋此一因工程承攬關係及承攬報酬額之定作人之不動產物權之移轉、設定或變更之登記，並非定作人於工程承攬契約上之主給付義務。且亦非為定作人於承攬契約上之從給付義務，於該定作人不為履行是項不動產物權之移轉、設定或變更登記之情形，承攬人亦無法主張定作人應負債務不履行之損害賠償責任。

然而，於前述情形，對於承攬人之建築物、其他土地上之工作物，或為此等工作物之重大修繕之承攬人工作承攬報酬請求的保護，是否尚有不足之處？在營造建築工程承攬實務之新建工程承攬情形，並非必然以該新建工程承攬之定作人名義為起造人，且以之為建築改良物的登記名義人。以定作人或承攬人以外之第三人（例如：新建工程預售案件之購買人）名義為起造人，並以之為該建築改良物登記名義人之情形，亦常有之。如於該系爭營造建築工程承攬契約未經公證，且係以承攬人或第三人之名義為起造人，並以之為登記名義人之情形，該承攬人對於定作人之不動產物權之移轉、設定或變更登記之請求權之行使，恐未必有利。

度內，優先於成立在先之抵押權。」

除前述情形外，今所承攬者，如係一般大型建築物或大地工程營造物之拆除工程承攬，依現行法律規定，承攬人恐難主張法定抵押權以保護其承攬報酬請求。再者，營造建築工程承攬之新建工程承攬報酬通常皆非小額，且營造建築工程承攬亦具有一定高度經濟活動與社會價值之特性。

為了落實立法者「不動產物權具有高度經濟價值，訂立契約約定負擔移轉、設定或變更不動產物權之義務者，不宜輕率。為求當事人締約時能審慎衡酌，辨明權義關係，其契約應由公證人作成公證書，以杜事後之爭議，而達成保障私權及預防訴訟之目的。」[19]之立法精神，及對於承攬人之建築物、其他土地上之工作物，或為此等工作物之重大修繕之承攬人之工作承攬報酬請求的保護，及符合法定或意定抵押權之實務操作程序，或應將前述之工程承攬契約以要式契約規定之。

另外，觀諸國內營造建築工程承攬實務當事人之交易習慣，除經招標程序完成，該確定得標人仍需與定作人訂立一定形式之工程承攬契約，始為該次工程承攬招標程序之完結者外，於未經招標程序而為營造建築工程承攬之情形，通常皆亦經當事人肯認之契約形式，為該次工程承攬契約之締結。因此，本文以為，營造建築工程承攬之新建工程承攬契約，應屬意定要式契約，若一概論之不要式契約，恐非妥適。

4. 繼續性契約

所謂一時性契約，係指當事人為一次給付即可履行債務之契約，國內學者有謂：「一時的契約，係指契約之內容，因一次給付，即可實現。」[20]「繼續性契約，係指契約之內容，非一次的給付可完結，而是繼續的實現，其基本特色係時間因素（Zeitmoment）在債的履行上居於重要的地位，總給付之內容繫於應為給付時間的長度。」[21]對於承攬契約，究係屬一時性契約或為繼續性契約，國內學者有不同之看法。有認承攬契約係為一時性契

19 參閱民法第 166 條之 1 之立法理由。

20 王澤鑑，債法原理，三民書局，2012 年 3 月，增訂三版，第 145 頁。

21 王澤鑑，前揭書，第 146 頁。

約[22]，亦有認承攬契約係屬繼續性契約[23]。

按一時性契約與繼續性契約之性質不同，其於法律規定之適用上，亦因其性質不同而有適用之相異。其較為明顯者，在於使契約關係消滅之終止權或解除權之適用。於繼續性契約之契約關係消滅者，當事人通常係以終止權之行使，使繼續性契約關係向將來消滅[24]。而於一時性契約之契約關係消滅，則契約當事人通常係以解除權之行使，始該一時性契約效力為溯及的消滅[25]。

然而，營造建築工程承攬之新建工程承攬履行完成，除通常皆須一定之相當漫長期間，與分部給付之特性外，亦常有情事變更原則之適用[26]。

---

22 王澤鑑，前揭書，第 145 頁。

23 邱聰智，姚志明校訂，新訂債法各論（中），自版，2002 年 10 月，初版一刷，第 124 頁：「承攬爲勞務契約，具有繼續性供給法律關係之特性。因之，承攬亦有終止之問題。」姚志明，契約法總論，元照出版，2014 年 9 月，初版一刷，第 49 頁。

24 黃茂榮，債法各論（第一冊增訂版），自版，2006 年 9 月，再版，第 540 頁：「承攬契約中之工作完成需要一段時間，所以雖然承攬契約不一定被認爲是繼續性契約，但還是因此產生終止之規範上的需要，以便承攬契約可以經終止而向將來失其效力。」鄭玉波，民法債編總論，三民書局，1988 年 3 月，十二版，第 369 頁：「所謂向將來消滅，即使繼續的契約（如租賃、使用借貸、僱傭、承攬）關係，自終止時起，歸於廢止，向後失其效力，至以前所生之效力，並不受其影響之謂。」楊芳賢，民法債編總論，三民書局，2016 年 8 月，初版一刷，第 26 頁：「再者，繼續性債之關係，依 91 臺上 577，已爲給付之後，（原則上）以終止權消滅契約關係，以免法律關係複雜；但尚未爲給付，則仍得容許當事人行使法定或意定解除權。」最高法院 99 年度台上字第 818 號民事判決之裁判要旨：「按法律行爲之撤銷與解除契約不同，前者係指該行爲有法定撤銷之原因事實存在，經撤銷權人行使撤銷權而使該法律行爲溯及歸於無效；後者則係契約當事人依雙方之合意訂立契約，使原屬有效之契約歸於消滅；而終止契約，僅使契約自終止之時起向將來消滅，並無溯及效力，當事人原已依約行使、履行之權利義務不受影響。次按承攬之性質，除勞務之給付外，另有完成一定工作之要件。工作之完成可能價值不菲，或須承攬人之特殊技術、耗費勞力與鉅額資金始能完成。是繼續性質之承攬契約，一經承攬人履行，若解除契約使其自始歸於消滅，將使法律關係趨於複雜，故僅得終止契約，使契約嗣後失其效力，始符公平原則。而民法第 511 條規定工作未完成前，定作人得隨時終止契約，但應賠償承攬人因契約終止而生之損害。因在終止前，原承攬契約既仍屬有效，是此項定作人應賠償因契約終止而生之損害，自應包括承攬人已完成工作部分之報酬（積極損害）及所失其就未完成部分應可取得之利益（消極損害）。」

25 姚志明，契約法總論，元照出版，2014 年 9 月，初版一刷，第 50 頁。鄭玉波，民法債編總論，三民書局，1988 年 3 月，十二版，第 348 頁。

26 最高法院 98 年度台上字第 1914 號民事判決之裁判要旨：「按依民法第 22 條之 2 第 1 項規

而前述新建工程承攬之履行期間漫長、分部給付與情事變更原則適用之情形，於一時性契約關係，實屬鮮見。就此，新建工程承攬契約性質，應非屬一時性契約關係之範疇。

另外，國內學者有就承攬契約內容之不同，而將承攬之種類劃分為一般承攬與特殊承攬。其所謂一般承攬，係指單純由承攬人完成一定之工作，而由定作人給付承攬報酬者。至於特殊承攬，係指不單純由承攬人完成一定之工作，而具有特殊之情形，其種類有次承攬、製造物供給承攬契約、不規則承攬、合建、統包等[27]。

國內學者亦有謂：「縱使在完成之工作以有體物的型態呈現，完成一定之工作，而非僅是物品之給付仍為承攬契約之特質。……，因此，在承攬契約為工作之完成材料，以由定作人提供為原則。亦即規範上以『包工不包料』為原則，以『包工包料』為例外。」[28]惟於新建工程承攬言，不論係屬前述學者所謂一般承攬或特殊承攬之何類情形，其因契約履行時間經過而有發生主給付內容變更者，實為常態。

蓋營造建築工程承攬之新建工程承攬契約之履行完成，皆須一定之相當期間，其給付內容通常隨時間經過而有改動，非在分期履行一個數量上自始確定之給付（例如：圖說變更之情形……），此與一時性契約，給付內容自始確定且一次給付即可實現者，實為不同情形。可見新建工程承攬契約具長期契約性質，應可認其為繼續性債之關係。

綜上所述，本文以為，就目前國內營造建築工程承攬實務，**一般新建工程承攬標的大多為分部給付，且為多次不定量之繼續性給付，並非契約當事人之一時性給付，即可實現其契約給付目的。**且一般新建工程承攬所需之契約履行期間多係為相當漫長，亦因該長期之契約履行期間，造成其

定，因情事變更，請求法院爲增減給付或變更其原有效果之判決者，以法律行爲成立後，情事變更非當時所得預料，而依其原有效果顯失公平爲要件。又法院爲增加給付之判決，應依客觀之標準，審酌一方因情事變更所受之損失，他方因情事變更所得之利益，及其他實際情形，以定其增加給付之適當數額，非全以物價變動爲根據。」

27 林誠二，民法債編各論，瑞興圖書，2011年1月，三刷，第55頁。

28 黃茂榮，債法各論，第一冊增訂版，自版，2006年9月，再版，第480頁。

給付內容隨時間經過而有改動，且新建工程承攬契約當事人，亦皆認識其非在分期履行一個數量上自始確定之給付（例如：圖說變更），亦常有情事變更原則（例如：躉物指數所造成材料價格變動）適用，而造成契約主給付內容之改動情形。由以上所述新建工程承攬契約性質觀之，新建工程承攬契約應屬於繼續性契約之性質[29]。雖然新建工程承攬契約之給付，或係自始即為確定，但若僅以契約之給付係自始即為確定之因素，而將新建工程承攬契約定性為一時性契約性質，恐有未盡妥善之處。

再者，從前述學者對於承攬契約為繼續性契約性質之論述，與司法實務對於工程承攬契約之法律適用之見解，應認工程承攬契約之契約性質為繼續性契約。因此，新建工程承攬契約應有繼續性契約之終止權、同時履行抗辯權、情事變更原則、債權債務移轉任意性受限制[30]等之適用。

5. 附合契約

有關附合契約，民法第 247 條之 1 規定：「依照當事人一方預定用於同類契約之條款而訂定之契約，為左列各款之約定，按其情形顯失公平者，該部分約定無效：一、免除或減輕預定契約條款之當事人之責任者。二、加重他方當事人之責任者。三、使他方當事人拋棄權利或限制其行使權利者。四、其他於他方當事人有重大不利益者。」我國學說將前開之現行民法第 247 條之 1 認為係定型化契約條款之規定，而定型化契約展現出條款式契約之特色，且該契約條款乃由契約一方當事人所預定，並且該定

---

29 最高法院 100 年度台上字第 1161 號民事判決所涉個案：「末按已開始履行之承攬契約或其他類似之繼續性契約一經合法成立，倘於中途發生當事人給付遲延或給付不能時，民法雖無明文得爲終止契約之規定，但爲使過去之給付保持效力，避免法律關係趨於複雜，應類推適用民法第 254 條至第 256 條之規定，許其終止將來之契約關係，依同法第 263 條準用第 258 條規定，向他方當事人以意思表示爲之。又承攬人承攬工作之目的，在取得報酬。承攬人依契約終止前之承攬關係，非不得請求定作人給付其已完成特定部分工程之承攬報酬。」

30 姚志明，契約法總論，元照出版，2014 年 9 月，修訂二版，第 50 頁。政府採購法第 65 條：「得標廠商應自行履行工程、勞務契約，不得轉包。前項所稱轉包，指將原契約中應自行履行之全部或其主要部分，由其他廠商代爲履行。廠商履行財物契約，其需經一定履約過程，非以現成財物供應者，準用前二項規定。」

型化契約之訂立係依預定之條款而來，及定型化契約為附合契約等四大特徵[31]。

蓋不論該工程承攬契約之定作人係一般企業體、法人機構、自然人或是政府機關，只要其營造建築工程承攬契約，係經由公開招標程序而訂立者，該系爭工程承攬契約之內容，均係由定作人所預擬訂定之條款所構成。雖然工程承攬契約之當事人間並非屬於消費關係，且定作人亦非必然為企業經營者。但經公開招標程序，而由定作人所預擬訂定條款所構成之工程承攬契約，應屬民法第 247 條之 1 之立法理由所指之當事人一方預定契約之條款，而由需要訂約之他方依照該預定條款簽訂之契約之類型。因此，經公開招標程序，而由定作人所預擬訂定條款所構成之工程承攬契約，仍應有民法第 247 條之 1 之適用。

實務上，工程承攬契約大多由定作人提供，少數亦有由確定得標人經由定作人指定（或建議）之工程承攬契約製作人（廠商）為製作，由確定得標人先為填寫用印後，再交由定作人填寫用印。今如該決標確定得標人，於嗣後與定作人締結或製作系爭營造建築工程承攬契約時，始發現該由定作人所預擬訂定條款所構成之工程承攬契約內容，有加重他方當事人之責任或其他於他方當事人有重大不利益之情形之條款，並經當事人之磋商而未果，該確定得標人是否得以該附合契約條款，有加重他方當事人之責任或其他於他方當事人有重大不利益之情形，按其情形顯失公平而主張該部分約定無效？對於以上確定得標人之主張，應為肯認[32]。惟該確定得標人得否因此進而為拒絕締結系爭工程承攬契約之主張？非無推研之餘地。

有關附合契約條款及其法律效果，最高法院所涉案例有：

---

31 姚志明，契約法總論，元照出版，2014 年 9 月，修訂二版，第 121 頁。

32 林誠二，民法債編各論（中），瑞興圖書，2011 年 1 月，三刷，第 135 頁：「再者，開工後一切天災、抗爭等不可抗力原因致承攬人無法施工者，宜解爲情事變更，而應適用民法第 227 條之 2 有關情事變更原則之規定，倘特約定作人一概不負責任，而應由承攬人自行承擔者，應有民法新增第 247 條之 1 有關附合契約規定之適用，認爲按其情形顯失公平，該部分約定無效。」

- 「為防止預定契約之一方（預定人），挾其社經上優勢之地位與力量，利用其單方片面擬定契約之機先，在繁雜之契約內容中挾帶訂定以不合理之方式占取相對人利益之條款，使其獲得極大之利潤，造成契約自由之濫用及破壞交易之公平。於此情形，法院應於具體個案中加以審查與規制，妥適調整當事人間不合理之狀態，苟認該契約一般條款之約定，與法律基本原則或法律任意規定所生之主要權利義務過於偏離，而將其風險分配儘移歸相對人負擔，使預定人享有不合理之待遇，致得以免除或減輕責任，再與契約中其他一般條款綜合觀察，其雙方之權利義務有嚴重失衡之情形者，自可依民法第 247 條之 1 第 1 款之規定，認為該部分之約定係顯失公平而屬無效，初與相對人是否為公司組織及具有磋商機會無必然之關係。蓋任何法律之規定，均係立法者在綜合比較衡量當事人之利益狀態後，所預設之價值判斷，乃為維護契約正義與實現公平之體現。縱其為任意規定，亦僅許當事人雙方以其他正當之規範取代之，尚不容一方恣意片面加以排除。況相對人在訂約之過程中，往往為求爭取商機，或囿於本身法律專業素養之不足，對於內容複雜之一般條款，每難有磋商之餘地；若僅因相對人為法人且具有磋商之機會，即認無民法第 247 條之 1 規定之適用，不啻弱化司法對附合契約控制規整之功能，亦有違憲法平等原則及對於契約自由之保障（司法院釋字第 576 號、第 580 號解釋參照）。」[33]
- 「按鑑於我國國情及工商發展之現況，經濟上強者所預定之契約條款，他方每無磋商變更之餘地，民法第 247 條之 1 乃明定，對於依照當事人一方預定用於同類契約之條款而訂定之附合契約，列舉四款有關他方當事人利害之約定，如按其情形顯失公平者，該部分之約定為無效。又契約當事人間所訂定之契約，是否顯失公平而為無效？除應視契約之內容外，並應參酌雙方之訂約能力、雙方前後交易之經過及獲益之情形等其他因素，全盤考慮，資為判斷之依據。查日○公司曾於原審一再辯稱：

33 最高法院 104 年度台上字第 472 號民事判決裁判要旨。

兩造均屬法人，永○公司為甲級營造公司，資本龐大經驗豐富，並無地位不平等情況，兩造簽訂系爭契約，乃逐條具體約明權利義務，並非附合契約等語（見原審重上字卷（二）第262頁、更（一）卷（一）第139頁、卷（二）第45、46頁）。」[34]

➲「本條規定係就附合契約條款之限制規定，法規範目的，基於因同類契約之條款，常由經濟上較強一方當事人單方先行預定，相對處於經濟上較弱一方，除接受該預擬之條件或特別約款外，否則無法順利與之締結契約，而無磋商變更餘地，為防止此類契約自由之濫用，及維護交易之公平，立法者直接以法規範明定，當有該條所定法定情事者，該條件或特別約款無效。**惟並非附合契約之約款，凡為當事人一方所預擬者，他方即可主張該特別約款無效，仍須審酌契約成立時，雙方所處主客觀環境條件，契約所欲實現之目的為何，本於地位平等及誠信原則，綜合判斷之**。就契約約款預擬一方，如該特別約款或條件，與其履行契約義務之能力，具有重要性，**苟該約款未成為契約內容一部，且該約款之重要性，已明示或告知他方經同意接受，明載於契約者，即不得任意主張該特別約款無效**。……附合契約之特別約款，並非當然無效，已如前述，惟因特別約款取得之權利，其行使仍需符合民法第148條第2項一般性誠信原則。」[35]

34　最高法院101年度台上字第1113號民事判決：「按鑑於我國國情及工商發展之現況，經濟上強者所預定之契約條款，他方每無磋商變更之餘地，民法第247條之1乃明定，對於依照當事人一方預定用於同類契約之條款而訂定之附合契約，列舉四款有關他方當事人利害之約定，如按其情形顯失公平者，該部分之約定爲無效。又契約當事人間所訂定之契約，是否顯失公平而爲無效？**除應視契約之內容外，並應參酌雙方之訂約能力、雙方前後交易之經過及獲益之情形等其他因素，全盤考慮，資為判斷之依據**。查日○公司曾於原審一再辯稱：兩造均屬法人，永○公司爲甲級營造公司，資本龐大經驗豐富，並無地位不平等情況，兩造簽訂系爭契約，乃逐條具體約明權利義務，並非附合契約等語（見原審重上字卷（二）第262頁、更（一）卷（一）第139頁、卷（二）第45、46頁）。乃原審未本於上揭趣旨加以審究，並說明其何以不足採之理由，徒以系爭契約第20條後段、第57條第2款有關工期延展須經日○公司書面同意爲顯失公平之條款，依民法第247條之1第1、4款規定，應爲無效，而爲日○公司不利之論斷，已嫌疏略。」

35　最高法院109年度台上字第1022號民事判決：「按當事人一方預定用於同類契約之條款而

以上關於附合契約條款及其法律效果所涉案例，其中最高法院認為：「契約如有將其風險分配儘移歸相對人負擔，使預定人享有不合理之待遇，致得以免除或減輕責任，再與契約中其他一般條款綜合觀察，其雙方之權利義務有嚴重失衡之情形者，自可依民法第 247 條之 1 第 1 款之規定，認為該部分之約定係顯失公平而屬無效，初與相對人是否為公司組織及具有磋商機會無必然之關係。」之見解，本文深為贊同。

據此，該次工程承攬公開招標之確定得標人，如於嗣後與定作人締結營造建築工程承攬契約時，始發現該由定作人所預擬訂定條款構成之承攬契約條款內容，有加重他方當事人之責任或其他於他方當事人有重大不利益之情形之條款，並經當事人之磋商而未果之情形者。該確定得標人應得以該附合契約條款內容，有加重他方當事人之責任或其他於他方當事人有重大不利益之情形，按其情形顯失公平，而為拒絕締結系爭工程承攬契約之主張。

就目前國內營造建築工程承攬之公開招標程序，招標人所公示之招標公告內容與投標人至招標人處所請領之投標文書內容，除有關系爭招標公告內容所示之工程承攬標的之相關圖說、預算書及有關投標注意事項之內

訂立之契約，為使他方當事人拋棄權利或限制其行使權利者之約定，或其他於他方當事人有重大不利益之約定，按其情形顯失公平，該部分約定無效，為民法第 247 條之 1 第 3 款、第 4 款所明定。本條規定係就附合契約條款之限制規定，法規範目的，基於因同類契約之條款，常由經濟上較強一方當事人單方先行預定，相對處於經濟上較弱一方，除接受該預擬之條件或特別約款外，否則無法順利與之締結契約，而無磋商變更餘地，為防止此類契約自由之濫用，及維護交易之公平，立法者直接以法規範明定，當有該條所定法定情事者，該條件或特別約款無效。惟並非附合契約之約款，凡為當事人一方所預擬者，他方即可主張該特別約款無效，仍須審酌契約成立時，雙方所處主客觀環境條件，契約所欲實現之目的為何，本於地位平等及誠信原則，綜合判斷之。就契約約款預擬一方，如該特別約款或條件，與其履行契約義務之能力，具有重要性，苟該約款未成為契約內容一部，且該約款之重要性，已明示或告知他方經同意接受，明載於契約者，即不得任意主張該特別約款無效。……附合契約之特別約款，並非當然無效，已如前述，惟因特別約款取得之權利，其行使仍需符合民法第 148 條第 2 項一般性誠信原則。在附合契約具體事件審理時，雙方當事人就特別約款為有效或無效之主張或抗辯，苟其陳述之事實已觸及特別約款權利行使之正當性，該陳述有不完全或不明瞭，法院亦應曉諭雙方就該權利行使有無違背誠信原則，令其為完全陳述後，予以判斷之。」

容說明外，於一般正常情形，投標人通常並無法從該招標公告內容或投標須知之內容，看見有關系爭工程承攬契約之全部完整內容。而係於嗣後為確定得標，進而與定作人準備締結系爭工程承攬契約時，始能看見系爭工程承攬契約之全部完整內容。而通常營建工程承攬契約之內容，一般大多包含二個部分，其一為通用條款（或稱一般條款）部分，另一為專用條款部分。

前述所稱之通用條款部分，可視為附合契約條款，應無所議。然就該專用條款部分而言，一部分為固定條款，其他部分則為當事人議定條款。而該專用條款之固定條款部分，不乏為定作人所預擬訂定之條款內容，而其中必然包括有關預付款還款保證[36]、履約保證金[37]、工程保留款、保固保證金[38]……等保證及擔保金條款，與承攬施作期間、承攬標的驗收辦法及工作承攬報酬價金之請領（發放）辦法規則等條款。此等預擬之專用條款的固定條款內容，似仍應認有民法關於附合契約條款規定之適用。

而前述有關預付款還款保證、履約保證金、工程保留款、保固保證金等保證及擔保金條款，及承攬施作期間、承攬標的驗收辦法及工作承攬報酬價金之請領（發放）辦法規則等條款內容，不論是否已經載明全部完整內容於投標須知，其等均皆係工程承攬契約內容之必要之點。亦是工程承攬契約承攬人完成一定工作，與定作人給付工作報酬之承攬契約當事人之契約主給付條款。若定作人已將該等條款內容載明於該次投標須知，則可將前述有關定作人所預擬訂定之預付款還款保證、履約保證金、工程保留款、保固保證金等擔保條款視為附合契約條款外，該預擬於專用條款之固

---

36 押標金保證金暨其他作業擔保辦法第22條第1項：「預付款還款保證，得依廠商已履約部分所占進度或契約金額之比率遞減，或於驗收合格後一次發還，由機關視案件性質及實際需要，於招標文件中訂明。」

37 押標金保證金暨其他擔保作業辦法第19條第1項：「履約保證金之發還，得以履約進度、驗收、維修或保固期間等條件，一次或分次發還，由機關視案件性質及實際需要，於招標文件中訂明。」

38 押標金保證金暨其他擔保作業辦法第24條第1項：「機關得視案件性質及實際需要，於招標文件中規定得標廠商於履約標的完成驗收付款前應繳納保固保證金。其屬分段起算保固期者，並得分段繳納。」

定條款內容，仍應認有民法關於附合契約條款規定之適用。

此一有關工程承攬契約當事人主給付義務之條款內容，雖其中一部分之條款內容，通常係經過契約當事人間之個別磋商而訂立，然亦難免發生該個別磋商之結果有顯失公平之情形。惟現行民法第 247 條之 1 規定之顯失公平之意義究係為何，未若消費者保護法第 12 條有推定之規定[39]。國內學說有認為消費者保護法第 12 條之規定，亦得為民法第 247 條之 1 規定適用解釋之參考[40]。

因此，如有發生不利益一方當事人而顯失公平之情形，且經當事人磋商而未果之情形，本文以為，此時應賦予該不利益之一方當事人有締約拒絕之權利，且不應因拒絕締約而負擔不利益之結果，始符合誠實信用原則與契約自由原則下，對於當事人締約自由之保護。

當然，如該不利益一方當事人而顯失公平之條款內容，係經當事人意思自由而為磋商訂立，且為履行完成者，該不利益之一方當事人，應無於嗣後以該條款有發生不利益一方當事人而顯失公平之情形為理由，而主張該條款無效。

Q43. 工程總價承攬契約

題示情形，經過預算案之 YES 濱海觀光海洋展覽館新建工程承攬契約審查程序，Y 縣議會議員對於該 YES 濱海觀光海洋展覽館新建工程承攬契約，最終決議採工程承攬總價契約之模式。何謂工程總價承攬契約？如有發生變更設計、漏項、工程追加減等所造成之承攬價金異動情形，是否仍須受總價契約之拘束？

39 消費者保護法第 12 條：「定型化契約中之條款違反誠信原則，對消費者顯失公平者，無效。定型化契約中之條款有下列情形之一者，推定其顯失公平：一、違反平等互惠原則者。二、條款與其所排除不予適用之任意規定之立法意旨顯相矛盾者。三、契約之主要權利或義務，因受條款之限制，致契約之目的難以達成者。」

40 姚志明，契約法總論，元照出版，2014 年 9 月，修訂二版，第 124 頁。

A43 解題說明

按國內營造建築工程承攬實務當事人之交易習慣，工程承攬總價契約亦有稱總價契約（fixed price or lump sum contracts），為工程承攬契約締結之常見類型之一。所謂工程承攬總價契約，係指該次工程承攬契約之契約承攬報酬總結算的價金總數額，以該承攬人於確定得標時，其所擬定之投標文件內容所顯示之總承攬金額，作為該次工程承攬契約之契約總結算的價金總數額。

而此一工程承攬總價契約，通常皆有投標文件內容所顯示之總承攬金額為契約總結算之價金總數額的除外條款，該除外條款之內容，通常大多為：1.因不可歸責於承攬人之重大天災、戰爭或非人力可抗拒之情事；2.經雙方當事人同意辦理變更設計之增減項目數量；3.當事人於事前不可預測之躉物指數極大變化，而造成物價波動之情事。

易言之，如該次工程承攬契約係為工程承攬總價契約類型者，於承攬人按照投標時之藍晒圖說及施工規範條件為實際施作情形，除有前述除外條款所列之情事外，於該次工程承攬工作完成時，係以該承攬人於確定得標時，其所擬定之投標文件內容所顯示之總承攬金額即契約締結時之確定得標的承攬總價金數額，作為該次工程承攬契約之契約總結算的價金總數額。亦即，如該次工程承攬契約係以工程承攬總價契約類型締結時，則契約當事人均應受承攬價金總額不變原則之拘束。

今如承攬人於該次工程承攬契約履行期間，發現該執行施作之藍晒圖說有為標示，而投標文件之項目清單或工程詳細價目表等內容並未記載呈現者，此一情形，即營造建築工程承攬實務一般所稱之漏項。而此一漏項情形，如係發生於總價承攬契約者，承攬人是否得就該漏項部分，主張不在總價承攬之範圍內，而請求定作人另為工作承攬報酬計價給付，則常成為該工程承攬契約當事人間紛爭之所在。

關於此一問題，最高法院所涉案例有：

➲「於總價承攬契約，因『遺漏』而應核實支付之工程項目，應以其『遺漏』係一般廠商就所有招標資料，按通常情況所為解讀，均不認為係屬工程施作範圍者，始足當之。系爭電梯工程有設置上訴人所稱立柱環樑之必要，所謂立柱環樑係指『為支撐機廂及平衡錘之導軌所須，而設置之直立鋼柱及橫列鋼樑之構造物』（此工項下稱系爭工項），為兩造所不爭執。依證人邱○宗之證詞，立柱環樑並非工程界之專用名詞，而係上訴人於本件使用之稱呼名詞。依系爭契約約定，工程圖說、施工規範、詳細價目表及單價分析表，均屬契約內容。佐以系爭電梯工程圖說之標註內容及邱○宗、證人陳○達之證詞可知，系爭工項屬系爭電梯工程『固定導軌工程』中之一種工法。系爭工程於 97 年 11 月 25 日第二次公開上網招標時，已提供詳細資料供閱覽，上訴人為大型專業工程廠商，且為系爭大樓主體工程承攬人，證人陳○達亦曾告知其須施作 RC 牆或鋼樑。上訴人於系爭工程投標時，明知系爭電梯工程須施作系爭工項，仍無異議參與投標、得標並簽訂系爭契約。嗣系爭電梯工程之工程款，亦足夠支應完成系爭電梯之全部工程（包括系爭工項），衡諸各情，參以總價承攬契約之精神，本於合理及公平誠信考量，應認上訴人所稱立柱環樑之系爭工項，應為系爭契約之原範圍內工項，並非漏項。」[41]

➲「惟按解釋契約，固須探求當事人立約時之真意，不能拘泥於契約之文字，但契約文字業已表示當事人真意，無須別事探求者，即不得反捨契約文字而更為曲解（本院 17 年上字第 1118 號判例參照）。系爭契約第 2 條第 1 項約定：本工程全部包價計六十八億五千萬元，如在本工程範圍內之實作工程數量有增減時，除另有規定外，均按本契約所訂工程項目單價核算計價（見一審卷（一）第 15 頁）。又於總價承攬契約，因『遺漏（漏項）』而應核實支付之工程項目，應以其『遺漏』係一般廠商就所有招標資料，按通常情況所為解讀，均不認為係屬工程施作範圍

41 最高法院 107 年度台上字第 409 號民事判決。

者，始足當之。」[42]

依以上最高法院對於工程承攬漏項之見解，所謂遺漏係一般廠商就所有招標資料，按通常情況所為解讀，均不認為係屬工程施作範圍者，始足當之。亦即，縱於投標文件之項目清單，或工程詳細價目表等內容並未記載呈現者，如係一般承攬人按照通常情況解讀，係藍晒圖說已經標示記載之該某項工作完成之必要或常用施工法、機具、設備、人員、材料、相關檢測及與其有關等，當事人係均不得據此為漏項之主張。亦即，需係藍晒圖說已經標示記載之該某項工作，而於投標文件之項目清單或工程詳細價目表等內容並未記載呈現者，始足當之。例如：藍晒圖說內容有汙水處理池項目之標示記載，而於投標文件之項目清單、材料清單、單價分析表或工程詳細價目表等內容，並未記載該汙水處理池項目者，即可認係漏項（關於漏項之其他相關問題，請參閱本書案例十三）。

然而，問題在於漏項部分，是否仍在契約當事人均應受承攬價金總額不變原則之拘束範圍，非無推研之餘地。

關於此一問題，最高法院所涉案例有：「況追加工程款並不及合約總價百分之二，依工程慣例，自不得請求給付等語，資為抗辯。……經核系爭契約第 2 條第 2 項之文義，已表明系爭工程，乃以不加減承攬總價方式，進行價值分析檢討後，依承攬價金完成約定工作，性質上屬總價契約。又契約第 3 條第 1 項約定，施工中雙方皆不能變更設計，復於約前會議紀錄中為相同內容之約定，此為原審認定之事實與契約性質之判定，足見兩造係以總價約定為原則。原審固認兩造真意並非不得變更設計，如因變更設計涉及成本變動時，不受承攬價金總額不變原則之拘束。惟原審復認變更設計時，需由上訴人提出變更設計後為追加減，但又謂該追加減為『零』之變更工項或工程材料或施工方式，則所謂為『零』之變更，是否即為在總價範圍內為變更，或指得超出總價之變更。且兩造既已為總價約定，如有衡平兩造間權利義務之必要，該衡平必要非為常態情事，自應由

---

42 最高法院 106 年度台上字第 964 號民事判決。

主張非常態情事一方就因有衡平必要之事實負主張及舉證責任。原審既認兩造曾召開多次價值平衡會議，部分工程因兩造就是否涉及追加減或變更設計、應否進行價值分析檢討、加減帳金額若干等事項生有爭執，且因追加減金額並非為『零』之故，則兩造顯係因追加減金額得否逾總價約定而生爭執，得否據此而認係因上訴人無故拒絕價值平衡會議所致，即非無再行研求審認必要。」[43]

依以上最高法院見解，如系爭工程承攬契約雖為總價契約，若當事人無變更設計、漏項、工程追加減等所造成之承攬價金異動，仍須受總價契約拘束之約定者，如有發生當事人因變更設計、漏項、工程追加減等情形，而造成承攬價金異動者，仍得主張該變更設計、漏項、工程追加減等所造成承攬價金異動部分之另為計價。若該系爭工程承攬契約，有因變更設計、漏項、工程追加減等所造成之承攬價金異動，在工程承攬契約總價金一定比例之內（總價承攬契約當事人通常大多約定在 5% 以內。於定作人為自然人或私法人情形，亦有約定高於 5% 情形）者，該承攬價金異動部分不予另為計價之約定條款情形，如該漏項之工程量或工作報酬額未逾約定之比例或數額者，則當事人即不得為該漏項計價之主張。惟若該漏項之工程量或工作報酬額已逾約定之比例或數額者，則當事人非不得為該變更設計、漏項、工程追加減等所造成承攬價金異動之計價主張。

若承攬人欲為該漏項之工程量，或工作報酬額已逾約定之比例或數額者為主張增項計價者，應於該漏項工作施作完成或交付時起 2 年內，依一定程序向定作人為該漏項計價主張。**畢竟，該漏項計價仍屬於承攬報酬之一部，有承攬報酬 2 年短時效之適用[44]。**

43 最高法院 108 年度台上字第 370 號民事判決。

44 民法第 127 條第 7 款：「左列各款請求權，因二年間不行使而消滅：……七、技師、承攬人

Q44. 工程實作實算契約

題示情形，經過預算案之 YES 濱海觀光海洋展覽館新建工程承攬契約審查程序，Y 縣議會議員對於該 YES 濱海觀光海洋展覽館新建工程承攬契約，最終決議採工程實作實算契約之模式。何謂工程實作實算契約？

A44 解題說明

工程實作實算契約（measured or bill of quantities contracts），係目前國內營造建築工程承攬實務當事人之交易習慣，除工程承攬總價契約外，另一常見之工程承攬契約締結類型。所謂工程實作實算契約，係指該次工程承攬契約之契約承攬報酬總結算的價金數額，以承攬人按該設計藍晒圖說及施工規範等為施作，將其實際施作之項目工程數量表、材料清單、單價分析表及其他細目報價表單等，為該次工程承攬契約報酬價金之計算基礎及依據。

亦即，該承攬人於確定得標時之投標單所載的投標總價額，僅係作為該次工程承攬招標確定得標人之投標總價依據。雖然嗣後於系爭工程承攬契約締結時，仍係以該承攬人於確定得標時之投標總價額，作為系爭工程承攬契約之承攬報酬總額約定，惟須於系爭工程承攬契約專用條款明文約定以下內容之一：「本契約之承攬報酬總價為○○○○，如有變更設計、漏項、工程追加減等，依照實際施作及驗收數量結算。本契約承攬報酬總價及承包廠商投標文件內容所示之數量、價額等，僅為契約締結之約定數量及價額，契約報酬價金之給付，依實際施作及驗收數量為承攬報酬給付之計算。」

工程實作實算契約，係以承攬人按該設計藍晒圖說及施工規範等為施作，將其實際施作之項目工程數量表、材料清單、單價分析表及其他細目

之報酬及其墊款。」

報價表單等，為該次工程承攬契約報酬價金之計算基礎及請求依據。因此，其承攬契約報酬之給付如何，係取決承攬人必須按該設計藍晒圖說及施工規範等為施作，並將其實際施作之項目工程數量表、材料清單、單價分析表及其他細目報價表單等，於該次分部給付之工程施作部分於申請驗收時，確實提出予定作人並經其確認，始得將之作為該次工程承攬契約報酬價金之計算基礎及請求數額依據[45]。

故所謂的變更設計、漏項、本項工程之追加減及他項新增工程等，均以該承攬人業已實際施作並經定作人驗收完成，以其實際施作之項目工程數量表、材料清單、單價分析表及其他細目報價表單等，為該次工程承攬契約報酬價金之計算基礎及依據。於承攬契約當事人契約上利益保護，此一工程實作實算契約，堪稱公允。

職是，本文建議，於單一專業承攬或勞務承攬等承攬關係外，應以工程實作實算契約為該次工程承攬契約締結之契約類型，對於減少契約當事人因承攬契約報酬請求所致之紛爭，應有正面之實益。

---

45 最高法院108年度台上字第373號民事判決所涉案例：「依系爭合約壹一般規定第4條、第5條、第6條第1項、系爭合約貳付款規定第1條第2項、第6項、第8項第1點約定，系爭工程以實作實算計價；被上訴人申請估驗計價時，應提出工作面草圖等相關文件，經上訴人及勝揚公司檢驗認可後，以被上訴人施作工程金額80%計價，上訴人於扣除管理費用15%及保留款5%後，應給付工程款。查第一、三標請款單，業經上訴人前工務部副理劉○成簽名及記載『確認管段及長度無誤』、『確認管段無誤，惟R1及U5長度需修正，另E22、E22-1、E20、E19-1非貴公司施工』等語，佐以證人劉○成之證詞，足見被上訴人提出之第一、三標請款單，業經劉○成簽名確認被上訴人施作之管段及長度。劉○成確認時，雖已離職，但上訴人將圖說及數據交其確認，堪認該請款單業經上訴人檢驗認可。至該第一、三標請款單除明挖管線工程外之其餘附加項目（下稱其餘附加項目），劉○成雖證稱其並未核對確認，但依其證詞，可知其餘附加項目工程係依管段長度比例計算，管段長度既經劉○成確認，上訴人亦未舉證其餘附加項目金額有何不合情形，亦可推認該附加項目之金額符合合約約定。又該請款單既經上訴人檢驗認可，自應以被上訴人施作工程金額80%計價。」

Q45. 有關總價契約之現行法律規定檢討

目前行政院公共工程委員會所頒布採購契約要項關於總價契約之調整的規定部分，是否全然妥適？

A45 解題說明

查修正前之原行政院公共工程委員會所頒布採購契約要項第 32 點第 2 款：「契約價金係以總價決標，且以契約總價給付，而其履約有下列情形之一者，得調整之。但契約另有規定者，不在此限。……（二）工程之個別項目實作數量較契約所定數量增減達百分之十以上者，其逾百分之十之部分，得以變更設計增減契約價金。未達百分之十者，契約價金得不予增減。」

而目前現行行政院公共工程委員會所頒布採購契約要項第 32 點第 2 款：「契約價金係以總價決標，且以契約總價給付，而其履約有下列情形之一者，得調整之。但契約另有規定者，不在此限。……（二）工程之個別項目實作數量較契約所定數量增減達百分之五以上者，其逾百分之五之部分，變更設計增減契約價金。未達百分之五者，契約價金不予增減。」前開之採購契約要項已將修正前「（二）工程之個別項目實作數量較契約所定數量增減達百分之十以上者，其逾百分之十之部分，得以變更設計增減契約價金。未達百分之十者，契約價金不予增減。」之比例部分，由 10% 修正為現行 5%。考其修正理由：「……二、第二款所定百分之十，為減少履約爭議，降為百分之五；另刪除『得』字，以資明確。」[46]雖本次修正理由之說明，係為減少當事人之履約爭議，然其修正比例幅度之大，明顯可見。從本次比例之下修幅度，亦不難看出其箇中之理。

惟本文以為，若要有效減少當事人履約爭議，除應給予確定得標人於契約締結時，得將藍晒圖說、項目工程數量表、項目材料清單、單價分析

---

46 行政院公共工程委員會，https://www.pcc.gov.tw（最後瀏覽日期：2020 / 9 / 21）。

表、詳細價目表及其他細目報價表單等，為異議提出及磋商外，似應將目前現行有關總價契約不予調整之規定比例再為往下修整，或儘量以工程實作實算契約為契約優先選擇類型，似更能有效避免契約當事人履約之紛爭。

試想，今若以目前國內知名之百層超高建物之新建工程，或一定規模的大地工程之新建工程承攬為例，可以想像所謂個別項目實作數量，較契約所定數量增減未達 5% 者，契約價金不予增減之情形係為如何，契約當事人如何能放棄其一己之權利而不為主張？因如此龐大數額的承攬報酬爭議而受影響之人，非僅契約當事人中之一人，又如何能如其修正理由說明，避免契約當事人履約之紛爭，實令人殊難理解，更無法認同。

綜上所述，本文建議，仍應將目前現行行政院公共工程委員會所頒布採購契約要項規定，有關總價契約不予調整契約價金之比例再為往下修整，或儘量以工程實作實算契約，為契約優先選擇類型，似更能有效避免契約當事人履約之紛爭，及減少司法資源負擔。

筆者建議

如該次工程承攬契約係以工程承攬總價契約類型為締結者，該不予增減項另為計價之約定條款，應列於該次工程承攬契約專用條款部分，可以經由契約當事人磋商結果之比例為約定。

如該不予增減項另為計價約定條款，係由契約一方當事人所預擬訂定，未能給予契約當事人磋商結果之比例為約定之磋商機會，且該不予增減項另為計價約定條款之該比例部分過高者，他方當事人非不得依民法第 247 條之 1 有關附合契約之規定，認該約定條款部分有減輕預定契約條款之當事人之責任，或有使他方當事人拋棄權利或限制其行使權利，或有其他於他方當事人有重大不利益之情形，而為該約定部分無效之主張。

另於工程實作實算類型之工程承攬契約，承攬人仍須將履約時有爭議部分之藍晒圖說、項目工程數量表、材料清單、單價分析表、工程會議紀錄、驗收紀錄、衡平會議申請及其他細目報價表單等，確實為記錄、申請及保留，以利日後為該藍晒圖說變更、項目工程追加減等承攬報酬價金之請求。

應注意者，於工程總價承攬契約情形，該不予增減項另為計價之約定條款，所謂個別項目實作數量較契約所定數量增減未達 5% 者，係指全部工程承攬實際施作完結，為總結算時之各個因設計變更、漏項及追加減工作之總和。**而非謂任一個因設計變更、漏項及追加減工作部分有超過 5%，始得請求另為計價。亦非僅有超過契約所定數量增減 5% 的該部分，才有另為計價之請求權利。**

第八單元

情事變更

案例八

P 縣位處地震好發區域，該縣境內擁有綿延南北之岩礁海岸線，由於此種岩礁海岸特性，除讓 P 縣岩礁海岸極易成為海上不法交易之喜好場所外，亦是令海洋愛好者經常發生意外之區域。P 縣政府現任 A 縣長為排除海上不法交易、降低海域意外發生及發展海岸觀光等，遂提倡該縣岩礁海岸線整治工程，並以 S 海岸觀光整治工程名義，送交 P 縣議會審查且經核准。嗣經 P 縣政府將該 S 海岸觀光整治工程，自北而南區分為 S1 北段、S1 段、S1 南段等三區段之海岸整治區段工程承攬。每一個區段海岸整治工程承攬之整治海岸線長度均等，並均規定為 900 個日曆天完峻工程之限期完工承攬契約類型。且該 S1 北段、S1 段、S1 南段等三區段之海岸整治工程區段，亦同時經公開招標程序為海岸觀光整治工程承攬招標。經正常決標程序，由甲營造公司為該 S 海岸觀光整治工程 S1 北段整治工程之確定得標人，乙營造公司為 S1 段整治工程之確定得標人，S1 南段整治工程之確定得標人則為丙營造公司。該 S1 北段、S1 段、S1 南段等三區段之海岸整治工程區段之各確定得標人，均依程序辦理工程預付款申請。

Q46. 情事變更原則之適用

P 縣位處地震好發區域，則該 S 海岸觀光整治工程之各個承攬人，得於發生何種情形，始得有情事變更原則適用之主張？

A46 解題說明

現行民法第 227 條之 2：「契約成立後，情事變更，非當時所得預料，而依其原有效果顯失公平者，當事人得聲請法院增、減其給付或變更其他原有之效果。前項規定，於非因契約所發生之債，準用之。」前開法律規定，即為契約當事人得為主張情事變更之明文，考其目的，係為平衡因非可歸責契約當事人之事由，而發生客觀情事變更所致之顯失公平情形[1]。一般情形言，當事人於某種法律關係或契約成立後，因非可歸責當事人之因素，發生該法律關係或契約成立時所不能預料之情況，而依其原有法律行為或契約約定履行之效果顯失公平時，當事人認有需要變更，而為原來的法律行為或契約約定效果之變更主張者，即為情事變更原則。

對於情事變更之概念，國內學者有謂：「所謂情事變更應具有三個特徵：1.發生在契約成立後；2.非當時所得預料；3.依其原有效果顯失公平。第一個特徵之意義在於界定變更之有無的時間指標，第二個特徵之意義在於歸屬風險，第三個特徵之意義在於衡量，變更之情事是否已影響到原有效果之維持的妥當性。」[2]

關於情事變更，最高法院所涉案例有：

➲「又因情事變更為增加給付之判決，非全以物價變動為根據，並應依客觀之公平標準，審酌一方因情事變更所受之損失，他方因情事變更所得之利益，及其他實際情形，以定其增加給付之適當數額。」[3]

---

1 參閱民法第 227 條之 2 立法理由：「一、本條新增。二、情事變更原則爲私法上之一大原則，本法除有個別具體之規定，尚乏一般性之原則，適用上易生困擾。實務上雖依民事訴訟法第三百九十七條，爲增、減給付或變更原有效果之判決。但不如明定具體條文爲宜，增訂第一項規定，俾利適用。三、情事變更原則非因契約所發生之債，例如無因管理，不當得利等，亦宜準用，爰增訂第二項。」

2 黃茂榮，債法總論（第三冊），自版，2010 年 9 月，增訂三版，第 83 頁。

3 原最高法院 66 年台上字第 2975 號民事判例：「又因情事變更為增加給付之判決，非全以物價變動為根據，並應依客觀之公平標準，審酌一方因情事變更所受之損失，他方因情事變更所得之利益，及其他實際情形，以定其增加給付之適當數額。本件被上訴人因情事變更，請求增加給付，並未證明於訂立買賣黃豆油契約後，榨油成本增多及其增多之數額，全係以黃豆油價格之昇高爲計算之標準，原審照數判准命爲給付，亦有未當。再上訴人於訂立買賣黃豆油契約之初，已先付定金五千九百九十五萬元，被上訴人於收受後作何

➲「惟法院之為此項判決，既不受當事人主張之拘束，亦非全以物價變動為根據。乃依客觀之公平標準有其自由裁量之權衡，……因上項情事變更，上訴人所受不相當之損失，被上訴人所得不預期之利益，其實際情形及彼此間之一切關係，通盤斟酌，……」[4]

➲「潮州車輛基地工程四次展延工期期間共 458 日，已達原預定工期 480 日之 95%，足認確非被上訴人簽訂系爭契約當時所得預料，且上訴人不爭執上開展延工期之因素，均不可歸責於被上訴人。被上訴人於工期展延期間，至少須持續支出包含工地管理人員薪資、工地之水、電、照明費用、機具折舊等與時間相關聯之成本，倘因系爭契約未約定，即不得請求上開工期展延所生之費用，顯失公平，被上訴人主張依民法第 227 條之 2 第 1 項規定增加給付，為有理由。」[5]

➲「其次，民法第 227 條之 2 第 1 項所規定之情事變更原則，旨在對於契約成立或法律關係發生後，為法律效果發生原因之法律要件基礎或環境，於法律效力終了前，發生非當初所得預料之變動，如仍貫徹原定之法律效果，顯失公平者，法院即得依情事變更原則加以公平裁量，以合理分配當事人間之風險及不可預見之損失，進而為增減給付或變更其他原有之效果，以調整當事人間之法律關係，使之趨於公平之結果。而工

用途？原審未經詳查審認，事實尚欠明瞭，倘被上訴人對此鉅款已爲利用或將之存放銀行生息，於斟酌增加給付時，尚非不應予以計算在內。上訴論旨，指摘原判決不當，聲明廢棄，非無理由。」

4 原最高法院 43 年台上字第 476 號民事判例：「惟法院之為此項判決，既不受當事人主張之拘束，亦非全以物價變動為根據。乃依客觀之公平標準有其自由裁量之權衡，上訴人雖稱自 29 年迄 38 年之一段舊台幣時期，其間幣值物價固呈劇烈之變動，即自 38 年 6 月發行新台幣以後，雖幣制較穩，但物價指數仍復逐年遞昇，非按原債額以新台幣八萬元增付，不足以補其損失，然既經原審就本件法律行爲成立後，至民國 38 年 6 月發行新台幣爲止，因上項情事變更，上訴人所受不相當之損失，被上訴人所得不預期之利益，其實際情形及彼此間之一切關係，通盤斟酌，認爲由被上訴人增付新台幣三萬五千元已屬相當，並說明自 38 年 6 月新台幣發行後，物價雖微有變動，但依一般觀念既難認為有顯失公平之情形，即無上訴人更行主張增付餘地之理由，將第一審判決分別予以廢棄維持。揆諸復員後辦理民事訴訟補充條例第 12 條之規定，尚相符合，則其所爲給付之裁量即無違法之可言，上訴論旨，仍執前情指摘原判裁量之不當，求爲廢棄，不得謂有理由。」

5 最高法院 108 年度台上字第 1243 號民事判決。

程施作因天候、增加工項或廠商因素致施工逾期，應屬一般有經驗之專業廠商於投標時所得合理預見或得採取避險措施之範圍。……且社團法人台北市環境工程技師公會鑑定意見，亦就福○公司施工逾期 68 日部分，認尚屬原工期可預期變動範圍，可不予以補償等情，……」[6]

由前述最高法院關於情事變更所涉案例之見解，可知情事變更適用要件，除須契約當事人於契約成立或法律關係發生後，為法律效果發生原因之法律要件基礎或環境，於法律效力終了前，發生非當初所得預料之變動，如仍貫徹原定之法律效果，顯失公平情形外；尚須具備：1.非可歸責當事人之因素，發生非該法律關係或契約成立時所得預料之要件；2.依客觀之公平標準，審酌一方因情事變更所受之損失，他方因情事變更所得之利益，及其他實際情形，依其原有法律行為或契約約定履行之效果顯失公平；3.有為原來的法律行為或契約約定效果之變更必要，而能達到契約當事人間之平衡者，始有情事變更原則適用餘地。

於營造建築工程承攬實務，如系爭工程承攬契約履行期間，有發生情事變更情形，契約當事人一般所得主張者，大多為該次工程承攬契約報酬價金數額之增減、工程施作藍晒圖說設計變更、施作材料變更、工程承攬施作期間延展、補償或損害賠償、履行抗辯或契約解除等主張內容。

---

6 最高法院 109 年度台上字第 873 號民事判決：「其次，民法第 227 條之 2 第 1 項所規定之情事變更原則，旨在對於契約成立或法律關係發生後，爲法律效果發生原因之法律要件基礎或環境，於法律效力終了前，發生非當初所得預料之變動，如仍貫徹原定之法律效果，顯失公平者，法院即得依情事變更原則加以公平裁量，以合理分配當事人間之風險及不可預見之損失，進而爲增減給付或變更其他原有之效果，以調整當事人間之法律關係，使之趨於公平之結果。而工程施作因天候、增加工項或廠商因素致施工逾期，應屬一般有經驗之專業廠商於投標時所得合理預見或得採取避險措施之範圍。稽諸監造契約第 6 條工程監造第 5 點約定，防汛期期間，瑞○公司應依北市環保局防汛期防災、救災及善後處理方案辦理，並應依北市環保局通知督導統包廠商成立緊急應變小組且於工區內 24 小時排班輪值應變（同上卷 22 頁），且社團法人台北市環境工程技師公會鑑定意見，亦就福○公司施工逾期 68 日部分，認尚屬原工期可預期變動範圍，可不予以補償等情，則北市環保局於事實審抗辯：工程施工因天候、增加工項或施工廠商之因素致施工逾期，爲瑞○公司於簽約時所能預見，不得依民法第 227 條之 2 第 1 項規定請求加給服務費等語（原審卷 197、199、205、391、393 頁），是否全無足取？有待進一步釐清。」

然本文以為，前述情事變更當事人之主張內容，均造成該次工程承攬契約當事人契約上權利義務變動甚鉅，對於契約當事人交易之衡平保護，亦有其重要性。本章所舉案例，就各個有關情事變更情形，分別論述。

Q47. 行政行為所致情事變更

今甲營造公司於 S1 北段海岸觀光整治工程承攬契約履行期間，發生人類上呼吸道病毒感染。試問：該發生人類上呼吸道病毒感染事實，得否成為甲營造公司主張情事變更之原因事項？

A47 解題說明

如題所示，今如在甲營造公司於 S1 北段海岸觀光整治工程承攬契約履行期間，發生人類上呼吸道病毒感染事實，則甲營造公司情事變更主張之得否，及其主張內容與範圍，應依該發生人類上呼吸道病毒感染事實之實際情形，而為符合比例之內容及範圍的主張。分別論述如下：

1. 區域性範圍感染

如在甲營造公司於 S1 北段海岸觀光整治工程承攬契約履行期間，發生人類上呼吸道病毒感染事實之範圍，係在該 P 縣行政區域範圍內，且 P 縣政府實施陸上交通及出入境管制，管制期間為 30 日。

於此情形，甲營造公司應得依情事變更，向定作人即 P 縣政府主張該 S1 北段海岸觀光整治工程承攬契約履行期間之延展。惟應無法主張該次工程承攬契約報酬價金數額之增減、工程施作藍晒圖說設計變更、施作材料變更、補償或損害賠償、履行抗辯或契約解除等主張內容。

蓋 P 縣政府此一為期 30 日之陸上交通及出入境管制，係因防免上呼吸道病毒感染疫情擴大之公共衛生措施，屬於公益行政行為，且該行政行為並未逾越比例原則。

是該 P 縣政府此一為期 30 日之陸上交通及出入境管制措施，對於甲營造公司於 S1 北段海岸觀光整治工程承攬契約履行期間，應僅造成該 P 縣行政區域以外之實際施作人員調度、施作材料進場及相關材料或成品檢測之事實上障礙。

因此，P 縣政府此一為期 30 日之陸上交通及出入境管制，係因防免上呼吸道病毒感染疫情擴大之公共衛生措施，而該上呼吸道病毒感染疫情，實屬非可歸責契約當事人之因素，發生非該法律關係或契約成立時所得預料之情況，應符合現行法律關於情事變更之規定要件[7]，契約當事人得據此原因事項而主張情事變更之適用。

筆者建議

綜上所述，承攬人甲營造公司於 S1 北段海岸觀光整治工程承攬契約履行期間，因定作人 P 縣政府此一為期 30 日之陸上交通及出入境管制措施，造成甲營造公司對該 P 縣行政區域以外之實際施作人員調度、施作材料進場及相關材料或成品檢測之事實上障礙，而令該 S1 北段海岸觀光整治工程承攬之施作進度，無法如預定施工計畫為進行。

於此情形，承攬人甲營造公司應於工程會議或依規定之通知方式[8]，向定作人 P 縣政府**提出因情事變更適用之承攬期間增加，且該增加之工作期間，應不計入在限期完工承攬契約之約定期間範圍內**。惟甲營造公司應無法主張該次工程承攬契約報酬價金數額之增減、工程施作藍晒圖說設計變更、施作材料變更、補償或損害賠償、履行抗辯或契約解除等主張內容。

---

7 民法第 227 條之 2：「契約成立後，情事變更，非當時所得預料，而依其原有效果顯失公平者，當事人得聲請法院增、減其給付或變更其他原有之效果。前項規定，於非因契約所發生之債，準用之。」

8 採購契約要項第 19 點：「機關與廠商相互間之通知，除契約另有規定者外，得以書面文件、信函、傳真或電子郵件方式送達他方所指定之人員或處所爲之。前項通知，於送達他方或通知所載生效日生效，並以二者中較後發生者爲準。」

2. 全國性範圍感染

今如在甲營造公司於 S1 北段海岸觀光整治工程承攬契約履行期間，發生人類上呼吸道病毒感染事實之範圍，係為全國性範圍感染情形，則須視中央政府實施海港、空港及陸上交通出入境管制之實際管制期間不同，而令當事人得主張情事變更適用之內容範圍亦有所異。

該中央政府實施海港、空港及陸上交通出入境管制之實際管制期間，係為一定短期間情形，如其海港、空港及陸上交通出入境管制之實際管制期間，所造成的僅係甲營造公司之國內實際施作人員調度、施作材料進場、相關材料或成品檢測或行政機關作業之事實上障礙，而令該 S1 北段海岸觀光整治工程承攬之施作進度，無法如預定進行情形。

於前述情形，承攬人甲營造公司應得依情事變更，向定作人 P 縣政府主張該 S1 北段海岸觀光整治工程承攬契約履行期間之延展。惟應無法主張該次工程承攬契約報酬價金數額之增減、工程施作藍晒圖說設計變更、施作材料變更、補償或損害賠償、履行抗辯或契約解除等主張內容。

如中央政府該次實施海港、空港及陸上交通出入境管制之實際管制期間，係為相當之長期間，而其海港、空港及陸上交通出入境管制之實際管制期間，除造成甲營造公司國內實際施作人員調度、施作材料進場、相關材料或成品檢測或行政機關作業之事實上障礙，而令該 S1 北段海岸觀光整治工程承攬之施作進度，無法如預定進行外，更因此而發生交通運輸成本急遽上揚或國內躉物指數異動甚鉅情形者。

於此一情形，承攬人甲營造公司應得依情事變更，向定作人 P 縣政府主張該 S1 北段海岸觀光整治工程承攬契約履行期間之延展、工程承攬契約報酬價金數額之增減等事宜。惟該承攬人應無法另為該次工程施作藍晒圖說設計變更、施作材料變更、補償或損害賠償、履行抗辯或契約解除等主張內容。

筆者建議

綜上所述，甲營造公司於 S1 北段海岸觀光整治工程承攬契約履行期間，因中央政府該次實施海港、空港及陸上交通出入境管制之實際管制期間，係為相當長期間，而其海港、空港及陸上交通出入境管制之實際管制期間，造成甲營造公司對國內實際施作人員調度、施作材料進場、相關材料或成品檢測或行政機關作業之事實上障礙，而令該 S1 北段海岸觀光整治工程承攬之施作進度，無法如預定進行外，更因此而發生交通運輸成本急遽上揚或國內躉物指數異動甚鉅情形者。則承攬人甲營造公司應得依情事變更，向定作人即 P 縣政府主張該 S1 北段海岸觀光整治工程承攬契約履行期間之延展、工程承攬契約報酬價金數額之增減等事宜。

甲營造公司應於工程會議或依規定之通知方式，向 P 縣政府提出因情事變更適用之承攬期間延展，並依實際復工施作時之市場交易價格，為工程承攬契約報酬價金數額之增減計算基準。

3. 全球性範圍感染

今如果在甲營造公司於 S1 北段海岸觀光整治工程承攬契約履行期間，發生人類上呼吸道病毒感染事實之範圍，係為全球性範圍感染情形。如國內中央政府該次實施海港、空港及陸上交通出入境管制之實際管制期間，係為相當長期間，而其海港、空港及陸上交通出入境管制之實際管制期間，除造成甲營造公司國內實際施作人員調度、施作材料進場、相關材料或成品檢測或行政機關作業之事實上障礙，而令該 S1 北段海岸觀光整治工程承攬之施作進度，無法如預定進行外，更有發生國際匯率大幅變動、交通運輸成本急遽上揚或國內躉物指數異動甚鉅之情形。

前述情形，較易發生於特殊之工程承攬（例如：具醫療功能、高科技、國防等建築工程，或特殊之大地工程等），而如該工程承攬標的之主要或必要材料、技術人員等，已經特定外國生產或須由國外提供、輸入，且無法替代給付者，於此一情形，承攬人應得依情事變更，向定作人主張該工程承攬契約履行期間之延展、施作材料變更及該部分施作藍晒圖說設計變更、工程承攬契約報酬價金數額之增減等事宜。惟應無法主張補償或損害賠償、履行抗辯或契約解除等主張內容。

筆者建議

因 P 縣政府與甲營造公司所締結之 S1 北段海岸觀光整治工程承攬契約，係為限期完工承攬契約，考其原因，該限期完工具有一定之公益性與急迫性（因防止海上不法交易行為及避免海難意外發生）。基於此一公益性與急迫性之原因，契約當事人均應有成就該限期完工之善意。

因此，在發生全球性範圍之人類上呼吸道病毒感染，而造成原物料價格急遽變動、產量減少或停止、加工材料取得不易或無法取得之情形，契約當事人在承攬標的安全原則下，應可在合理數據範圍內，將約定施作材料之廠商、產地、材質、規格等為變更[9]，以其替代原藍晒圖說所示之施作材料，藉以符合契約當事人成就該限期完工之善意。

於此情形，承攬人甲營造公司應得依情事變更，向定作人 P 縣政府，主張該 S1 北段海岸觀光整治工程承攬契約履行期間之延展、施作材料變更、工程承攬契約報酬價金數額之增減等事宜。

甲營造公司應於工程會議或依規定之通知方式，向 P 縣政府提出因情事變更適用之承攬期間延展、施作材料變更及該部分之藍晒圖說變更。於施作材料變更及該部分之藍晒圖說變更審查核准後，除**依實際復工施作時之市場交易價格，為工程承攬契約報酬價金數額之增減計算基準**外，應按審查核准後之施工材料及該部分之藍晒圖說為該施作。

---

9 採購契約要項第 21 點：「契約約定之採購標的，其有下列情形之一者，廠商得敘明理由，檢附規格、功能、效益及價格比較表，徵得機關書面同意後，以其他規格、功能及效益相同或較優者代之。但不得據以增加契約價金。其因而減省廠商履約費用者，應自契約價金中扣除：（一）契約原標示之廠牌或型號不再製造或供應。（二）契約原標示之分包廠商不再營業或拒絕供應。（三）因不可抗力原因必須更換。（四）較契約原標示者更優或對機關更有利。（五）契約所定技術規格違反本法第二十六條規定。屬前項第四款情形，而有增加經費之必要，其經機關綜合評估其總體效益更有利於機關者，得不受前項但書限制。」

Q48. 情事變更之可得預見範圍

S1 段海岸觀光整治工程承攬人乙營造公司，於該 P 縣政府 S1 段海岸觀光整治工程承攬契約履行期間，先後發生多次深層小地震、一次芮氏規模 6.8 淺層地震、一次秋季中級颱風入侵。其中何者可認為屬於情事變更之當事人可得預見範圍？

A48 解題說明

今於該 S1 段海岸觀光整治工程承攬契約履行期間，先後發生多次深層小地震、一次芮氏規模 6.8 淺層地震、一次秋季中級颱風入侵。前述所列之各種情形，均屬不可歸責於契約當事人之客觀情事，惟該等大自然現象，是否均在情事變更之可預見範圍，應有推研餘地。

1. 發生多次深層小地震

如本案例所述，P 縣位處地震好發區域，因此，就該區域大地之通常經驗與變動，契約當事人應均可得知該區域大地之通常經驗與變動情形，或取得該項區域大地之通常經驗與變動紀錄。且定作人 P 縣政府在其所預擬訂定限期完工契約之 900 個日曆天，應已經將該區域大地之通常經驗與變動情形所可能造成之工程施作障礙，計算入 S1 海岸觀光整治工程承攬期間之不可工作日。除此之外，參與該次 P 縣政府 S1 海岸觀光整治工程承攬招標之投標人，亦應有對該區域之大地氣象通常經驗與變動情形為了解，或取得該項區域之大地氣象通常經驗與變動紀錄的義務。

有關情事變更原則之不可預見，最高法院所涉案例有：「民法第 227 條之 2 第 1 項所規定之情事變更原則，旨在對於契約成立或法律關係發生後，為法律效果發生原因之法律要件基礎或環境，於法律效力終了前，發生非當初所得預料之變動，如仍貫徹原定之法律效果，顯失公平者，法院即得依情事變更原則加以公平裁量，以合理分配當事人間之風險及不可預見之損失，進而為增減給付或變更其他原有之效果，以調整當事人間之法律關係，使之趨於公平之結果。而工程施作因天候、增加工項或廠商因素致施工逾期，應屬一般有經驗之專業廠商於投標時所得合理預見或得採取避險措施之範圍。」[10]

由前述最高法院有關情事變更原則之不可預見之見解，可認工程施作因天候、增加工項或廠商因素致施工逾期，應屬一般有經驗之專業廠商於投標時所得合理預見或得採取避險措施之範圍，契約當事人不得以該一般有經驗之專業廠商，於投標時所得合理預見或得採取避險措施範圍之天候因素，作為當事人主張情事變更之原因事項。

據此，該 S1 段海岸觀光整治工程承攬契約履行期間，先後所發生多次深層小地震，按前述司法實務見解，應屬一般有經驗之專業廠商於投標時所得合理預見或得採取避險措施之範圍，當事人不得以該一般有經驗之專業廠商，於投標時所得合理預見或得採取避險措施範圍之天候因素，作為當事人主張情事變更之原因事項。況且，參與該次 P 縣政府 S1 段海岸觀光整治工程承攬招標之投標人，亦應對該區域大地之通常經驗與變動情形有所了解，或有取得該項區域大地之通常經驗與變動紀錄之義務。

筆者建議

綜上所述，承攬人乙營造公司，於該 S1 段海岸觀光整治工程承攬契約履行期間，雖然先後發生多次深層小地震。惟該深層小地震之發生地

---

10 最高法院 109 年度台上字第 873 號民事判決：「其次，民法第 227 條之 2 第 1 項所規定之情事變更原則，旨在對於契約成立或法律關係發生後，爲法律效果發生原因之法律要件基礎或環境，於法律效力終了前，發生非當初所得預料之變動，如仍貫徹原定之法律效果，顯失公平者，法院即得依情事變更原則加以公平裁量，以合理分配當事人間之風險及不可預見之損失，進而爲增減給付或變更其他原有之效果，以調整當事人間之法律關係，使之趨於公平之結果。而工程施作因天候、增加工項或廠商因素致施工逾期，應屬一般有經驗之專業廠商於投標時所得合理預見或得採取避險措施之範圍。稽諸監造契約第 6 條工程監造第 5 點約定，防汛期期間，瑞○公司應依北市環保局防汛期防災、救災及善後處理方案辦理，並應依北市環保局通知督導統包廠商成立緊急應變小組且於工區內 24 小時排班輪值應變（同上卷 22 頁），且社團法人台北市環境工程技師公會鑑定意見，亦就福○公司施工逾期 68 日部分，認尚屬原工期可預期變動範圍，可不予以補償等情，……」

點，係為該 S1 段海岸觀光整治工程承攬契約履行地。

亦即，P 縣行政區域長年發生之大地變動現象，應屬一般有經驗之專業廠商於投標時所得合理預見，或得採取避險措施之範圍，當事人不得以該一般有經驗之專業廠商，於投標時所得合理預見或得採取避險措施範圍之天候因素，作為當事人主張情事變更之原因事項。

除此之外，該 S1 段海岸觀光整治工程之承攬人乙營造公司，亦**有對該區域大地之通常經驗與變動情形了解，或取得該項區域大地之通常經驗與變動紀錄之義務**。因此，乙營造公司應不得以該 S1 段海岸觀光整治工程承攬契約履行期間，先後發生多次深層小地震，為情事變更主張之理由。

2. 發生芮氏規模 6.8 淺層地震

如於該 S1 段海岸觀光整治工程承攬契約履行期間，發生芮氏規模 6.8 淺層地震。則該芮氏規模 6.8 淺層地震之發生，並非為該 S1 段海岸觀光整治工程承攬契約履行地，即 P 縣行政區域長年經常之大地變動現象之通常態樣，應認係一般有經驗之專業廠商，於投標時所得合理預見或得採取避險措施以外之範圍。

亦即，該次工程承攬契約當事人，並無法於系爭 S1 段海岸觀光整治工程承攬契約締結時，即得預見於 S1 段海岸觀光整治工程承攬契約履行期間，必然會在該承攬契約履行地 P 縣行政區域，長年經常之大地變動現象的通常態樣範圍內，發生該次芮氏規模 6.8 淺層地震。因此，該於 S1 段海岸觀光整治工程承攬契約履行期間所發生之該次芮氏規模 6.8 淺層地震，應可成為該 S1 段海岸觀光整治工程承攬契約履行期間，當事人主張情事變更之原因事項。

對於契約履行期間風險之發生與變動之見解，最高法院所涉案例有：「按民法第 227 條之 2 第 1 項所規定之情事變更原則，係源於誠信原則內容之具體化發展而出之法律一般原則，屬於誠信原則之下位概念，乃為因應情事驟變之特性所作之事後補救規範，**旨在對於契約成立或法律關係發生後，為法律效果發生原因之法律要件基礎或環境，於法律效力終了前，**

因不可歸責於當事人之事由，致發生非當初所得預料之變動，如仍貫徹原定之法律效果，顯失公平者，法院即得依情事變更原則加以公平裁量，以合理分配當事人間之風險及不可預見之損失，進而為增減給付或變更其他原有之效果，以調整當事人間之法律關係，使之趨於公平之結果。……惟該項風險之發生及變動之範圍，若非客觀情事之常態發展，而逾當事人訂約時所認知之基礎或環境，致顯難有預見之可能時，本諸誠信原則所具有規整契約效果之機能，自應許當事人依情事變更原則請求調整契約之效果，而不受原定契約條款之拘束，庶符情事變更原則所蘊涵之公平理念及契約正義。」[11]

按前述最高法院對於契約履行期間風險之發生與變動的見解，可知於法律效力終了，即系爭契約履行完結前，因不可歸責於當事人之事由，致發生非當初所得預料之變動，如仍貫徹原定之法律效果，有顯失公平情形者，法院即得依當事人情事變更原則訴請事項加以公平裁量，以合理分配當事人間之風險及不可預見之損失，進而為增減給付或變更其他原有之效果，以調整當事人間之法律關係，使之趨於公平之結果[12]。

---

11 最高法院103年度台上字第308號民事判決之裁判要旨：「按民法第227條之2第1項所規定之情事變更原則，係源於誠信原則內容之具體化發展而出之法律一般原則，屬於誠信原則之下位概念，乃為因應情事驟變之特性所作之事後補救規範，旨在對於契約成立或法律關係發生後，爲法律效果發生原因之法律要件基礎或環境，於法律效力終了前，因不可歸責於當事人之事由，致發生非當初所得預料之變動，如仍貫徹原定之法律效果，顯失公平者，法院即得依情事變更原則加以公平裁量，以合理分配當事人間之風險及不可預見之損失，進而爲增減給付或變更其他原有之效果，以調整當事人間之法律關係，使之趨於公平之結果。因此，當事人苟於契約中對於日後所發生之風險預作公平分配之約定，而綜合當事人之真意、契約之內容及目的、社會經濟情況與一般觀念，認該風險事故之發生及風險變動之範圍，爲當事人於訂約時所能預料，基於『契約嚴守』及『契約神聖』之原則，當事人固僅能依原契約之約定行使權利，而不得再根據情事變更原則，請求增減給付。惟該項風險之發生及變動之範圍，若非客觀情事之常態發展，而逾當事人訂約時所認知之基礎或環境，致顯難有預見之可能時，本諸誠信原則所具有規整契約效果之機能，自應許當事人依情事變更原則請求調整契約之效果，而不受原定契約條款之拘束，庶符情事變更原則所蘊涵之公平理念及契約正義。」

12 參閱民法第227條之2第2項立法理由：「……二、情事變更原則爲私法上之一大原則，本法除有個別具體之規定，尚乏一般性之原則，適用上易生困擾。實務上雖依民事訴訟法第三百九十七條，爲增、減給付或變更原有效果之判決。但不如明定具體條文爲宜，增訂第一項

筆者建議

綜上所述，如於該 S1 段海岸觀光整治工程承攬契約履行期間，發生芮氏規模 6.8 淺層地震，並非為該 S1 段海岸觀光整治工程承攬契約履行地，即 P 縣行政區域長年經常之大地變動現象之通常態樣，應屬一般有經驗之專業廠商於投標時所得合理預見或得採取避險措施以外之範圍。亦即，當事人並無法於系爭 S1 段海岸觀光整治工程承攬契約締結時，即得預見於 S1 段海岸觀光整治工程承攬契約履行期間，必然會在該承攬契約履行地 P 縣行政區域之長年經常之大地變動現象的通常態樣範圍內，發生該次芮氏規模 6.8 淺層地震。

據此，承攬人乙營造公司為其 S1 段海岸觀光整治工程承攬契約履行期間，所發生之該次芮氏規模 6.8 淺層地震，應可成為該 S1 段海岸觀光整治工程承攬契約履行期間，乙營造公司主張情事變更之原因事項。乙營造公司應得依情事變更，向定作人 P 縣政府主張該 S1 段海岸觀光整治工程承攬**契約履行期間之延展、工程承攬契約報酬價金數額之增減等事宜**。惟乙營造公司應無法另為該次工程施作藍晒圖說設計變更、施作材料變更、補償或損害賠償、履行抗辯或契約解除等主張。

3. 秋季中度颱風入侵

如於乙營造公司為該 S1 段海岸觀光整治工程承攬契約履行期間，發生秋季中度颱風入侵。若按目前最高法院關於情事變更適用之見解：「民法第 227 條之 2 第 1 項所規定之情事變更原則，旨在對於契約成立或法律關係發生後，為法律效果發生原因之法律要件基礎或環境，**於法律效力終了前，發生非當初所得預料之變動**，如仍貫徹原定之法律效果，顯失公平者，法院即得依情事變更原則加以公平裁量，以**合理分配當事人間之風險及不可預見之損失**，進而為增減給付或變更其他原有之效果，以調整當事人間之法律關係，使之趨於公平之結果。而工程施作因天候、增加工項或

規定，俾利適用。」

廠商因素致施工逾期，應屬一般有經驗之專業廠商於投標時所得合理預見或得採取避險措施之範圍。」[13]

則該秋季中度颱風之入侵，似乎為前述司法實務見解所指之工程施作因天候、增加工項或廠商因素致施工逾期，應屬一般有經驗之專業廠商於投標時所得合理預見或得採取避險措施之範圍。

本文以為，台灣雖位處颱風生成海域周邊，惟並非如此即可認台灣必然係為颱風經過之區域。且該秋季中級颱風之入侵，亦非該地區之 S1 段海岸觀光整治工程承攬契約履行地，必然之該季節常態天候。易言之，該秋季中級颱風之發生與入侵，並非為該 S1 段海岸觀光整治工程承攬契約履行地即 P 縣政府行政區域，長年經常之必然天候現象的通常態樣。故該秋季中級颱風之入侵，應屬一般有經驗之專業廠商，於投標時所得合理預見，或得採取避險措施範圍以外之不可預見的自然變動偶發事件。

亦即，當事人並無法於系爭 S1 段海岸觀光整治工程承攬契約締結時，即得為預見於 S1 段海岸觀光整治工程承攬契約履行期間，必然會在承攬契約履行地 P 縣行政區域長年經常之自然天候現象的通常態樣範圍內，發生該次秋季中級颱風之入侵。且該 S1 段海岸觀光整治工程承攬契約內容，並非為防颱、防汛或其他與颱風災害有關之工程承攬施作，非屬一般有經驗之專業廠商於投標時所得合理預見或得採取避險措施之範圍。

因此，該於 S1 段海岸觀光整治工程承攬契約履行期間所發生之該次秋季中級颱風入侵，應可成為該 S1 段海岸觀光整治工程承攬契約履行期間，當事人主張情事變更之原因事項。

筆者建議

綜上所述，如於該 S1 段海岸觀光整治工程承攬契約履行期間，發生秋季中級颱風入侵，並非為該 S1 段海岸觀光整治工程承攬契約履行地，即 P 縣行政區域長年經常之自然天候現象的通常態樣，應屬一般有經驗之

---

13 最高法院 109 年度台上字第 873 號民事判決。

專業廠商於投標時所得合理預見或得採取避險措施範圍以外之不可預見的自然變動偶發事件。亦即，當事人並無法於系爭 S1 段海岸觀光整治工程承攬契約締結時，即得為預見於 S1 段海岸觀光整治工程承攬契約履行期間，必然會在該承攬契約履行地 P 縣行政區域長年經常之自然天候現象之通常態樣範圍內，發生該次秋季中級颱風入侵。

據此，承攬人乙營造公司為其 S1 段海岸觀光整治工程承攬契約履行期間，所發生之該次秋季中級颱風入侵，應可成為該 S1 段海岸觀光整治工程承攬契約履行期間，乙營造公司主張情事變更之原因事項。

承攬人乙營造公司應得依該情事變更之原因事項，向定作人 P 縣政府主張該 S1 段海岸觀光整治工程承攬**契約履行期間之延展等事宜**。惟乙營造公司應無法另為該次工程施作藍晒圖說設計變更、施作材料變更、工程承攬契約報酬價金數額之增減、補償或損害賠償、履行抗辯或契約解除等事項為主張。

Q49. 情事變更得否為工程預付款數額增加之原因事項

如於該 S1 南段海岸觀光整治工程承攬契約履行期間，發生秋季中度颱風入侵，且該秋季中級颱風入侵造成海嘯，以致丙營造公司已經施作完成，但未經 P 縣政府驗收之消波塊填置工程無法如期驗收。於該次中度颱風經過後，始發現該次提出驗收之消波塊填置工程的大部分區段，已經毀損滅失。試問，丙營造公司得否以已經施作完成之消波塊填置工程毀損滅失為由，而主張定作人 P 縣政府為該消波塊填置工程部分之工程預付款，再為數額增加之給付？

A49 解題說明

題示情形，此一於該 S1 南段海岸觀光整治工程承攬契約履行期間，發生秋季中度颱風入侵，且該秋季中級颱風入侵造成海嘯之情形，並非為該 S1 南段海岸觀光整治工程承攬契約履行地，即 P 縣行政區域長年經常之自然天候現象的通常海象態樣，應屬一般有經驗之專業廠商於投標時所得合理預見或得採取避險措施範圍以外之不可預見的自然變動偶發事件。

亦即，當事人並無法於系爭 S1 南段海岸觀光整治工程承攬契約締結時，即得為預見於 S1 南段海岸觀光整治工程承攬契約履行期間，必然會在該承攬契約履行地 P 縣行政區域長年經常之自然天候現象之通常態樣範圍內，發生該次秋季中級颱風入侵造成海嘯之海象危險。

因此，該於 S1 南段海岸觀光整治工程承攬契約履行期間所發生之該次秋季中級颱風入侵造成海嘯之海象危險，應可成為該 S1 南段海岸觀光整治工程承攬契約履行期間，丙營造公司主張情事變更之原因事項。丙營造公司應得依情事變更，向定作人即 P 縣政府主張該 S1 南段海岸觀光整治工程承攬契約履行期間之延展等事宜，應無所議。

有疑義者，丙營造公司得否以於 S1 南段海岸觀光整治工程承攬契約履行期間所發生之該次秋季中級颱風入侵造成海嘯之海象危險，以致丙營造公司已經施作完成之消波塊填置工程為毀損滅失，而主張定作人 P 縣政府為該消波塊填置工程部分之工程預付款，再為數額增加之給付？

今該為海嘯所毀損滅失之丙營造公司已經施作完成之消波塊填置工程，因尚未經定作人 P 縣政府驗收，該未經定作人受領之工作，按現行法律有關承攬未為規定者，得適用買賣規定之明文[14]，其工作之危險尚未為移轉，仍應由該工作之承攬人負擔[15]。因此，丙營造公司得依情事變更，向定作人即 P 縣政府主張該 S1 南段海岸觀光整治工程承攬契約履行期間延展之事宜。然而，丙營造公司應無法另為該次工程承攬契約報酬價金數額之增減、補償或損害賠償等事項之主張。故而丙營造公司僅得以該被海嘯毀損滅失之消波塊填置部分工程之重新施作為原因事項，向定作人 P 縣政府主張該 S1 南段海岸觀光整治工程承攬契約履行期間之延展。

---

14 民法第 347 條：「本節規定，於買賣契約以外之有償契約準用之。但為其契約性質所不許者，不在此限。」

15 民法第 373 條：「買賣標的物之利益及危險，自交付時起，均由買受人承受負擔，但契約另有訂定者，不在此限。」

筆者建議

綜上所述，此一得為該 S1 南段海岸觀光整治工程承攬契約履行期間延展之原因事項，並不能成為承攬人請求定作人另為該部分之工程預付款增加給付額度的理由。蓋所謂工程預付款之給付，係承攬關係定作人後付原則之例外便宜方式，雖然係按該分部給付之工程承攬報酬數額，為該次工程預付款給付數額之計算基準。惟作為該次工程預付款給付數額計算基準之該分部給付工程承攬報酬數額，係以原契約所訂之該分部給付之工程承攬報酬數額，為該次工程預付款給付數額之計算基準。該原契約約定之該分部給付工程承攬報酬數額以外之承攬人另為負擔部分，並不能為該次分部給付之工程預付款給付數額增加之原因事項。

若該次秋季中級颱風所引發之海嘯，造成 S1 南段海岸觀光整治工程承攬藍晒圖說內容標示之海岸線總長度發生變化時，則該藍晒圖說內容標示之海岸線總長度發生變化，應屬因情事變更所致之項目工程量增加情形。

此一海岸線總長度發生變化，造成與該藍晒圖說內容標示之海岸線總長度發生差異情形，承攬人丙營造公司應得向定作人 P 縣政府，主張該 S1 南段海岸觀光整治工程承攬契約履行期間之延展、該次工程施作藍晒圖說設計變更、工程承攬契約報酬價金數額之增減等事宜。惟承攬人丙營造公司，應無法另為施作材料變更、補償或損害賠償、履行抗辯或契約解除等事項之主張。

Q50. 情事變更之主張時效

若該次秋季中級颱風所引發之海嘯，造成 S1 南段海岸觀光整治工程承攬藍晒圖說內容標示之海岸線總長度發生變化時，則該藍晒圖說內容標示之海岸線總長度發生變化，應屬因情事變更所致之項目工程量增加情形。承攬人丙營造公司向定作人 P 縣政府，主張該 S1 南段海岸觀光整治工程承攬契約履行期間之延展、該次工程施作藍晒圖說設計變更、工程承攬契約報酬價金數額增減等事宜之時效為何？

A50 解題說明

有關契約當事人依情事變更原則，主張權利之時效問題，最高法院之見解：「惟按當事人依民法第 227 條之 2 情事變更原則規定，請求法院增加給付者，乃形成之訴。**該形成權之除斥期間**，法律雖無明文，然審酌本條係為衡平而設，且規定於債編通則，**解釋上，自應依各契約之性質，參考債法就該契約權利行使之相關規定定之**。而關於承攬契約之各項權利，立法上咸以從速行使為宜，除民法第 127 條第 7 款規定承攬人之報酬因 2 年間不行使而消滅外，同法第 514 條就定作人、承攬人之各項權利（包括請求權及形成權）行使之期間，均以 1 年為限。職是，承攬人基於承攬契約，依情事變更原則請求增加給付，亦宜從速為之，否則徒滋糾紛。關於**除斥期間之起算，則應以該權利完全成立時為始點**。……查原審謂基於公平原則，應認被上訴人請求法院核定增加給付額之除斥期間及請求給付增給額之時效期間各為 2 年，並均自法院核定增加金額判決確定時起算，本件均未逾除斥期間及請求權消滅時效期間等語。就請求給付增給額部分，固無不合。」[16]

由前述最高法院關於契約當事人依情事變更原則，主張權利之時效問

16 最高法院 106 年度台上字第 4 號民事判決。

題所涉案例，可知現行法律並無該等權利時效之明文。然而，若按前述最高法院之見解，當事人依民法第227條之2的情事變更原則規定，請求法院增加給付情形，是為訴訟上形成之訴。而該形成權之除斥期間，法律雖無明文，然審酌本條係為衡平而設，自應依各契約之性質，參考債法就該契約權利行使之相關規定定之。而關於承攬契約之各項權利，立法上咸以從速行使為宜，除民法第127條第7款規定承攬人之報酬因2年間不行使而消滅外，同法第514條就定作人、承攬人之各項權利（包括請求權及形成權）行使之期間，均以1年為限。職是，承攬人基於承攬契約，依情事變更原則請求增加給付，亦宜從速為之，否則徒滋糾紛。並依同法第514條就定作人、承攬人之各項權利（包括請求權及形成權）行使之期間，均以1年為限。因此，若契約當事人因發生情事變更，而欲為主張該項權利者，應於1年內向該管法院為請求，以免該項形成權罹於短期時效，而無法為請求。

筆者建議

題示情形，承攬人丙營造公司於該S1南段海岸觀光整治工程承攬期間，因該次秋季中級颱風入侵而發生之海嘯，造成S1南段海岸觀光整治工程承攬藍晒圖說內容標示之海岸線總長度發生變化時，則該藍晒圖說內容標示之海岸線總長度發生變化，應屬因情事變更所致之項目工程量增加情形。按前述最高法院關於依情事變更原則主張權利時效之見解，承攬人丙營造公司應於該各項權利（包括請求權及形成權）成立時之1年內，向定作人P縣政府，主張該S1南段海岸觀光整治工程承攬契約履行期間之延展、該次工程施作藍晒圖說設計變更、工程承攬契約報酬價金數額增減等事宜。

於系爭工程承攬契約履行期間，如有發生情事變更情形，而有得向定作人主張之原因事項時，不論係系爭工程承攬契約履行期間之延展、該次工程施作藍晒圖說設計變更、施作材料變更、工程承攬契約報酬價金數額之增減、補償或損害賠償、履行抗辯或契約解除等事項，承攬人均應於 1 年內向該管法院為請求，以免該項形成權罹於短期時效，而無法為請求。

第九單元

合建契約

案例九

M 建設開發集團係不具官股股權成分之國內上市公司，因應國際觀光城市前景熱潮，預計於座落在 T 市政府行政區域內之 F 國際機場預定地周邊，興建 K 大型綜合展覽會館與 P 百貨公司。遂與該 K 大型綜合展覽會館興建預定地之土地所有權人 A 先生，訂立該 K 大型綜合展覽會館之共同合作開發契約，該共同合作開發契約內容約定，由 A 先生提供其所有土地，M 建設開發集團提供 K 大型綜合展覽會館新建工程承攬所有承攬報酬資金。M 建設開發集團另向土地所有人 B 女士，購買其所有土地為 P 百貨公司新建工程之座落基地。嗣由國內某知名建築師設計將 K 大型綜合展覽會館新建工程設計為二棟相同設計之地上七層之雙子星會館中心，P 百貨公司新建工程設計為地上二十層之獨棟建築改良物。經公開招標程序，甲營造公司為 K 大型綜合展覽會館新建工程承攬招標之確定得標人，乙營造公司為 P 百貨公司新建工程承攬招標之確定得標人。

Q51. 新建工程合建契約

題示情形，由 K 大型綜合展覽會館之開發人 M 建設開發集團，與該 K 大型綜合展覽會館興建預定地之土地所有權人 A 先生，訂立該 K 大型綜合展覽會館合作開發契約之性質為何？

A51 解題說明

關於新建工程之合建關係，最高法院所涉案例有：

➲「土地所有權人，提供其土地與建築商建築房屋，約定按土地價值與房屋建築費用之比例，以分配房、地，係屬何種性質之契約，應依具體情事決定之。如土地所有人就依約應分得之房屋，由其原始的取得所有權，**而將部分土地移轉於建築商，以作為完成該房屋之報酬，固為承攬；然若該房屋，係由建築商原始的取得所有權，土地所有人與之約定以部分土地與該房屋互為移轉者，則屬互易**。又建築物原始所有權，屬於原始建築人；申請建築執照之起造人，通常並係原始建築人。且第一次所有權登記（即保存登記）亦係登記為起造人所有。以此，雖非不得推定申請建築執照之起造人，即為原始建築人，亦即原始所有權人。然如申請建築執照之起造人，實際並非原始建築人，不過由於其與原始建築人有以土地與房屋所有權互為移轉之約定，故使用其名義申請建築執照，則不得因而變更原始建築人原始取得所有權之事實，而認該申請建築執照名義上之起造人係為原始所有權人。」[1]

➲「次按地主與建商約定由地主提供土地，建商出資興建房屋，於房屋建造完成，各取得分配之房屋及土地，**其地主所分配取得之房地究屬依買賣與承攬之混合契約而取得、或為互易或合夥或單純之承攬或其他種類之契約而取得，應視其與建商簽訂之契約內容定之**。本件上訴人於 97 年 12 月 3 日提供 480 地號土地與潤〇公司合建房屋，並於 104 年 10 月 6 日因合建關係分得系爭房地，為原審認定之事實，並有土地合作興建房屋契約書（下稱合建契約）、分屋協議書在卷可稽。……」[2]

---

1 最高法院 74 年度台上字第 376 號民事判決裁判要旨。

2 最高法院 108 年度台上字第 1349 號民事判決：「次按地主與建商約定由地主提供土地，建商出資興建房屋，於房屋建造完成，各取得分配之房屋及土地，其地主所分配取得之房地究屬依買賣與承攬之混合契約而取得、或為互易或合夥或單純之承攬或其他種類之契約而取得，應視其與建商簽訂之契約內容定之。本件上訴人於 97 年 12 月 3 日提供 480 地號土地與潤〇公司合建房屋，並於 104 年 10 月 6 日因合建關係分得系爭房地，為原審認定之事實，並有土地合作興建房屋契約書（下稱合建契約）、分屋協議書在卷可稽。而依合建契約之約由前述最高法院有關新建工程合建契約關係之見解，可知合建契約係指該契約當事人約定，一方提供土地而由他方為契約約定之建築改良物興建，他方負擔該約定建築改良物興建之費用，並依約定比例分得建造完成之建築改良物及其座落基地的契約。此種契約當事人間約定共同興建房屋之契約，即為一般所稱之合建契約。由於合建契約是民法債編所沒有規定的契約類型，故為無名契約的一種，關於合建契約的性質為何，應探求當事人之真實意思而依個案情形為判斷。

通常情形，如土地所有人就依約應分得之建築改良物，由其原始的取得該分得建築改良物之所有權，而將部分座落土地移轉於建築商，以作為完成該建築改良物之對價者，可認該部分座落土地移轉係為承攬報酬之給付，則此一合建情形即為承攬關係。然若該建築改良物，係由建築商原始的取得所有權，土地所有人與之約定以部分土地與該建築改良物互為移轉者，則屬互易關係。

筆者建議

綜上所述，本件契約係由 K 大型綜合展覽會館之開發人 M 建設開發集團，與該 K 大型綜合展覽會館興建預定地之土地所有權人 A 先生，訂立該 K 大型綜合展覽會館之合作開發契約。然該共同合作開發契約內容約定，由 A 先生提供其所有土地，M 建設開發集團提供 K 大型綜合展覽會館新建工程承攬所有資金，並由 M 建設開發集團登記為 K 大型綜合展覽會館新建工程之起造名義人。而於該 K 大型綜合展覽會館新建工程結構工程完成時，由 M 建設開發集團將二棟相同設計之地上七層之雙子星會館中心其中一棟之起造名義人，變更登記為 A 先生。同時，再由 A 先生將約定面積、位置之土地所有權，移轉登記予 M 建設開發集團情形。

定，上訴人提供 480 地號土地與鄰地合併爲壹宗建築基地後，由潤◯公司負擔費用興建大樓，合建之大樓全部以潤◯公司爲起造人，上訴人於合建大樓頂樓樓版澆灌完成時，辦理潤◯公司分得之土地持分所有權移轉登記（一審卷第 48 至 57 頁，契約第 1、2、6、10 條參照），分屋協議書則約定上訴人分得系爭房屋，起造人由潤◯公司擔任，潤◯公司於交屋時應支付上訴人找補款一百二十二萬六千九百九十七元（一審卷第 249 頁）。」

可認該 K 大型綜合展覽會館合作開發案，係為國內特有之新建工程合建契約關係。

Q52. 合建契約與承攬人之關係

今如甲營造公司於該 K 大型綜合展覽會館新建工程承攬，實際施作進度已經完成至地上三層樓地板，而發生定作人 M 建設開發集團怠於履行該次分部給付工作之承攬報酬情形，則承攬人甲營造公司得否以該次分部給付工作之承攬報酬關係，向該 K 大型綜合展覽會館新建工程合建契約提供座落土地之 A 先生請求該次分部給付工作之承攬報酬？

A52 解題說明

如前所述，合建契約係指該契約當事人約定，一方提供土地而由他方為契約約定之建築改良物興建，他方負擔該約定建築改良物興建之費用，並依約定比例分得建造完成之建築改良物及其座落基地的契約。而不論該合建契約，係約定土地所有人就依約應分得之建築改良物，由其原始的取得所有權，而將部分座落土地移轉於建築商，以作為完成該建築改良物之對價，可認該部分座落土地移轉係為承攬報酬之給付，屬於承攬關係。

若係約定該建築改良物，係由建築商原始的取得所有權，土地所有人與之約定以部分土地與該建築改良物互為移轉者，屬於互易關係。然而，無論係承攬關係或互易關係，皆屬於該合建契約當事人內部關係，與合建契約以外之第三人應無相涉。

關於此一問題，最高法院所涉案例有：

➲「惟按地主提供土地與建商合建房屋，為供建商申請建築執照而出具之『土地使用權同意書』，性質上屬債權契約，僅當事人間有其效力。」[3]

---

3 最高法院 108 年度台上字第 1037 號民事判決：「惟按地主提供土地與建商合建房屋，爲供建商申請建築執照而出具之『土地使用權同意書』，性質上屬債權契約，僅當事人間有其效

➲「按地主提供土地與建商合建房屋，係為供建商申請建築執照而出具之『土地使用權證明書』，性質上屬於債權契約，僅在出具者與被證明者間具有拘束力，而不能及於契約當事人以外之第三人。查系爭土地原所有人蔡○與建商蘇○東二人間成立合建契約，由蔡○出具土地使用同意書之目的，係為履行其合建契約之義務，為原審認定之事實。倘係無訛，基於債之相對性，蔡○出具『土地使用權證明書』之債之效力，僅存在於蔡○與建商之間，上訴人係經法院拍賣取得系爭土地所有權，既非合建契約之當事人，亦未繼受蔡○之契約義務，應不受該債權契約效力之拘束。」[4]

➲「而系爭拋棄書兼有預防紛爭之功能，得以確保合建過程無私權糾紛之慮，確會影響被上訴人達成系爭合建契約利益及目的，被上訴人遂以 94 年 10 年 11 日律師函向地主解除系爭合建契約，經地主收受，已合法解約，系爭同意書即失所附麗，上訴人不得據以請求被上訴人給付系爭權利金。其次，上訴人並非系爭合建契約及地主出具同意書之當事人，復未能舉證證明兩造間成立權利金契約，其依權利金契約請求被上訴人給付系爭權利金，亦屬無據。」[5]

➲「按甲乙之賃貸借係債權契約甲丙間之移轉所有權係物權契約甲對乙固有遵守期限之義務而乙如未登記要不得以期限對抗於丙祇能向甲要求因不能遵守期限所生之損害賠償是為至當之條理來函所稱習慣（永嘉商業習慣租賃店屋多無年限近來亦有斷定年數限內不許加租揭業字樣租札雖如此立若業主迫於經濟斷不能留業坐饑故或典或賣均聽業主自便租賃者

力。被上訴人所有系爭建物坐落之系爭土地，原爲陳謝○玉基於與建商胡○雄等十四人間之合建契約，出具土地使用權同意書與建商興建房屋，被上訴人雖直接或輾轉取得各該建物，惟並未購得系爭土地，上訴人係自陳謝○玉處受讓系爭土地等情，爲原審確定之事實（見原判決第 14、15、9 頁）。兩造既非土地使用權同意書之當事人，亦未繼受該債權契約，原審遽謂上訴人應受該債權契約之拘束，被上訴人得執系爭土地使用同意書之使用借貸關係對抗上訴人（見原判決第 16 頁），已非無可議。」

4 最高法院 107 年度台上字第 2449 號民事判決

5 最高法院 106 年度台上字第 1627 號民事判決。

不能把持如租賃者若以年限未滿爭執由業主酌付搬工）適與此項條理相合自可認為有法之效力。」[6]

依前述最高法院有關債權契約之見解，按債之相對性，債權契約之效力僅存在於該契約當事人間，與該契約以外之第三人無涉。

據此，新建工程承攬契約亦屬於債權契約，按債之相對性，工程承攬契約之債權契約效力，仍係僅存在於該工程承攬契約當事人間。因此，系爭工程承攬契約報酬給付義務人係為該定作人，與該工程承攬契約以外之第三人無涉。

易言之，於合建契約情形，系爭工程承攬契約報酬請求權人即承攬人，僅得依該工程承攬契約關係及其承攬報酬額，向該工程承攬契約定作人為請求，而不得以前述工程承攬契約關係及其承攬報酬額，向系爭工程承攬契約以外之第三人，即合建契約之當事人，為工程承攬契約報酬價金給付之請求。

筆者建議

今承攬人甲營造公司，於該 K 大型綜合展覽會館新建工程期間，實際施作進度已經完成至地上三層樓地板，而發生定作人 M 建設開發集團怠於履行該次分部給付工作之承攬報酬情形。因新建工程承攬契約亦屬於債權契約，按債之相對性，工程承攬契約之債權契約效力，仍係僅存在於該工程承攬契約當事人 M 建設開發集團，與甲營造公司之間，與該 K 大型綜合展覽會館新建工程承攬契約以外之第三人 A 先生無涉。據此，承攬人甲營造公司應不得以該次分部給付工作之承攬報酬關係，向該 K 大型綜合展覽會館新建工程合建契約提供座落土地之 A 先生，請求該次分部給付工作之承攬報酬。

6 最高法院解釋解字第 190 號。

Q53. 共同合作開發契約

今假設K大型綜合展覽會館之開發人M建設開發集團，係為非法人之合夥事業，並由該合夥事業代表人與該K大型綜合展覽會館興建預定地之土地所有權人A先生，訂立該K大型綜合展覽會館之共同合作開發契約。該共同合作開發契約內容約定，由A先生將其土地所有權於相當期間，變更登記為與M建設開發集團公司持有，以為該K大型綜合展覽會館雙子星會館中心之作價投資。並由M建設開發集團，提供K大型綜合展覽會館新建工程承攬所有承攬契約報酬資金之現實給付。且於該K大型綜合展覽會館之共同合作開發契約締結完成時，須將A先生與M建設開發集團，一併登記為K大型綜合展覽會館新建工程之共同起造名義人。日後由M建設開發集團為K大型綜合展覽會館新建工程承攬及營運之業務執行人，並按約定比例分受利益，且維持營運資本。則此一共同合作開發契約之性質為何？

A53 解題說明

題示情形，該次合作開發，係由K大型綜合展覽會館之開發人M建設開發集團，與該K大型綜合展覽會館興建預定地之土地所有權人A先生，所為訂立該K大型綜合展覽會館之共同合作開發契約。且該共同合作開發契約內容約定，由A先生將其土地所有權於相當期間，變更登記為與M建設開發集團公司持有，以為該K大型綜合展覽會館雙子星會館中心之作價投資。並由M建設開發集團，提供K大型綜合展覽會館新建工程承攬所有承攬契約報酬資金之現實給付。**可見係屬於當事人互為出資之情形，而非當事人約定一方對於他方所經營之事業為出資。**

另約定於該K大型綜合展覽會館之共同合作開發契約締結完成時，須將A先生與M建設開發集團，一併登記為K大型綜合展覽會館新建工程之共同起造名義人。日後由M建設開發集團為K大型綜合展覽會館新建工程承攬及營運之業務執行人。此情形應可認該財產（K 大型綜合展覽會館）具有團體性，且係當事人以一定事業作為財產出資，因**並非延續 M 建設開發集團之建設事業**，是不屬於當事人約定一方對於他方所經營之事業出資，而不改變其原先經營之態樣情形。

若按契約當事人約定之契約給付內容，除可認該 K 大型綜合展覽會館雙子星會館中心之建築改良物本體，係為國內特有（參閱 A51）之新建工程合建契約關係外，對於該 K 大型綜合展覽會館興建預定地之土地所有權人 A 先生，與 M 建設開發集團訂立該 K 大型綜合展覽會館之共同合作開發契約，應認為係屬於合夥關係。蓋按民法第 667 條之規定：「稱合夥者，謂二人以上互約出資以經營共同事業之契約。前項出資，得為金錢或其他財產權，或以勞務、信用或其他利益代之。金錢以外之出資，應估定價額為其出資額。未經估定者，以他合夥人之平均出資額視為其出資額。」應可認該 K 大型綜合展覽會館之共同合作開發契約係屬於合夥關係。

惟另按民法第 700 條之規定明文：「稱隱名合夥者，謂當事人約定，一方對於他方所經營之事業出資，而分受其營業所生之利益，及分擔其所生損失之契約。」則該 K 大型綜合展覽會館興建預定地之土地所有權人 A 先生，將其所有土地作價投資，並由 M 建設開發集團為 K 大型綜合展覽會館新建工程承攬及營運之業務執行人之情形，該 K 大型綜合展覽會館之共同合作開發契約，究係合夥關係或係隱名合夥？

關於此一問題，司法實務所涉案例有：

➲「按合夥具備民事訴訟法第 40 條第 3 項非法人團體之要件者，有當事人能力。合夥事業涉訟時，除以合夥人全體為權利義務主體為請求外，應列合夥事業為當事人，並以合夥事業負責人為法定代理人。**又合夥為二人以上互約出資以經營共同事業之契約，隱名合夥則為當事人約定一方對於他方所經營之事業出資，而分受其營業所生之利益及分擔其所生損失之契約，故合夥所經營之事業，係合夥人全體共同之事業，隱名合夥所經營之事業，則係出名營業人一人之事業，非與隱名合夥人共同之**

事業，苟其契約係互約出資以經營共同之事業，則雖約定由合夥人中一人執行合夥之事務，其他不執行合夥事務之合夥人，僅於出資之限度內負分擔損失之責任，亦屬合夥，而非隱名合夥。且究係合夥或隱名合夥，端視合夥人間之合夥契約內容而定，尚不能以合夥事業登記之型態逕予判別。」[7]

- 「次按地主與建商約定由地主提供土地，建商出資興建房屋，於房屋建造完成，各取得分配之房屋及土地，其地主所分配取得之房地究屬依買賣與承攬之混合契約而取得、或為互易或合夥或單純之承攬或其他種類之契約而取得，應視其與建商簽訂之契約內容定之。」[8]
- 「隱名合夥者，謂當事人約定，一方對於他方所經營之事業出資，而分受其營業所生之利益，及分擔其所生損失之契約。所謂他方所經營之事業，祇需為營業，其型態不拘。因此，倘若以他方實際經營公司所投資其他公司之股份為所營事業，而由出資人一方與該他方約定成立隱名合約契約，並無不可。」[9]
- 「以自己之名或堂名。附入股本於合夥內者。與附股於他合夥人之股內而為隱名合夥者不同。不問其有無執行合夥事務均為出名合夥人。」[10]
- 「現行商業登記法，並未規定由出名營業人登記為獨資營業時，其他合夥人即視為隱名合夥人，上訴人究為隱名合夥抑為普通合夥，端視上訴人與其他合夥人間之合夥契約內容而定，尚不能以商業登記為獨資即認上訴人為隱名合夥人，謂有民法第704條第2項之適用。」[11]

由前述司法實務有關合夥及隱名合夥之見解，可知合夥關係要件之一，係當事人互約出資經營共同事業，至於有無執行合夥事務，並非所問。而隱名合夥關係成立要件之一，係約定一方對於他方所經營之事業出

7 最高法院103年度台上字第182號民事判決裁判要旨。
8 最高法院108年度台上字第1349號民事判決。
9 最高法院108年度台上字第1854號民事判決。
10 司法院院字第1597號解釋。
11 原最高法院65年台上字第2936號民事判例裁判要旨。

資，而分受其營業所生之利益，及分擔其所生損失之契約。有關合夥與隱名合夥之相異處，除經營標的不同，在合夥係出資者經營出資者全體共同事業；而隱名合夥者，係對於出名營業人之事業為出資外，合夥契約與隱名合夥契約之不同點，包括合夥契約具有團體性（隱名合夥契約則否）、合夥契約須合夥人互約出資為成立要件（隱名合夥契約則以隱名合夥人出資為成立要件）、合夥財產為各合夥人公同共有（隱名合夥財產則屬於出名營業人單獨所有）等[12]。另於事業性質，在隱名合夥契約，其所經營之事業，必須為營利事業；反之，在合夥契約，其所經營之事業，得為營利事業，亦得為非營利事業。於損益分配，在隱名合夥契約，隱名合夥人及出名營業人均需分配利益，即均須分受營業所生之利益及營業所生之損失（民法第 700 條）；反之，在合夥契約，並非合夥人均需分配損益，如以勞務為出資之合夥人即得不受損失之分配（民法第677條第3項）[13]。

綜上所述，題示之該 K 大型綜合展覽會館興建預定地之土地所有權人A先生，將其所有土地作價投資，並由M建設開發集團為K大型綜合展覽會館新建工程承攬及營運之業務執行人之情形，該 K 大型綜合展覽會館之共同合作開發契約，應屬當事人互約出資經營共同事業之合夥關係。要不能因由 K 大型綜合展覽會館之開發人 M 建設開發集團，與該 K 大型綜合展覽會館興建預定地之土地所有權人 A 先生，訂立該 K 大型綜合展覽會館之共同合作開發契約內容，有由 M 建設開發集團提供 K 大型綜合展覽會館新建工程承攬所有承攬契約報酬資金之現實給付，及日後由 M 建設開發集團為 K 大型綜合展覽會館新建工程承攬及營運之業務執行人等約定內容，即認此為隱名合夥關係。

即便嗣後該 K 大型綜合展覽會館合作開發契約，約定以 M 建設開發集團為該 K 大型綜合展覽會館營業人，仍不能認以該所有土地為作價投

---

12 黃立主編，黃立、謝銘洋、楊佳元等合著，民法債編各論（下），元照出版，2002 年 7 月，初版一刷，第440頁。

13 邱聰智著，姚志明校訂，新訂債法各論（下），自版，2008 年 3 月，再版二刷，第 170 頁以下。

資之 A 先生，係為投資他人經營事業之隱名合夥人[14]。因該契約已經約定須將當事人 A 先生與 M 建設開發集團，一併登記為 K 大型綜合展覽會館新建工程之共同起造名義人，而共同起造人將成為該 K 大型綜合展覽會館所有權之公同共有人。易言之，A 先生之土地僅為作價投資，並非移轉於 M 建設開發集團，而成為 M 建設開發集團單獨所有之財產，此與隱名合夥之要件，並不相符。且日後由 M 建設開發集團為 K 大型綜合展覽會館新建工程承攬及營運之情形，亦須按約定比例分受利益，並維持營運資本，與隱名合夥以出資額為限負其責任之情形[15]，顯有相異。據此，應僅得認 M 建設開發集團係為該合夥事業之代表人或事業業務執行人，與出名營業人情形不同。

因此，除可認該 K 大型綜合展覽會館雙子星會館中心之建築改良物

---

14 最高法院 96 年度台上字第 957 號民事判決：「隱名合夥所經營之事業，係出名營業人之事業，非與隱名合夥人共同之事業。是隱名合夥之事務，既專由出名營業人執行之（民法第 704 條第 1 項規定），其因所營事業涉訟時，如以出名營業人之名義單獨起訴或應訴，其當事人適格要件即無欠缺。而非應以隱名合夥人共同起訴或應訴始爲適格之當事人。至於民法第 705 條規定『隱名合夥人如參與合夥事務之執行，或爲參與執行之表示，或知他人表示其參與執行而不否認者，縱有反對之約定，對於第三人，仍應負出名營業人之責任。』係就有表見出名營業行爲之隱名合夥人，對於與合夥事業交易之第三人，課以與出名營業人相同責任之義務，即隱名合夥人不得依民法第 703 條、第 704 條之規定或當事人間反對約定，對於第三人主張有限責任或免責而已，其與出名營業人間之『隱名合夥』關係並未因此變更為『合夥』。……」

15 原最高法院 65 年台上字第 2936 號民事判例：「原審斟酌調查證據之結果，以國光電器材料行商業登記雖爲獨資，但現行商業登記法並未規定由出名營業人登記爲獨資營業時，其他合夥人即視爲隱名合夥人，上訴人究為隱名合夥抑為普通合夥，端視上訴人與其他合夥人間之合夥契約內容而定，尚不能以商業登記為獨資即認上訴人為隱名合夥人，謂有民法第 704 條第 2 項之適用。依據兩造不爭之契約，上訴人與出名營業人郭〇善平均分擔退還游〇平之合夥股款，以及約定由上訴人與郭〇善平均負擔該行以前借用游〇平簽發四信總社之支票十七張及六信西門分社支票四十五張全部金額觀之，顯非隱名合夥，蓋隱名合夥以出資額為限負其責任，而上訴人當時約定出資爲十萬元，但依上開說明上訴人既已分擔游〇平退股金十萬元，又分擔六十二張支票責任之一半，其所負責任何止十萬元，足見上訴人並非僅負十萬元之出資責任甚明，陳〇行之證言前後矛盾，不足爲上訴人有利之證明，至上訴人平日有無參與合夥營業，曾否領取薪津，及其於國光行清理債務時，是否亦爲債權人之一，均不得據爲上訴人即隱名合夥人之認定，從而被上訴人以合夥已無財產可供清償債務，請求上訴人與其他合夥人連帶給付系爭欠款全部及法定遲延利息，自屬正當，因將第一審所爲不利於上訴人之判決予以維持，於法尚非有違。」

本體，係為國內特有（參閱 A51）之新建工程合建契約關係外，對於該 K 大型綜合展覽會館興建預定地之土地所有權人 A 先生，與 M 建設開發集團訂立該 K 大型綜合展覽會館之共同合作開發契約，應認為係合夥關係。

筆者建議

如甲營造公司於該 K 大型綜合展覽會館新建工程承攬，實際施作進度已經完成至地上三層樓地板，而發生定作人 M 建設開發集團怠於履行該次分部給付工作之承攬報酬情形，則承攬人甲營造公司應得以該次分部給付工作之承攬報酬關係，向該 K 大型綜合展覽會館新建工程合夥合建關係之該合夥事業財產，請求該次分部給付工作之承攬報酬。

應注意者，除契約當事人有得向合夥事業成員請求給付之特別約定外[16]，承攬人甲營造公司不得以該次分部給付工作之承攬報酬關係，向該 K 大型綜合展覽會館新建工程合夥合建關係之該合夥事業成員之一人，請求以合夥財產以外之該成員財產為該次分部給付工作之承攬報酬給付[17]。

除前述有關承攬人甲營造公司不得以該次分部給付工作之承攬報酬關係，向該 K 大型綜合展覽會館新建工程合夥合建關係之該合夥事業之各別成員，請求以合夥財產以外之該成員財產，為該次分部給付工作之承攬報酬給付外，承攬人甲營造公司如欲行使現行法定承攬人抵押權者，甲營造公司仍應本該 K 大型綜合展覽會館新建工程承攬契約關係及承攬契約報酬額，向該 K 大型綜合展覽會館新建工程合夥合建關係之該合夥事業財產，為抵押權設定。

16 大理院統字第 1983 號解釋：「合夥債務非單純合夥員各人之債務可比原應由合夥員公同負責惟此項條理並無強行性質如有特別習慣得依習慣辦理。」

17 最高法院 104 年度台上字第 2160 號民事判決：「按合夥與獨資不同，合夥團體所負之債務，與各合夥人個人之債務有別，本於各合夥人對合夥債務僅負補充責任之原則，合夥債務應先由合夥財產清償，必須於合夥財產不足清償合夥債務時，各合夥人對於不足之額始負連帶清償之責任。此與一人單獨出資經營之獨資事業，應由出資之自然人就獨資事業之債務負全部責任者不同。故契約之債務人如爲合夥者，即應對具有當事人能力之合夥團體，或以全體合夥人爲其權利義務之主體而爲請求，不得僅對合夥人之個人請求。」

本文以為，為避免準備締結契約之一方當事人，於日後履約時，發生權利主張之錯誤或障礙，定作人或應於招標公告明示定作人自身（締約名義人）或其內部之法律關係，或經投標人詢問時，將該定作人自身或其內部法律關係為確實之告知，以符合契約締結前之他方當事人誠實陳述義務[18]。

因此，應賦予參與該次招標之投標人，有此一認識定作人自身或內部法律關係等資訊之取得權利。若發生定作人未履行其自身或內部法律關係資訊提供情形，亦應將該情形認係定作人未履行誠實陳述義務之重大事項，而肯認確定得標之投標人得據此為拒絕締約之原因事項者。如因此而有發生損害情形，定作人應負損害賠償之責任事項[19]。

Q54. 負擔行政行為之定作人協力義務

於乙營造公司完成地上五層樓地板時，因 F 國際機場預定地變更遷移，遂造成該 P 百貨公司新建工程之座落現址，被規劃在 F 國際機場飛航管制區域內。依飛航管制區域建築改良物之淨高度規定，該 P 百貨公司新建工程之座落現址，僅得為地上十二層。T 市政府遂取消原 P 百貨公司地上二十層之建築許可執照，並以法定程序通知 M 建設開發集團，且為停工之行政處分，於依法定程序

18 民法第 245 條之 1：「契約未成立時，當事人爲準備或商議訂立契約而有左列情形之一者，對於非因過失而信契約能成立致受損害之他方當事人，負賠償責任：一、就訂約有重要關係之事項，對他方之詢問，惡意隱匿或爲不實之說明者。二、知悉或持有他方之秘密，經他方明示應予保密，而因故意或重大過失洩漏之者。三、其他顯然違反誠實及信用方法者。前項損害賠償請求權，因二年間不行使而消滅。」

19 黃茂榮，債法總論（第二冊），自版，2004 年 7 月，增訂版，第 377 頁：「如有該等情事之一，指損害相對人之變動利益，則有締約上過失者應視具體情況，對於相對人賠償對其所受信賴利益或履行利益之損害：……」

取得地上十二層建築許可執照後，始得繼續該工程施作。此時，承攬人乙營造公司，得否主張負擔行政行為下之設計變更，與建築許可執照取得係為定作人之協力義務？

A54 解題說明

M 建設開發集團之 P 百貨公司新建工程設計，原係經法定程序，由該管行政機關所核准地上二十層之獨棟建築改良物，並據此而取得該地上二十層之獨棟建築改良物新建工程之建築許可執照。此一經法定程序，所取得之藍晒圖說核准，及該建築改良物新建工程之建築許可執照等，均應係該管行政機關本於職權，對於申請人 M 建設開發集團所為之授益行政行為。

然而，於乙營造公司完成地上五層樓地板時，因 F 國際機場預定地變更遷移，遂造成該 P 百貨公司新建工程之座落現址，被規劃在 F 國際機場飛航管制區域內。依飛航管制區域建築改良物之淨高度規定，該 P 百貨公司新建工程之座落現址，僅得為地上十二層。T 市政府遂取消原 P 百貨公司地上二十層之建築許可執照，並以法定程序通知 M 建設開發集團，且為停工之行政處分，於依法定程序取得地上十二層建築許可執照後，始得繼續該工程施作者，此部分應屬於該管行政機關，對於 M 建設開發集團所為之負擔行政行為。

如今於 T 市政府為 P 百貨公司新建工程之停工處分時，適逢 M 建設開發集團將大量資金投資於其他項目，基於有效資金運用考量，M 建設開發集團預計於 10 個月後，始著手變更設計，並申請該 P 百貨公司之地上十二層建築許可執照。嗣經乙營造公司以一定程序，多次通知催告定作人 M 建設開發集團變更設計，以取得建築許可執照並申請復工，終為未果。於此時，乙營造公司可否據此為 P 百貨公司新建工程承攬契約解除之主張？

題示情形，因 T 市政府取消原 P 百貨公司地上二十層之建築許可執照，並以法定程序通知 M 建設開發集團，且為停工之行政處分，於依法定程序取得地上十二層建築許可執照後，始得繼續該工程施作。則該變更設計、申請建築許可執照及申請復工等，應可認係定作人 M 建設開發集團，於該 P 百貨公司新建工程承攬契約上之協力義務。

按現行民法第 507 條之規定：「工作需定作人之行為始能完成者，而定作人不為其行為時，承攬人得定相當期限，催告定作人為之。定作人不於前項期限內為其行為者，承攬人得解除契約，並得請求賠償因契約解除而生之損害。」可知若發生定作人協力義務情形，於承攬人為一定方法通知催告後，定作人仍不為協力義務履行者，承攬人得因此而為該承攬契約之解除，並得請求賠償因契約解除而生之損害。

關於定作人協力義務，最高法院所涉案例有：

➲「按工作需定作人之行為始能完成者，而定作人不為其行為時，**承攬人經定相當期限催告後定作人仍未為其行為者，即得解除契約，請求賠償因契約解除而生之損害**，此觀民法第 507 條規定自明。……被上訴人已無依系爭契約施作工程可能，被上訴人於 99 年 11 月 19 日、12 月 7 日、100 年 1 月 4 日、20 日多次催告上訴人解釋或變更設計或申請停工，上訴人均未為解釋或變更設計而未盡協力義務，被上訴人自得依民法第 507 條規定解除系爭契約及請求損害賠償。」[20]

---

20 最高法院 107 年度台上字第 1610 號民事判決：「按工作需定作人之行爲始能完成者，而定作人不爲其行爲時，承攬人經定相當期限催告後定作人仍未爲其行爲者，即得解除契約，請求賠償因契約解除而生之損害，此觀民法第 507 條規定自明。又取捨證據、認定事實及解釋契約屬於事實審法院之職權，若其取證、認事並不違背法令及經驗法則、論理法則或證據法則，即不許任意指摘其採證、認定或解釋不當，以爲上訴理由。查原審本於認事、採證之職權行使，綜合相關事證，合法確定系爭工程大鳥籠區及水鳥池區之基地岩盤深度，均與系爭契約之原設計不符，依契約圖說之約定，被上訴人已無依系爭契約施作工程可能，被上訴人於 99 年 11 月 19 日、12 月 7 日、100 年 1 月 4 日、20 日多次催告上訴人解釋或變更設計或申請停工，上訴人均未爲解釋或變更設計而未盡協力義務，被上訴人自得依民法第 507 條規定解除系爭契約及請求損害賠償。因而就上述部分爲上訴人不利之判決，經核於法洵無違誤。」

➲「次按契約成立生效後，債務人除負有給付義務（包括主給付義務與從給付義務）外，尚有附隨義務。所謂附隨義務，乃為履行給付義務或保護債權人人身或財產上利益，於契約發展過程基於誠信原則而生之義務，包括協力及告知義務以輔助實現債權人之給付利益。此項義務雖非主給付義務，債權人無強制債務人履行之權利，但倘因可歸責於債務人之事由而未盡此項義務，致債權人受有損害時，債權人仍得本於債務不履行規定請求損害賠償。是承攬工作之完成，因定作人違反協力義務，且有可歸責之事由，致承攬人受有損害時，承攬人非不得據以請求賠償，定作人非僅負受領遲延責任。」[21]

按前述最高法院有關定作人協力義務之見解，可知工作需定作人之行為始能完成者，而定作人不為其行為時，承攬人經定相當期限催告後定作人仍未為其行為者，即得解除契約，請求賠償因契約解除而生之損害，且此並不以定作人有可歸責情形為要件。

在當事人未約定協力行為為契約義務者，於承攬人依一定程序通知並催告後，定作人仍不履行必要之協力義務情形，承攬人僅得先行催告定作人為之，於催告後定作人仍不履行該協力義務者，再為解除契約，並請求賠償因解除契約而生之損害，尚無就定作人不為協力行為，逕行課其應負債務不履行損害賠償之責任[22]。

亦即，承攬人乙營造公司依一定程序通知並催告後，定作人仍不履行必要之協力義務情形，乙營造公司僅得據此先為 P 百貨公司新建工程承攬

---

21 最高法院 106 年度台上字第 466 號民事判決。

22 最高法院 103 年度台上字第 141 號民事判決：「承攬契約雙方當事人未將定作人之協力行爲約定爲其契約義務者，於定作人不爲協力行爲時，承攬人僅得先行催告定作人爲之，再爲解除契約，並請求賠償因解除契約而生之損害，尚無就定作人不爲協力行爲，逕行課其應負債務不履行損害賠償之責任。」

契約之解除，並請求賠償因解除契約而生之損害，而不包含定作人未履行協力義務所生之損害。乙營造公司不得僅就定作人 M 建設開發集團不為協力行為，逕行主張 M 建設開發集團應負債務不履行損害賠償之責任。

第十單元 預約擔保金

案例十

P 市政府為提升該市之交通便捷性與城市形象，遂規劃環繞 P 市之地下捷運系統，並將該 P 市地下捷運系統劃分為 E1、E2、E3、E4～E10 之各個分段。嗣 P 市政府將該地下捷運新建工程承攬經公開招標程序，由甲營造公司為 P 市地下捷運新建工程 E1 分段之確定得標人，乙營造公司為 P 市地下捷運新建工程 E2 分段之確定得標人，丙營造公司為 P 市地下捷運新建工程 E3 分段之確定得標人。P 市政府亦與甲營造公司、乙營造公司與丙營造公司，分別訂立 P 市地下捷運新建工程 E1 段、E2 段與 E3 段地下捷運新建工程承攬契約。於該 P 市地下捷運新建工程承攬招標程序，發生丁營造公司有圍標之情形，戊營造公司以 P 市政府地下捷運工程承攬投標須知認可以外之票據，為該次工程承攬投標之押標金提出。

Q55. 預約與本約

題示情形，P 市政府為提升該市之交通便捷性與城市形象，遂規劃環繞 P 市之地下捷運系統，並將該 P 市地下捷運系統劃分為 E1、E2、E3、E4～E10 之各個分段。嗣 P 市政府將該地下捷運新建工程承攬經公開招標程序，並與各分段工程承攬之確定得標人分別訂立各分段工程承攬契約。則何階段之行為屬於預約性質？何階段之行為屬於本約性質？預約與本約之法律效果為何？

A55 解題說明

預約，雖非交易上之必要行為，惟在某些交易情形，例如交易內容或給付關係繁瑣複雜等，對於本約之締結而言，即有其必要性與重要性。惟預約終非本約，預約與本約之區分，有其實益。以下就國內學說與司法實務，關於預約與本約之觀點與見解、區分及法律效果等，逐一為說明：

1. 預約與本約概說

（1）學說

國內學者有謂：「除締約強制外，交易之義務亦可因法律行為之合意而產生，此種對未來訂立一定內容契約之約定，稱為預約（Vorvertrag）。……基於私法自治原則，應認其為有效。」[1]「預約與本約相對，無預約，即無本約。預約，指當事人約定將來應訂立一定的契約，預約當事人履行預約的約定而訂立的契約，就是本約。……所謂預約權利人，指依預約的約定，得請求他方訂立本約的當事人。若預約雙方當事人均得請求他方訂立本約，稱為雙務預約；僅僅一方當事人有請求訂立本約的權利時，為單務預約。」[2]

（2）司法實務

關於預約與本約之見解，最高法院所涉案例有：

➲「**預約係約定將來訂立一定契約（本約）之契約。倘將來係依所訂之契約履行而無須另訂本約者，縱名為預約，仍非預約。**本件兩造所訂契約，雖名為『土地買賣預約書』，但除買賣坪數、價金、繳納價款、移轉登記期限等均經明確約定，非但並無將來訂立買賣本約之約定，且自第3條以下，均為雙方照所訂契約履行之約定，自屬本約而非預約。」[3]

➲「契約有預約與本約之分，兩者異其性質及效力，**預約權利人僅得請求**

---

1 黃立，民法總則，自版，2001年1月，二版二刷，第263頁。

2 陳自強，契約之成立與生效，自版，2014年2月，三版一刷，第112頁。

3 原最高法院64年台上字第1567號民事判例裁判要旨。

對方履行訂立本約之義務，不得逕依預定之本約內容請求履行，又買賣預約，非不得就標的物及價金之範圍先為擬定，作為將來訂立本約之張本，但不能因此即認買賣本約業已成立。」[4]

➲「按預約係約定將來訂立一定契約（即本約）之契約。當事人對於本約重要之點已有合意，依其內容具有足以探知本約內容之可確定性，且約定將來訂立本約者，即屬有效預約。至當事人尚未達成合意之其他非重要之點，得於預約中約定將來繼續協商並訂立本約，並不影響預約之效力。原判決已認定兩造簽訂系爭備忘錄，作為協商正式租賃契約基礎之事實，似認系爭備忘錄為兩造約定訂立租賃契約之預約。揆之卷附系爭備忘錄所載，第 1 條約定系爭租賃標的；第 2 條約定自 99 年 7 月 1 日起至 114 年 4 月 14 日止為第一階段租賃期間，第一階段租期屆滿後，上訴人享有優先續租權，續租時以 114 年 4 月 15 日起至 129 年 4 月 14 日止為第二階段租賃期間，嗣後如有續租情事，以 15 年為單位作為每一階段之租賃期間等語；第 3 條約定第一階段租賃期間之租金數額及第二階段租賃期間之三項租金方案（見一審重訴字卷（一）第 31 至 33 頁），足見兩造合意範圍已包含租賃契約必要之點，非不足以探知本約內容。」[5]

由以上國內學說與最高法院關於預約與本約之觀點與見解，可知預約仍屬於當事人間之契約行為，亦可認係當事人間對於未來訂立本約之意思表示合致的契約行為。

2. 預約與本約之區分

（1）學說

國內學者有謂：「要式契約與要物契約均得訂立預約，預約為諾成契

4 原最高法院 61 年台上字第 964 號民事判例裁判要旨。

5 最高法院 108 年度台上字第 1006 號民事判決。

約，惟其訂立重在當事人間之信用，故預約之權利義務不得讓與或繼承。如因情事變更，不能達契約目的時，預約失其效力。……對於諾成契約無從成立預約。蓋諾成契約因當事人雙方之意思表示一致而成立。雖約定內容附有始期或停止條件，乃屬本契約而非預約。」[6]

國內學者另謂：「……預約與本約的性質及效力均有不同。一方不依預約訂立本約時，他方僅得請求對方履行訂立本約的義務，尚不得依預約的本約內容，請求賠償其可預期的利益。惟債務人因可歸責事由對於訂立本約應負遲延責任時，債權人得依一般規定請求損害賠償。基於預約而生各種請求權的消滅時效，應依本約上給付履行請求權的時效期間定之。」[7]

按前述國內學者論述，由預約之權利義務不得轉讓或繼承，與因情事變更，不能達契約目的時，預約失其效力等，以及預約與本約之履約目的、不履約之請求內容等，可看出預約與本約之區分與相異處。

（2）司法實務

關於預約與本約之區分，最高法院所涉案例有：

➲「按契約有預約與本約之分，兩者異其性質及效力，預約權利人僅得請求對方履行訂立本約之義務，不得逕依預定之本約內容請求履行，又承攬預約，非不得就標的物及價金之範圍先為擬定，作為將來訂立本約之張本，但不能因此即認承攬本約業已成立。」[8]

➲「按解釋契約，應探求當事人立約時之真意。而買賣契約有預約及本約之分，買賣預約非不得就標的物及價金之範圍先為擬定，作為將來訂立本約之張本，但不能因此即認買賣本約業已成立。」[9]

➲「查預約係約定將來訂立一定契約（本約）之契約，旨在使預約當事人負有成立本約之義務。而房屋及基地之買賣，為求慎重，契約當事人通

---

6 孫森焱，民法債編總論（上冊），自版，2012年2月，修訂版，第46頁。

7 王澤鑑，債法原理（一），基本理論、債之發生，三民書局，2006年9月，再刷，第167頁。

8 最高法院103年度台上字第718號民事判決。

9 最高法院102年度台上字第488號民事判決。

常均就買賣標的、價金、價款繳納方法、房屋移轉登記及交付期限等事項加以約定。是以買賣預約，非不得就標的物及價金之範圍先為擬定，以作為將來訂立本約之張本，但不得因此即謂買賣本約業已成立（本院61年台上字第964號、64年台上字第1567號判例參照）。又契約當事人在成立契約以前所交付，用以擔保契約成立為目的之定金，稱之為立約定金（亦稱猶豫定金）。此項定金與以主契約之存在為前提之定金（諸如證約定金等是），在性質上固屬有間，然契約成立後，立約定金即變更為確保契約之履行為目的，自有民法第249條規定之適用。故如因可歸責於受定金當事人之事由，致不能成立契約者，立約定金之效力自仍應類推適用同條第3款之規定，由該當事人加倍返還其所受之定金。至於立約定金乃在契約成立之前所交付，自可以此反證契約（本約）尚未成立，而無民法第248條所規定：『訂約當事人之一方，由他方受有定金時，推定其契約成立』之適用。**再預約當事人之一方係以請求他方履行本約為其最終目的**，倘在本約訂立之前，本約之標的已不能履行，則當事人所訂立之預約，已失其目的，亦應認為不能履行（不能成立本約）。」[10]

依前述最高法院關於預約與本約區分之見解，可知預約當事人於該次預約內容，即便已經為本約之主給付部分為約定者，仍不能認該預約當事人所欲締結之本約業已成立。蓋預約之本旨，係為本約之訂立。因此，當事人於預約內容為本約給付義務之約定者，應認僅係本約給付義務之預為明示，而不得將該本約給付義務之預為明示部分，即認為是該預約之給付義務，而請求他方當事人履行預定之本約給付義務。

3. 預約與本約之法律效果

如前所述，由當事人所成立的預約仍屬契約之一種，則該預約之法律效果如何，是否與當事人嗣後成立之本約具有相同之法律效果？

---

10 最高法院102年度台上字第69號民事判決。

有關此一問題，除前述學說可資參閱外，最高法院所涉案例有：

➲「按預約乃約定將來成立一定契約之契約。預約與本約同屬契約之一種，預約成立後，預約之債務人負有成立本約之義務，如有違反，固應負債務不履行損害賠償責任，惟仍須該債務不履行之發生，係由於可歸責於債務人之事由，始足當之（民法第 226 條、第 227 條、第 230 條參照）。債務人是否具有可歸責性（可歸責之事由），應視其有無盡到約定或法律規定之注意義務而定，如其注意義務未經約定或無法律之規定時，原則上以故意或過失為其主觀歸責事由，至於過失之標準，則由法院依事件之特性酌定之（民法第 220 條參照）。」[11]

➲「預約當事人一方不履行訂立本約之義務負債務不履行責任者，他方得依債務不履行相關規定請求損害賠償，賠償範圍包括所受損害及所失利益。其依預約可得預期訂立本約而獲履行之利益，依民法第 216 條第 2 項規定，視為所失利益；惟當事人於本約訂立前，原不得逕依預定之本約內容請求履行，他方就此既尚不負給付義務，其預為給付之準備，縱有損失，亦不能認係因預約不履行所受之損害。」[12]

按前述最高法院所涉案例，關於預約與本約法律效果之見解，當事人成立之預約的法律效果，與嗣後所成立之本約的法律效果並無相異。預約一方當事人得請求他方當事人履行預約之約定內容，於他方當事人不為履行預約義務時，得主張他方當事人債務不履行之損害賠償責任，其之賠償範圍包括所受損害及所失利益。

綜上所述，可知預約與本約之區分，於預約之本旨，係為本約之訂立；而本約之本旨，在於本約約定內容之履行。易言之，當事人預約義務之履行，係為完成本約訂立之契約締結利益；而本約義務之履行，係為本約之契約目的實現，及滿足契約當事人之契約上利益。

---

11 最高法院 106 年度台上字第 287 號民事判決。

12 最高法院 103 年度台上字第 1981 號民事判決裁判要旨。

Q56. 投標文件與預約

P 市政府將該地下捷運新建工程承攬契約之締結，以經公開招標程序為確定承攬人之方式。則各投標人於該公開招標程序領標期間，所為領取之投標文件的法律性質為何？於投標人將該投標文件之內容作成並寄出遞交情形，該作成之投標文件的法律性質又為何？

A56 解題說明

誠如前述，於一般營造建築工程承攬之招標程序言，招標辦理人之招標行為，應可認為係要約引誘之行為。因此，該類等待招標程序參與人領取之投標文件，仍應認係要約引誘內容之一種。然而於參與招標程序之投標人，將投標須知內容所示之參與投標所需之相關文件（例如：投標人之資料訊息、工程承攬施作期間、工程承攬報酬價金、押標金提出之證明文件……）等確定、備妥，並遞交予招標辦理人之投標行為，應屬於投標人之承攬要約行為。而嗣後招標人之決標（確認該次招標之得標人）行為，則應為要約相對人之承諾行為。在前述有關要約引誘、要約與要約承諾之論述下，系爭營造建築工程承攬招標文件上所明列之押標金提出、數額、方式及返還等條款，應屬要約引誘人（即招標人）之要約引誘內容之意思表示之一，要約拘束力於此並不適用。除前述外，依國內學說對於要約之形式拘束力，與要約實質拘束力等二者之觀點，要約生效後，於其要約存續期間內，要約人應不得將其要約擴張、限制、撤銷、變更。亦即，在投標人將其所擬之投標書及其相關資料備妥並完成封袋，為遞出或交付後，於一定期間內（在此係指營造建築工程承攬實務招標程序之等標期間），該要約行為者（即投標人）不得將要約內容擴張、限制、撤銷、變更。然一旦於要約相對人（即招標人或定作人）對該要約為承諾（決標程序確定得標人）之意思表示時，該要約即發生要約之實質拘束力（請詳閱案例一之 Q1、Q3 及 Q5）。

據此，就程序當事人之真實意思為解釋基礎者，應可認招標程序係為雙務預約之準備行為。此時，可將該投標人之投標文件內容，認為係明列本約給付內容之預約內容。而招標辦理人或定作人之決標確定得標人，亦可認係訂立本約之預約內容。

蓋就投標人而言，要約內容應係作為訂立本約給付內容之預約內容。而就招標辦理人或定作人言，決標予該確定得標人之意思表示，亦應可認係以該預約內容為對象之承諾。職是，就完整招標程序言，應可認係預約雙方當事人均得請求他方訂立本約之雙務預約。如就雙方當事人均得請求他方訂立本約之雙務預約性質之招標程序，押標金之提出，應可認僅係為要約之一方預約人提出履行預約義務的擔保。

有關押標金性質與作用，最高法院所涉之案例有：

- 「兩造所爭執者，唯在被上訴人於得標後未訂立工程承攬契約，上訴人除沒收押標金外，是否亦得併將被上訴人繳交之差額保證金予以沒收。查系爭工程投標須知第11條規定：『得標廠商須自決標日起十日內完成各項訂約手續，逾期無故不辦理簽約者，本學院即視為不承攬，沒收其押標金』。是決標後上訴人與得標廠商所成立者係招標契約，得標廠商僅取得者與上訴人訂立工程承攬契約之權利，必上訴人與得標廠商另行簽訂工程承攬契約，其承攬關係始行發生。是投標須知所稱；押標金，係專為擔保工程承攬契約之訂立，於得標廠商無故不簽訂工程承攬契約時，由上訴人沒收作為損害賠償。」[13]
- 「次按投標者所繳付之押標金，乃投標人為擔保其踐行投標程序時，願遵守投標須知而向招標單位所繳交之保證金，必須於投標以前支付，……與違約金係當事人約定債務人不履行債務時，應支付之金錢或其他給付，必待債務不履行時始有支付之義務，旨在確保債務之履行有所不同。投標人所繳交之押標金應如何退還，悉依投標須知有關規定辦理，既非於債務不履行時始行支付，係在履行契約以前，已經交付，即

---

13 最高法院84年度台上字第848號民事判決。

非屬違約金之性質，……」[14]

從前述最高法院對於押標金之見解，投標人之押標金提出，除係為參與該次招標之投標人的投標地位適格之必要擔保條件外，亦係該次工程承攬招標之確定得標人，取得與定作人訂立該次工程承攬招標之承攬契約訂定權利之擔保要件之一，非屬違約金性質。除前述擔保者外，並督促投標人於得標後，能按約定履行契約外，另兼有防範投標人圍標或妨礙標售程序之作用。可知投標程序之押標金提出，應解為預約一方當事人，為擔保其能履行預約義務之擔保金提出。易言之，押標金之本質，即為預約義務履行之擔保金，僅該預約義務履行係押標金之擔保內容。惟於國內營造建築工程承攬實務之習慣，擔保預約義務能被履行之押標金，除履行本約之締結義務外，預約一方當事人之預約人地位適格，與遵守預約權取得之秩序等，亦均係為其擔保原因事項。

另按前述最高法院之見解：「按契約有預約與本約之分，兩者異其性質及效力，預約權利人僅得請求對方履行訂立本約之義務，不得逕依預定之本約內容請求履行，又承攬預約，非不得就標的物及價金之範圍先為擬定，作為將來訂立本約之張本，但不能因此即認承攬本約業已成立。」本文以為，該次工程承攬招標之定作人與確定得標人，均僅得請求對方履行訂立本約之義務，而不得逕依預定之本約內容請求履行。可認本約之契約義務履行，應與預約義務之履行，分屬不同之二事。亦即，本約一方當事人於違反本約約定義務情形，當無從以已經消滅擔保關係之預約義務履行擔保金，作為本約一方當事人於違反本約約定義務之違約金，或債務不履行的損害賠償金。

再者，按前述最高法院關於預約義務違反之法律效果的見解：「按預約乃約定將來成立一定契約之契約。預約與本約同屬契約之一種，預約成立後，預約之債務人負有成立本約之義務，如有違反，固應負債務不履行損害賠償責任，惟仍須該債務不履行之發生，係由於可歸責於債務人之事

14 最高法院104年度台上字第1901號民事判決所涉案例。

由，始足當之（民法第 226 條、第 227 條、第 230 條參照）。」「**預約當事人一方不履行訂立本約之義務負債務不履行責任者，他方得依債務不履行相關規定請求損害賠償，賠償範圍包括所受損害及所失利益。**其依預約可得預期訂立本約而獲履行之利益，依民法第 216 條第 2 項規定，視為所失利益；惟當事人於本約訂立前，原不得逕依預定之本約內容請求履行，他方就此既尚不負給付義務，其預為給付之準備，縱有損失，亦不能認係因預約不履行所受之損害。」亦可得知，預約一方當事人得請求他方當事人履行預約之約定內容，於他方當事人不為履行預約義務時，得主張他方當事人債務不履行之損害賠償責任，其之賠償範圍包括所受損害及所失利益。若是如此，**則該確定得標人提出之預約義務履行擔保金（押標金），應認係該預約一方當事人，不履行訂立本約之債務不履行的損害賠償責任總額。**

筆者建議

於該 P 市地下捷運新建工程承攬招標程序，發生丁營造公司有圍標之情形，戊營造公司以 P 市政府地下捷運工程承攬投標須知認可以外之票據，為該次工程承攬投標之押標金提出者。則丁營造公司因違反預約內容程序遵守義務，他方預約當事人 P 市政府即可因此而將丁營造公司於投標時提出之押標金沒收，作為一方當事人不為履行預約義務時，他方當事人債務不履行之損害賠償責任總額。

至於戊營造公司以 P 市政府地下捷運工程承攬**投標須知認可以外之票據，為該次工程承攬投標之押標金提出情形，應認係預約一方當事人之預約義務履行擔保金未為提出，該預約一方當事人不符合預約之要件，而喪失預約人之資格**。然於預約一方當事人之預約義務履行擔保金未為提出，因該預約一方當事人不符合預約之要件，而喪失預約人資格之情形，應僅認預約一方當事人喪失自己之預約權，並未因此造成預約他方當事人受有損害或所得利益之損失。

職是，於戊營造公司以 P 市政府地下捷運工程承攬投標須知認可以外之票據，為該次工程承攬投標之押標金提出情形，應認係預約一方當事人戊營造公司之預約義務履行擔保金未為提出完成，而喪失戊營造公司預約人資格。P 市政府僅得為戊營造公司喪失預約人資格的決定，而不得據此沒收戊營造公司提出之押標金，蓋 P 市政府並未因戊營造公司之預約義務履行擔保金未為提出完成，而因此受有損害或所得利益損失之情形。一般而言，於國內營造建築工程承攬實務之習慣，如投標人所提出之押標金，並不符合投標須知文件內容所示者，於審標階段即已喪失繼續程序之資格，而投標人因前述情形而喪失繼續程序資格者，並無造成定作人或招標辦理人之利益損失。且若因偶然，發生不符合投標須知文件內容所示押標金提出之投標人，被決標為該次招標之確定得標人之情形，當事人習慣以補繳押標金（特殊情形），或以錯誤為由而撤銷該次決標之決定，而與第二順位之投標人進行協商以締結該工程承攬契約，然前述之二種情形，亦難認實際造成定作人或招標辦理人因此受有損害或利益之損失。

再者，如認該確定得標人之預約義務履行擔保金未為提出完成，定作人亦可以不決標予該確定得標人。如於此一定作人不決標予該確定得標人之情形，若任由定作人於不決標予該確定得標人的同時，可以據此再為沒收或追繳該確定得標人所繳納，或應提出之預約義務履行擔保金者，恐與比例原則有相違背之嫌。

Q57. 追繳預約擔保金之要件

P 市政府於其與甲營造公司締結 P 市地下捷運新建工程 E1 分段工程承攬契約完成時，已經將甲營造公司以銀行保兌之不可撤銷擔保信用狀為提出之押標金返還。今於 P 市地下捷運新建工程 E1 分段工程承攬履行期間，發生 P 市政府委託之監造單位變造施工監造報告結果，經調查係因該監造單位人員收受甲營造公司給予之不正利益。P 市政府遂向甲營造公司究責，並令甲營造公司於一定期間內，須將已經返還之押標金全部數額繳交予 P 市政府，作為甲營造公司違反承攬人誠實履約義務之違約金。試問，定作人 P 市政府之追繳已經返還押標金的主張，是否有理由？

A57 解題說明

如前所述，押標金係預約一方當事人，所為提出履行訂立本約之預約義務，及預約程序遵守之擔保金。因此，於押標金所擔保之訂立本約義務，及預約程序秩序遵守義務等原因事項已經消滅時，押標金應亦已經喪失其預約義務及程序上所擔保之原因事項，而無存在之必要。此從現行法律有關押標金發還之時點，係於決標或廢標之時點[15]，亦可得知押標金係為一方預約人提出履行預約之訂立本約義務，及預約程序秩序遵守義務的擔保。

今於P市地下捷運新建工程E1分段工程承攬履行期間，發生P市政府委託之監造單位變造施工監造報告結果，係因該監造單位人員收受甲營造公司給予之不正利益所造成。P市政府遂向甲營造公司究責，並令甲營造公司於一定期間內，須將已經返還之押標金全部數額繳交予P市政府，作為甲營造公司違反承攬人誠實履約義務之違約金。於此情形，P市政府通常係以現行政府採購法有關押標金不予返還或追繳等之規定[16]，作為P市政府將已經發還甲營造公司之押標金，為追繳之法律依據。

今有疑義者，如題示情形，P市政府與甲營造公司締結之該P市地下捷運新建工程E1分段工程承攬契約，契約內容有關履約擔保部分，並無

---

15 政府採購法第31條第1項：「機關對於廠商所繳納之押標金，應於決標後無息發還未得標之廠商。廢標時，亦同。」

16 政府採購法第31條：「機關對於廠商所繳納之押標金，應於決標後無息發還未得標之廠商。廢標時，亦同。廠商有下列情形之一者，其所繳納之押標金，不予發還；其未依招標文件規定繳納或已發還者，並予追繳：一、以虛僞不實之文件投標。二、借用他人名義或證件投標，或容許他人借用本人名義或證件參加投標。三、冒用他人名義或證件投標。四、得標後拒不簽約。五、得標後未於規定期限內，繳足保證金或提供擔保。六、對採購有關人員行求、期約或交付不正利益。七、其他經主管機關認定有影響採購公正之違反法令行爲。前項追繳押標金之情形，屬廠商未依招標文件規定繳納者，追繳金額依招標文件中規定之額度定之；其爲標價之一定比率而無標價可供計算者，以預算金額代之。第二項追繳押標金之請求權，因五年間不行使而消滅。前項期間，廠商未依招標文件規定繳納者，自開標日起算；機關已發還押標金者，自發還日起算；得追繳之原因發生或可得知悉在後者，自原因發生或可得知悉時起算。追繳押標金，自不予開標、不予決標、廢標或決標日起逾十五年者，不得行使。」

押標金追繳之相關約定內容者。則於 P 市地下捷運新建工程 E1 分段工程承攬履行期間，發生 P 市政府委託之監造單位變造施工監造報告結果，P 市政府是否仍可依現行政府採購法第 31 條第 2 項及相關規定，令甲營造公司必須於一定期間內，將已經返還之押標金全部數額繳交予 P 市政府，作為甲營造公司違反承攬人誠實履約義務之違約金的主張依據？

有關此一定作人未於招標文件，或投標須知明示預約擔保之押標金追繳條款內容，於發生押標金擔保原因事項時，定作人得否主張追繳押標金之問題，最高法院所涉案例有：「經查原判決以押標金僅於廠商有政府採購法第 31 條第 2 項各款法定情形，且經機關明文於招標文件中規定不予發還及其已發還並予追繳押標金者，機關始得不予發還或追繳押標金。**倘招標文件並未記載押標金不予發還或追繳之事由，縱令廠商有政府採購法第 31 條第 2 項各款情事，機關仍不得不予發還或追繳押標金。**而本件上訴人並未能舉證確於招標文件中規定不予發還及其已發還並予追繳押標金，從而縱令被上訴人有政府採購法第 31 條第 2 項各款情事，上訴人仍不得追繳被上訴人所繳之押標金，因將申訴審議判斷、異議處理結果及原處分均予撤銷，經核並無違誤。」[17]

由此一最高法院對於預約擔保金追繳之見解，可知定作人欲主張追繳預約擔保金者，必須具備二個要件：1.定作人須將追繳之條款內容明示於招標文件或投標須知內容；2.需預約人或本約承攬人有發生該追繳預約擔保金擔保原因事項。

本文以為，在契約神聖與契約嚴守之原則下，應以該契約已經明文之履約擔保約定，作為一方當事人違反誠實履約義務之主張依據。如契約當事人於契約締結時，並無任何有關於一方當事人違反契約誠實義務履行，他方得據此沒收違約金以外之擔保金的約定者，若於契約履行期間，發生一方當事人違反誠實履行契約義務情形，則該他方當事人，應無以此為由而沒收違約金以外之其他擔保金。蓋於有發生他方當事人因此而受有損害

---

17 最高行政法院 108 年度判字第 50 號判決。

者，他方當事人仍得依現行法律有關債務不履行等相關規定，主張一方當事人違反誠實履約義務所造成之損害賠償責任。而應無在契約約定內容外，另外以他項法律規定，作為主張一方當事人違反誠實履約義務之違約責任的依據。再者，押標金之本質即為預約義務履行之擔保金，僅該預約義務履行係押標金之擔保內容，已如前述。而當本約締結時，即應認預約之義務已經履行。因此，於預約義務已經履行情形，即應認當事人業已提出符合預約之債之本旨為清償，該預約之債即為消滅，而該預約義務履行之擔保，亦應失所附麗而隨之消滅。據此，要無以債之關係業已經消滅債之擔保金，作為現時之本約義務違反的代價。

筆者建議

綜上所述，P 市政府於其與甲營造公司締結 P 市地下捷運新建工程 E1 分段工程承攬契約完成時，已經將甲營造公司以銀行保兑之不可撤銷擔保信用狀為提出之押標金返還。P 市政府應依其與甲營造公司締結之該 P 市地下捷運新建工程 E1 分段工程承攬契約，有關履約擔保部分之約定內容，作為甲營造公司違反承攬人誠實履約義務之違約金的主張依據。而非僅因 P 市政府係得為適用現行政府採購法之適格當事人，即可於契約內容並無押標金追繳之相關約定內容情形下，逕以現行政府採購法第 31 條第 2 項及相關規定，令甲營造公司必須於一定期間內，將已經消滅擔保原因並業已返還之預約擔保金即押標金追回繳交予 P 市政府，作為甲營造公司違反承攬人誠實履行本約義務之違約金的主張依據，更不得向為擔保義務之第三人（銀行）主張該已經返還之擔保的再為提出。

Q58. 因本約義務違反而追繳預約擔保金之妥適性

今 P 市政府於其與乙營造公司，締結 P 市地下捷運新建工程 E2 分段工程承攬契約完成之次日，已經將乙營造公司以保險公司之保證保險單為提出之押標金返還。今於 P 市地下捷運新建工程 E2 分段工程承攬履行期間，發生 P 市政府委託之檢驗單位變造混凝土圓柱體抗壓檢測報告結果，經調查係因該檢驗單位人員收受乙營造公司給予之不正利益。P 市政府遂向乙營造公司究責，並令乙營造公司於一定期間內，須將已經返還之押標金全部數額繳交予 P 市政府，作為乙營造公司違反承攬人誠實履約義務之違約金。試問，定作人 P 市政府因承攬人違反本約義務，而追繳預約擔保金之主張，是否妥適？

A58 解題說明

如若 P 市政府於招標時，即已將押標金追繳之條款內容，明示於該次招標公告或投標須知內容，且 P 市政府與乙營造公司締結之該 P 市地下捷運新建工程 E2 分段工程承攬契約，關於履約擔保部分亦有押標金追繳之相關約定內容。則於 P 市地下捷運新建工程 E2 分段工程承攬履行期間，發生 P 市政府委託之檢驗單位變造混凝土圓柱體抗壓檢測報告結果，P 市政府當然可依現行政府採購法第 31 條第 2 項及相關規定，以發生預約擔保金擔保原因事項為由，令乙營造公司必須於一定期間內，將其已經返還之押標金全部數額繳交予 P 市政府，作為乙營造公司違反承攬人誠實履約義務之違約金的主張依據。

然而，問題在於，以業已經消滅擔保原因之預約擔保，並經發還之預約擔保金，以追繳之方式作為一方當事人違反本約上誠實義務履行之主張依據者，是否仍能謂之妥適？

於契約一方當事人違反契約上義務履行者，在有履約保證金、違約金等契約義務履行擔保機制外，另以契約成立締結前之程序擔保，作為契約義務履行之擔保，並非相當妥適。蓋預約與本約係為不同階段之法律關係，是其不同階段法律關係之擔保，應適用其各自階段之擔保機制，堪為妥適公允。而前述預約與本約之擔保機制，係屬於不同階段之各自目的之擔保機制，觀諸現行押標金保證金暨其他擔保作業辦法第 33 條之 5 的立法理由[18]，亦能窺探其中之道理。

蓋觀諸系爭工程承攬契約當事人之契約目的，應係一方當事人因給付承攬報酬，而取得約定之工作或工作物；他方當事人因約定工作或工作物完成，而獲得約定承攬報酬之利益。因此，除契約一方當事人係以重複或多樣違約金罰款，作為其契約目的或契約利益者外，應認該重複或多樣不同擔保本旨之擔保機制，並無同時存在於一個具有正常契約目的之契約內容的必要性，該重複或多樣不同擔保本旨之擔保機制，於同一擔保原因事項發生時，亦無同時主張之妥適性可言。

關於此一問題，最高法院所涉案例有：「按政府採購法第59條第2項有關禁止廠商以支付他人佣金、比例金、仲介費、後謝金或其他利益為條件，促成採購契約簽訂之規定，**係以廠商願支付他人不當利益，促成契約之簽訂**，衡情必將其所支付之不當利益計入成本估價，**致契約價格溢出一般合理價格，或其因契約所獲得之利益超過正常之利益**，基於維護公共利益及公平合理之採購原則，並確保採購品質（同法第1條、第6條第1項參見），同條第3項因而規定機關得將利益自契約價款中扣除。而所謂不當利益，除同法施行細則第82條所稱『因正當商業行為所為之給付』外，凡有違反公平採購之原則者，不問其名目為何，均有上開規定之適用。」[19]

前述最高法院所涉案例之見解，定作人所為主張追繳已經發還之押標金的原因事實，係承攬人未遵守於系爭契約締結前之程序義務履行，以支

---

18 押標金保證金暨其他擔保作業辦法第33條之5立法理由：「一、修正第一項規定，現行優惠規定僅適用工程採購，基於公平原則，且為鼓勵各行各業之優良廠商皆得於參與政府採購時，享有實質獎勵措施，爰刪除該項『工程』及『具有一定條件』之規定。對於繳納後方為優良廠商者，是否溯及適用減收規定，考量招標機關之作業程序及個案性質，爰賦與招標機關行政裁量權，並以招標文件載明其適用減收情形及額度者為限。二、修正第二項，因押標金、履約保證金、保固保證金之繳納時點分別為招標、履約及驗收後不同階段，且繳納後得溯及適用減收規定，爰不以決標時在獎勵期間者為優良廠商條件之一，故刪除『於決標時』之條件。三、第三項未修正。四、第四項比照第一項刪除『工程』二字。」（民國94年7月12日修正）。

19 最高法院103年度台上字第87號民事判決。

付他人不當利益，促成契約之簽訂，以致造成契約價格溢出一般合理價格，或因契約所獲得之利益超過正常之利益情形。**該承攬人未遵守系爭契約締結前之程序義務履行，屬於程序擔保原因事項**，定作人以程序擔保機制之押標金為擔保利益實現主張，本應無所議。即便於系爭契約已經履行完結後，定作人始發現該承攬人有發生契約締結前之程序擔保原因事項，只要在該權利時效消滅前，定作人均得以程序擔保金，為實現程序擔保利益之主張。

除前述外，最高法院另涉案例有：

- 「按履約保證金係約定契約當事人之一方須依約履行債務，由該當事人或第三人於契約履行前預先交付一定之金錢，於政府採購之情形，目的在於擔保得標廠商依契約約定履約之用，得標廠商依約履行完畢且無待解決事項後，擔保目的消滅，履約保證金應予發還。**惟如契約約定於一定情況，債務人有應負擔保責任之事由，履約保證金則係備供債權人以違約所生債權、損害賠償、違約金等債權沒收、抵銷、取償之擔保金，除有不予發還之情形或契約另有約定外，須於符合發還條件且無待解決事項後始予發還。此與當事人約定債務人於債務不履行、不於適當或不依適當方法履行債務時，始由債務人支付一定金額，作為賠償額預定或懲罰之違約金，性質不同。**至履約保證金是否於債務人不履行契約時，充作違約金，應通觀契約全文，探求當事人之真意以定之。」[20]
- 「次按投標者所繳付之押標金，乃投標人為擔保其踐行投標程序時，願遵守投標須知而向招標單位所繳交之保證金，必須於投標以前支付，旨在督促投標人於得標後，必然履行契約外，兼有防範投標人圍標或妨礙標售程序之作用，**與違約金係當事人約定債務人不履行債務時，應支付之金錢或其他給付，必待債務不履行時始有支付之義務，旨在確保債務之履行有所不同。投標人所繳交之押標金應如何退還，悉依投標須知有關規定辦理，既非於債務不履行時始行支付，係在履行契約以前，已經**

20 最高法院107年度台上字第867號民事判決。

交付，即非屬違約金之性質，自無從依民法第 252 條之規定，由法院予以核減，上訴人請求酌減被上訴人沒收之保證金，尚有未合。」[21]

➲「按投標者所繳付之押標金，乃投標人為擔保其踐行投標程序時，願遵守投標須知而向招標單位所繳交之保證金，必須於投標以前支付，旨在督促投標人於得標後，必然履行契約外，兼有防範投標人圍標或妨礙標售程序之作用，與違約金係當事人約定於債務人不履行債務時，應支付之金錢或其他給付，必待債務不履行時始有支付之義務，旨在確保債務之履行有所不同。投標人所繳交之押標金應如何退還，悉依投標須知有關規定辦理，其既非於債務不履行時始行支付，而係在履行契約以前，已經交付，除當事人別有約定外，自難認係違約金之性質。且押標金契約與違約金契約為各自按契約聯立之方式，依附於主契約（承攬契約）而存在之二個不同之從契約。」[22]

➲「故履約保證金是否得於不履行契約或不依約履行時，充作違約金，應依契約解釋之原則，綜觀契約約定之內容，探求當事人之真意，以決定其法律上之性質。倘當事人並無充作違約金之合意，該項履約保證金之返還請求權，即應於約定返還期限屆至，或契約因解除或終止而失效後，而無債務人負擔保責任之事由發生，或縱有應由債務人負擔保責任之事由發生，惟於扣除債務人應負擔保責任之賠償金額後猶有餘額者，債務人始得請求返還該履約保證金或其餘額。」[23]

---

21 最高法院 104 年度台上字第 1901 號民事判決。

22 最高法院 105 年度台上字第 274 號民事判決。

23 最高法院 104 年度台上字第 2463 號民事判決：「按履約保證金係約定契約當事人之一方依約履行債務，而由該當事人或第三人於契約履行前所交付之金錢（公共工程委員會發布之押標金保證金暨其他擔保作業辦法第 8、19、20 條及政府採購法第 30、32、66 條規定參照），乃在契約履行前即由債務人先行交付，爲金錢擔保之一種，其性質原則上爲要物契約，其作用旨在使債權人擔保其債權快速實現，而要求債務人預先給付一定之金額，以備將來債務人發生債務不履行之損害賠償時，債權人得從中扣除或由債權人全數抵充之；違約金則爲當事人於締約時，約定就契約債務人於債務不履行、不於適當或不依適當方法履行債務時，由債務人支付一定之金額，作爲賠償額預定或懲罰（民法第 250 條第 2 項參照），旨在確保契約之履行，屬於不要物契約（諾成契約）。二者性質不同，故履約保證金是否得於不履行契約或不依約履行時，充作違約金，應依契約解釋之原則，綜觀契約約定之內由前述最高法院對於各類擔保金之見解，應可知除契約當事人有特別約定外，因該各類擔保金之契約性質、擔保原因事項、擔保目的等各有不同，則債權人應依各類擔保金之擔保本旨為主張。惟任由契約當事人恣意變更擔保金性質、原因事項、目的等，造成債權人不依該各類擔保金之擔保本旨，為實現擔保金權利請求者，應仍難謂妥適。

若該等變更擔保金性質、原因事項、目的等條款內容，係由契約一方當事人所預擬訂定者，如有發生顯失公平或其他不利益他方當事人之情形，應肯認他方當事人得依民法第 247 條之 1 有關附合契約之規定，主張該等變更擔保金性質、原因事項、目的等條款，為無效條款內容。

退而言之，於發生本約一方當事人契約上義務不履行之原因事項情形，而將已經消滅目的之預約擔保金，作為該本約一方當事人契約上義務不履行之責任者，恐非妥適之舉。

筆者建議

今 P 市政府於其與乙營造公司締結 P 市地下捷運新建工程 E2 分段工程承攬契約完成之次日，已經將乙營造公司以保險公司之保證保險單為提出之押標金返還。今於 P 市地下捷運新建工程 E2 分段工程承攬履行期間，發生 P 市政府委託之檢驗單位變造混凝土圓柱體抗壓檢測報告結果，經調查係因該檢驗單位人員收受乙營造公司給予之不正利益。P 市政府遂向乙營造公司究責，並令乙營造公司於一定期間內，須將已經返還之押標金全部數額繳交予 P 市政府，作為乙營造公司違反承攬人誠實履約義務之違約金。

若按前述最高法院之見解：「按政府採購法第 59 條第 2 項有關禁止廠商以支付他人佣金、比例金、仲介費、後謝金或其他利益為條件，促成採

容，探求當事人之真意，以決定其法律上之性質。倘當事人並無充作違約金之合意，該項履約保證金之返還請求權，即應於約定返還期限屆至，或契約因解除或終止而失效後，而無債務人負擔保責任之事由發生，或縱有應由債務人負擔保責任之事由發生，惟於扣除債務人應負擔保責任之賠償金額後猶有餘額者，債務人始得請求返還該履約保證金或其餘額。」

購契約簽訂之規定，係以廠商願支付他人不當利益，促成契約之簽訂，衡情必將其所支付之不當利益計入成本估價，致契約價格溢出一般合理價格，或其因契約所獲得之利益超過正常之利益，基於維護公共利益及公平合理之採購原則，並確保採購品質（同法第 1 條、第 6 條第 1 項參見），同條第 3 項因而規定機關得將利益自契約價款中扣除。而所謂不當利益，除同法施行細則第 82 條所稱『因正當商業行為所為之給付』外，凡有違反公平採購之原則者，不問其名目為何，均有上開規定之適用。」則定作人 P 市政府，將承攬人乙營造公司於投標時所繳納或提出之程序擔保金，作為契約義務違反之法律效果處罰標的，似仍為法所不禁。易言之，在前述最高法院之見解下，擔保本約成立之預約擔保機制，只要於本約之契約條款內容有所規定，或經契約當事人約定者，仍得為債務人之本約契約義務違反的代價。

Q59. 預約履行範圍

今 P 市政府於其與丙營造公司締結 P 市地下捷運新建工程 E3 分段工程承攬契約時，因 P 市政府與丙營造公司對於該 E3 分段工程承攬契約專用條款，關於工程保留款部分條款內容，各持己見。嗣後雖經當事人多次磋商，仍未果。P 市政府遂依一定方式通知丙營造公司，若丙營造公司未於一定期間內與 P 市政府締結該 P 市地下捷運新建工程 E3 分段工程承攬契約，P 市政府即將追繳其已經發還予丙營造公司之押標金，作為丙營造公司違反預約之本約訂立義務之違約金。試問，P 市政府之主張，是否有理由？

A59 解題說明

按前述學說與最高法院對於預約之觀點及見解，預約係以訂立本約為契約目的之契約行為。然該預約之內容，應認係預約人所為預約之要約內容，預約人仍應受其要約之拘束。亦即，預約未為約定者，應不在該預約之要約內容拘束力所及之範圍內。

有疑義者，若有發生本約成立與否之必要之點（例如：標的驗收條件、承攬報酬給付之相關要件等），係預約內容所未記載者，且該內容亦未記載於本約內容，或係定作人所預擬訂定者，如當事人未能對於該部分有所合意時，預約人是否仍需履行本約訂立之義務？易言之，當事人未能對於該本約必要之點有所合意情形，預約人得否以該未能合意之本約必要之點，係為預約內容所未記載者，作為拒絕履行本約訂立之預約義務的理由？

有關此一問題，最高法院所涉案例有：

- 「按預約係約定將來訂立一定契約（即本約）之契約。當事人對於本約重要之點已有合意，依其內容具有足以探知本約內容之可確定性，且約定將來訂立本約者，即屬有效預約。至當事人尚未達成合意之其他非重要之點，得於預約中約定將來繼續協商並訂立本約，並不影響預約之效力。」[24]
- 「按預約乃約定將來成立一定契約之契約。預約與本約同屬契約之一種，預約成立後，預約之債務人負有成立本約之義務，如有違反，固應負債務不履行損害賠償責任，惟仍須該債務不履行之發生，係由於可歸責於債務人之事由，始足當之（民法第226條、第227條、第230條參照）。債務人是否具有可歸責性（可歸責之事由），應視其有無盡到約定或法律規定之注意義務而定，如其注意義務未經約定或無法律之規定時，原則上以故意或過失為其主觀歸責事由，至於過失之標準，則由法院依事件之特性酌定之（民法第220條參照）。」[25]

依前述最高法院有關預約所涉案例之見解，當事人尚未達成合意之其他非重要之點，得於預約中約定將來繼續協商並訂立本約，並不影響預約之效力。預約成立後，預約之債務人負有成立本約之義務，如有違反，固應負債務不履行損害賠償責任，惟仍須該債務不履行之發生，係由於可歸

---

24 最高法院108年度台上字第1006號民事判決。

25 最高法院106年度台上字第287號民事判決。

責於債務人之事由，始足當之。

本文以為，在當事人未能對於該本約必要之點有所合意情形下，應肯認該預約人得以該未能合意之本約必要之點，係為預約內容所未記載者，作為拒絕履行本約訂立之預約義務的理由。如按目前國內學說與司法實務對於要約及承諾之形式與實質拘束力之觀點及見解，以及關於預約本旨之相關看法，應可將該未能合意之本約必要之點，係為預約內容所未記載者，認係當事人預定強制履行本約訂立之預約義務的除外原因事項。雖預約之作成方式及其內容，仍為契約自由之不要式範圍內，然預約作成內容係為本約必要之點的明確約定或表示者，仍係在預約範圍所能認可情形。

亦即，如該當事人尚未達成合意之本約其他重要之點，是否仍得於預約中約定將來繼續協商並訂立本約，並不影響預約之效力，恐有疑義。即便認該當事人尚未達成合意之本約其他重要之點，仍得於預約中約定將來繼續協商並訂立本約，並不影響預約之效力，惟若因該當事人尚未達成合意之本約其他重要之點，於當事人訂立本約時，仍未能對該重要之點達成合意者，應認係當事人對於契約重要之點未能意思表示合致，而非認係可歸責於預約人債務不履行之故意或過失責任。

筆者建議

題示情形，P市政府於其與丙營造公司締結P市地下捷運新建工程E3分段工程承攬契約時，因P市政府與丙營造公司對於該E3分段工程承攬契約專用條款，關於工程保留款部分條款內容，各持已見。嗣後雖經當事人多次磋商，仍未果者。該工程保留款之本質係為工程承攬契約報酬，而工程承攬契約報酬之給付，係為工程承攬契約當事人之主給付義務，應認其屬於契約成立與否及契約類型不可欠缺的部分，係為必要之點[26]。

再者，於前述情形，應認丙營造公司亦已經履行本約訂定之預約人義

26 陳自強，契約之內容與消滅，元照出版，2016年3月，三版一刷，第89頁：「……契約類型論上，主給付義務爲構成契約類型特徵上不可或缺的部分，爲第153條第2項所謂的必要之點。」

務，至於經當事人多次磋商仍未果者，應認係當事人對於必要之點未能互相表示意思一致，所造成系爭工程承攬契約不能成立情形[27]。而不能逕認係可歸責於預約一方當事人丙營造公司之債務不履行之故意或過失責任，據此對丙營造公司主張不履行預約人訂立本約之債務不履行責任。職是，P 市政府應不得追繳其已經發還予丙營造公司之押標金，作為丙營造公司違反預約之本約訂立義務之違約金。易言之，於預約當事人已經誠信履行預約義務，然因不可歸責於當事人之事由，而發生本約未能締結情形，應非屬預約擔保金所為擔保之原因事項，預約一方當事人要不能因此而主張預約擔保原因事項發生。

---

27 民法第 153 條：「當事人互相表示意思一致者，無論其為明示或默示，契約即為成立。當事人對於必要之點，意思一致，而對於非必要之點，未經表示意思者，推定其契約為成立，關於該非必要之點，當事人意思不一致時，法院應依其事件之性質定之。」

第十一單元 分包、轉包、聯合承攬

案例十一

B 國際金融開發集團為不具官股之私法人，為拓展事業版圖，及展現其企業之社會責任，預計於明年初興建一棟 H 大型綜合醫院。有鑑於目前地球之傳染病病毒變異及傳染防免，遂將該 H 大型綜合醫院新建工程之空調工程部分，排除於該次 H 大型綜合醫院新建工程承攬招標標的外，另為獨立之醫療級專業空調工程承攬招標。嗣經完整招標程序，由丁綜合營造公司為該 H 大型綜合醫院新建工程承攬招標之確定得標人。戊專業空調工程公司，為該 H 大型綜合醫院醫療級專業空調工程承攬招標之確定得標人。

Q60. 分包：被允許之次承攬

今於 B 國際金融開發集團與丁綜合營造公司締結該 H 大型綜合醫院新建工程承攬契約後，尚未為實際施作前，丁綜合營造公司即兌現其對於幫忙提供各個獨立工程項目部分預算書之各專業工程廠商的承諾，將其所承攬之 H 大型綜合醫院新建工程之樁基工程、主體結構工程、水電工程及消防工程等之各個獨立工程項目，分別與該提供各個獨立工程項目部分預算書之各專業工程項目廠商，訂立各個獨立工程項目之工程承攬契約。試問，丁綜合營造公司得否分別與該提供各個獨立工程項目部分之各專業工程項目廠商，訂立各個獨立工程項目之工程承攬契約？

A60 解題說明

於國內營造建築實務之交易習慣，一般所稱之轉包與分包，通常係以確定得標人或原承攬人，將其所承攬標的為次承攬之內容及比例的多寡作為區分。如該確定得標人或原承攬人，將原契約中**應自行履行之全部或其主要部分**，由其他承攬人或廠商代為履行者，即認係所謂之轉包。廠商履行財物契約，其需經一定履約過程，非以現成財物供應者，而將該非以現成財物供應部分，由其他廠商代為履行者，亦屬轉包行為。而若該由其他承攬人或廠商代為履行者，並非該確定得標人或承攬人之原契約中應自行履行之全部或其主要部分，則可認為係屬於非轉包之分包行為（詳後述）。

關於分包行為之次承攬人的權利義務及交易上保護，因該原定作人是否可適用現行政府採購法之規定，而似有不同：

1. 定作人適用政府採購法之情形

按現行政府採購法第 67 條第 1 項規定：「得標廠商得將採購分包予其他廠商。稱分包者，謂非轉包而將契約之部分由其他廠商代為履行。」之明文。可知所謂分包，係指確定得標人或承攬人，非以轉包行為之方式，而將契約之部分由其他廠商代為履行者。因此，可認契約之部分由其他廠商代為履行之分包行為，係被現行法律所允許之次承攬行為。

另按現行政府採購法第 67 條第 2 項之規定：「分包契約報備於採購機關，並經得標廠商就分包部分設定權利質權予分包廠商者，民法第五百十三條之抵押權及第八百十六條因添附而生之請求權，及於得標廠商對於機關之價金或報酬請求權。」可知此一被允許之次承攬分包行為，**於定作人為行政機關或公法人者，在確定得標人或承攬人有告知定作人之情形，並經承攬人就分包部分設定權利質權予分包之次承攬人者，則該次承攬人因次承攬關係對於承攬人依民法第 513 條之抵押權及第 816 條因添附而生之請求權，及於承攬人對於機關之價金或報酬請求權**。且於前項所述分包之次承攬人對於承攬人依民法第 513 條之抵押權及第 816 條因添附而生之請求權，及於承攬人對於機關之價金或報酬請求權之情形，該分包之次承攬人並就其分包部分，與承攬人連帶負瑕疵擔保責任[1]。以上所述者，凡該次承攬行為係在被允許，且有告知定作人之前提下，該次承攬人之次承攬利益係被現行法所明文保護的，此觀現行政府採購法第 67 條之立法理由[2]，不難得知。

從前述現行法律明文，能看到該被允許之次承攬行為所生債之關係，為保障次承攬人之權益，於一定要件下，可以打破債之相對性原則，將次承攬人因次承攬關係對於承攬人依民法第 513 條之抵押權及第 816 條因添附而生之請求權，及於承攬人對於定作人之價金或報酬請求權。

關於次承攬之關係，最高法院所涉案例有：

➲「按當事人簽訂工程承攬契約，如其工程鉅大繁雜，承攬人為能如期完工，往往以分包施工之方式進行。一般情形分包人係與承攬人另就其分包部分成立承攬契約，**此分包承攬契約即次承攬契約通常存在於承攬人與分包人（次承攬人）間，其契約之權利義務與定作人無關**。惟定作人為確保施工品質，亦有與承攬人約定由定作人介入分包契約簽訂之情形。……按次承攬契約與原承攬契約兩者為個別獨立之契約；次承攬人與原定作人之間，不發生權利義務關係。查上開意向書並非上訴人與中華基金會之承攬契約，亦非中華基金會承擔債務之意思表示，為原審所確定。原審並認中華基金會與達○公司簽訂總包契約，上訴人應與達○公司簽訂分包契約；則中華基金會基此總包契約就令受領系爭鋼構部分工程，要難謂無法律上之原因。原審以前開理由，將第一審所為命中華基金會給付部分之判決予以廢棄，改判駁回上訴人就該部分在第一審之

1 政府採購法第 67 條第 3 項：「前項情形，分包廠商就其分包部分，與得標廠商連帶負瑕疵擔保責任。」

2 政府採購法第 67 條立法理由：「一、第一項爲分包之定義。二、爲保障分包廠商之權益，分包契約報備於採購機關，並經得標廠商就分包部分設定權利質權予分包廠商者，分包廠商就其分包之部分，得對機關行使價金或報酬請求權。三、爲明確規範分包廠商之責任與義務，爰於第三項明定之。」

訴，並駁回其追加之訴，於法核無不合。」[3]

- 「在次承攬之場合，已完成之工作物通常轉交原定作人使用。倘次承攬人提供之工作物有瑕疵致生損害，而原定作人於損害之發生或擴大與有過失時，原定作人向原承攬人（即次定作人）請求賠償，原承攬人得抗辯原定作人與有過失，以減輕或免除責任。**但次定作人向次承攬人請求賠償時，倘次承攬人不能抗辯原定作人之與有過失，而按損害全額賠償，恐將負擔超額之賠償責任。**原定作人雖與次承攬人無直接契約關係，亦非次定作人之代理人或使用人，惟次定作人將工作物交由原定作人管理使用，其本身與有過失之風險降低，原定作人之風險增高。**原定作人倘對損害之發生或擴大與有過失，依公平原則，亦應有民法第217條第1項過失相抵規定之適用。**次承攬人亦得抗辯原定作人之與有過失，俾使承攬關係與次承攬關係之風險取得平衡，並簡化三者間之求償關係。」[4]
- 「查工程實務上所謂『監督付款』常見於承攬人發生財務困境難以繼續施工，定作人為確保承攬人之支付能力，使分包工程之次承攬人願意繼續進場施作，於辦理計價付款時，由定作人直接付款予次承攬人；**而為確保次承攬人可獲報酬而願意施作，縱有監督付款之約定，亦無礙定作人與次承攬人就工程一部另成立承攬契約。**原審以系爭工程原承攬人豐〇公司實際已退場，上訴人自97年3月間接手工地，承諾給付被上訴人工程款，被上訴人亦基於上訴人指示施作，消防水電工程及97年10月份後施作工程均非銘〇公司與豐〇公司原承攬範圍，而係應上訴人要求施作，因認兩造間實際上已有成立新承攬契約之合意，被上訴人得請求上訴人給付系爭工程款等情，依上說明，並無不合。」[5]

由以上最高法院有關次承攬關係所涉案例之見解，可知於通常情形，承攬關係原係存在於原定作人與承攬人間，次承攬關係則是存在於次定作

---

3 最高法院101年度台上字第249號民事判決。
4 最高法院107年度台上字第769號民事判決裁判要旨。
5 最高法院103年度台上字第2680號民事判決。

人與次承攬人間。亦即，次承攬人與原定作人之間，不發生權利義務關係。

惟前述通常之契約上的權利義務相對關係，於一定情形下，該契約上之當事人權利義務，可發生其原有相對關係之改變。例如：原承攬人提供之工作物有瑕疵致生損害，而原定作人於損害之發生或擴大與有過失時，原定作人向原承攬人即次定作人請求賠償，原承攬人得抗辯原定作人與有過失，以減輕或免除責任。但次定作人向次承攬人請求賠償時，倘次承攬人不能抗辯原定作人之與有過失，而按損害全額賠償，恐將負擔超額之賠償責任。再者，次定作人將工作物交由原定作人管理使用，其本身與有過失之風險降低，原定作人之風險增高。因此，原定作人倘對損害之發生或擴大與有過失，依公平原則，似應認次承攬人對於次定作人即原承攬人，亦有民法第 217 條第 1 項與有過失規定之適用。

2. 定作人非政府採購法適用對象之情形

於前述定作人適用政府採購法之情形，次承攬人亦得抗辯原定作人之與有過失，而使該原承攬關係與次承攬關係之風險能取得平衡，並簡化該原承攬關係與次承攬關係當事人三者間之求償關係。或於次定作人即原承攬人發生財務困境難以繼續施工，原定作人為確保次定作人即原承攬人之支付能力，使分包工程之次承攬人願意繼續進場施作，於辦理計價付款時，由原定作人直接付款予次承攬人者。此類基於當事人間公平原則、簡化當事人求償關係、保護當事人報酬請求權等情形，則例外地令契約當事人以外之第三人，於此並不受債之相對性原則的限制，對於次承攬人之權利義務與交易上保護，皆有其實質性與必要性，本書深表贊同。

惟應注意者，按現行政府採購法第 67 條第 2 項之明文，除於定作人為行政機關或公法人，且承攬人即次定作人與次承攬人已經按現行政府採購法相關規定，在確定得標人或承攬人有告知定作人之情形，並經承攬人就分包部分設定權利質權予分包之次承攬人者外，該次承攬人因次承攬關係，對於承攬人依民法第 513 條之抵押權，與第 816 條因添附而生之請求權，並不及於承攬人對於機關之價金或報酬請求權。易言之，於有次承攬情形，如該原定作人為自然人或私法人者，並無現行政府採購法第 67 條第 2 項及其他相關規定可資適用。因此，於債之相對性前提下，該次承攬人因次承攬關係，對於承攬人依民法第 513 條之抵押權，與第 816 條因添附而生之請求權，似應不及於承攬人對於原定作人之價金或報酬請求權。

然而，於前項所述分包之次承攬人對於承攬人依民法第 513 條之抵押權及第 816 條因添附而生之請求權，及於承攬人對於機關之價金或報酬請求權之情形，該分包之次承攬人並就其分包部分，與承攬人連帶負瑕疵擔保責任。在基於當事人間公平原則、簡化當事人求償關係、保護當事人報酬請求權等情形下，則契約當事人以外之該第三人，仍應受債之相對性原則的限制[6]。易言之，於前述法律規定及特殊情形外，一般情形之次承攬人對於原承攬契約，並非為債務承擔，而應認係其為原承攬人之債務履行輔助人，除因有侵權行為情形而須對原定作人負侵權責任，或有保護定作人之效力外，次承攬人對於原定作人，並不負債務不履行之責任，亦不直

6　原最高法院 40 年台上字第 1241 號民事判例裁判要旨：「債權債務之主體應以締結契約之當事人爲準，故買賣約據所載明之買受人，不問其果爲實際上之買受人與否，就買賣契約所生買賣標的物之給付請求權涉訟，除有特別情事外，須以該約據上所載之買受人名義起訴，始有此項請求權存在之可言。」原最高法院 43 年台上字第 99 號民事判例裁判要旨：「債權債務之主體應以締結契約之當事人爲準，故凡契約上所載明之債權人，不問其實際情形如何，對於債務人當然得行使契約上之權利。」最高法院 102 年度台上字第 1242 號民事判決：「按債權人基於債之關係，僅得向債務人請求依債之關係所約定之給付。如因可歸責於債務人之事由，致給付一部不能者，除其他部分之履行，於債權人無利益外，債權人對於債務人能給付之部分，仍應請求原定之給付，對於不能給付之部分，始可請求損害賠償，尚不能逕對債務人請求全部不履行之損害賠償，此觀民法第 199 條第 1 項、第 226 條第 2 項之規定自明。……」最高法院 98 年度台上字第 1961 號民事判決：「查債權債務之主體應以締結契約之當事人爲準，故須契約上所載明之債權人，始得對債務人行使權利，至於其實際情形如何，原非所問（本院 43 年台上字第 99 號、18 年上字第 1609 號判例參照）。又承攬運送人受委託人之委託後，係以自己之名義與運送人訂立物品運送契約，在外部關係上，承攬運送人始為該運送契約之當事人，委託人並非契約當事人，其與運送人不直接發生關係，而係由承攬運送人對運送人發生權利義務關係（民法第 606 條第 2 項準用同法第 578 條參照）。本件運送契約之締約當事人爲銓○公司與○航公司，上訴人與銓○公司間則係成立承攬運送契約，爲原審合法認定之事實，上訴人既非運送契約所載明之債權人，自不得對運送契約之債務人○航公司及其代理人盛○公司主張債務不履行之責任。」

接對於原定作人發生該債務履行上之權利義務。

筆者建議

因丁綜合營造公司係登記為**綜合營造業**[7]，於其所承攬 B 國際金融開發集團之 H 大型綜合醫院新建工程承攬為次承攬者，應無所謂現行法律所指之應自行履行之全部或其主要部分，而由其他廠商代為履行之情形。是於 B 國際金融開發集團與丁綜合營造公司締結該 H 大型綜合醫院新建工程承攬契約後，尚未為實際施作前，丁綜合營造公司將其所承攬之 H 大型綜合醫院新建工程之樁基工程、主體結構工程、水電工程及消防工程等各個獨立工程項目，分別與該各個獨立工程項目部分之各專業工程廠商，訂立各個獨立工程項目之工程承攬契約情形，除契約當事人有特別約定外，應非法所不許。

雖然 B 國際金融開發集團係不具官股之司法人，並非得為適用現行政府採購法之行政機關或公法人，惟仍建議承攬各該獨立工程項目部分之各專業工程承攬廠商，應按現行政府採購法規定，將該等次承攬關係告知定作人，並請求次定作人即丁營造公司，就分包部分設定權利質權予各該獨立工程項目部分之各專業工程承攬廠商，使得令各該獨立工程項目部分之各專業工程承攬廠商，因次承攬關係對於承攬人依民法第 513 條之抵押權及第 816 條因添附而生之請求權，及於次定作人即原承攬人丁營造公司對於原定作人 B 國際金融開發集團之價金或報酬請求權。

---

7 營造業法第 3 條第 3 款：「本法用語定義如下：……三、綜合營造業：係指經向中央主管機關辦理許可、登記，綜理營繕工程施工及管理等整體性工作之廠商。」同法第 7 條第 1 項：「綜合營造業分爲甲、乙、丙三等，並具下列條件：一、置領有土木、水利、測量、環工、結構、大地或水土保持工程科技師證書或建築師證書，並於考試取得技師證書前修習土木建築相關課程一定學分以上，具二年以上土木建築工程經驗之專任工程人員一人以上。二、資本額在一定金額以上。」

Q61. 轉包：不被允許之再承攬

有鑑於目前地球之傳染病病毒變異及傳染防免，B 國際金融開發集團遂將該 H 大型綜合醫院新建工程之空調工程部分，排除於該次 H 大型綜合醫院新建工程承攬招標標的外，另為獨立之醫療級專業空調工程承攬招標。嗣經完整招標程序，戊專業空調工程公司為該 H 大型綜合醫院醫療級專業空調工程承攬之確定得標人。戊專業空調工程公司為拓展專業空調工程業務，已經承攬為數不少之專業空調工程，基於人力及資金調度考量，戊專業空調工程公司遂將其所承攬之該 H 大型綜合醫院醫療級專業空調工程承攬，以次定作人地位，與長年配合之甲專業空調工程公司，訂立該 H 大型綜合醫院醫療級專業空調工程承攬契約。試問，戊專業空調工程公司可否以次定作人地位，與長年配合之甲專業空調工程公司，訂立該H大型綜合醫院醫療級專業空調工程承攬契約？

A61 解題說明

所謂轉包，按現行政府採購法第 65 條第 2 項、第 3 項之明文：「……前項所稱轉包，指將原契約中應自行履行之全部或其主要部分，由其他廠商代為履行。廠商履行財物契約，其需經一定履約過程，非以現成財物供應者，準用前二項規定。」係指確定得標廠商將原契約中應自行履行之全部或其主要部分，由其他廠商代為履行。廠商履行財物契約，其需經一定履約過程，非以現成財物供應者，而將該非以現成財物供應部分，由其他廠商代為履行者，亦屬之。

亦即，按現行政府採購法之規定，於定作人係行政機關或公法人時，該確定得標人或承攬人，將原契約中應自行履行之全部或其主要部分，由其他廠商代為履行，或廠商履行財物契約，其需經一定履約過程，非以現成財物供應者，而將該非以現成財物供應部分，由其他廠商代為履行之再承攬情形，仍屬於被禁止之轉包行為[8]。

題示情形，戊專業空調工程公司係屬現行營造業法之專業營造業[9]，其所得承攬者，係為依法登記之單一專屬專業工程，而非如綜合營造業，係以綜理營繕工程施工及管理等整體性工作，為其法人之營業許可內容。

因此，於專業營造業性質之戊專業空調工程公司，將其所承攬之該 H 大型綜合醫院醫療級專業空調工程承攬，以次定作人地位，與長年配合之甲專業空調工程公司，訂立該 H 大型綜合醫院醫療級專業空調工程承攬契者，即符合現行政府採購法有關轉包規定之要件。即該確定得標廠商將原契約中應自行履行之全部或其主要部分，由其他廠商代為履行之轉包行為。而戊專業空調工程公司此一與長年配合之甲專業空調工程公司，訂立該 H 大型綜合醫院醫療級專業空調工程承攬契約之再承攬行為，係為現行政府採購法所不允許的行為。

有疑義者，今 B 國際金融開發集團係為不具官股之私法人，如原定作人 B 國際金融開發集團，並未於該次 H 大型綜合醫院醫療級專業空調工程承攬之招標公告或投標須知文件內容，明文禁止確定得標人為轉包行為者，則確定得標人戊專業空調工程公司與長年配合之甲專業空調工程公司，訂立該 H 大型綜合醫院醫療級專業空調工程承攬契約之再承攬行為，是否仍係屬於現行法律所不允許之再承攬行為？容有討論空間。

本文以為，按現行民法有關承攬關係之規定，並無承攬人於何要件下，僅得由承攬人自己完成工作，而不得將其承攬工作令他人為完成者之明文。易言之，於系爭承攬關係，該定作人如為行政機關或公法人以外之

---

8 政府採購法第 65 條第 3 項立法理由：「三、非現貨供應之財物契約，亦可能發生轉包，故於第三項訂定準用規定。」

9 營造業法第 3 條第 4 款：「本法用語定義如下：……四、專業營造業：係指經向中央主管機關辦理許可、登記，從事專業工程之廠商。」同法第 8 條：「專業營造業登記之專業工程項目如下：一、鋼構工程。二、擋土支撐及土方工程。三、基礎工程。四、施工塔架吊裝及模板工程。五、預拌混凝土工程。六、營建鑽探工程。七、地下管線工程。八、帷幕牆工程。九、庭園、景觀工程。十、環境保護工程。十一、防水工程。十二、其他經中央主管機關會同主管機關增訂或變更，並公告之項目。」

自然人或私法人，若定作人未於系爭承攬之招標公告、投標須知文件或該次承攬契約約定內容，明文禁止確定得標人為轉包行為者，則應認原承攬關係之承攬人令承攬契約以外第三人完成系爭承攬工作，並未受到限制。且於國內營造建築工程承攬之交易習慣，原則上仍允許合理之轉包行為，僅於例外情形為轉包之禁止（例如：多次轉包或轉得人之資格限制等）。

亦即，於前述定作人為行政機關或公法人以外之自然人或私法人情形，如定作人未於系爭承攬之招標公告、投標須知文件或該次承攬契約約定內容，明文禁止確定得標人為轉包行為者，則該原承攬人以次定作人地位，將系爭工作承攬為再承攬情形，應認係法所允許之有效承攬行為。

退而言之，就工程承攬契約定作人之契約目的，係以約定之承攬契約報酬額，取得符合契約約定之工作或工作物。**在該承攬關係之契約權利義務或保全等，未因原承攬人之次承攬行為，而受到重大變動、限制或發生其他不利益情形者，則該系爭原契約之承攬工作或工作物，究由原承攬人或係次承攬人所完成，於此應非所問。**

筆者建議

今 B 國際金融開發集團係為不具官股之上市公司，其將該 H 大型綜合醫院新建工程之醫療空調工程部分，排除於該次 H 大型綜合醫院新建工程承攬招標標的外，另為獨立之醫療級專業空調工程承攬招標。嗣經完整招標程序，戊專業空調工程公司為該 H 大型綜合醫院醫療級專業空調工程承攬之確定得標人。戊專業空調工程公司將其所承攬之該 H 大型綜合醫院醫療級專業空調工程承攬，以次定作人地位，與長年配合之甲專業空調工程公司，訂立該 H 大型綜合醫院醫療級專業空調工程承攬契約。

因該定作人 B 國際金融開發集團，係為行政機關或公法人以外之自然人或私法人，若該招標辦理人或定作人未於系爭承攬之招標公告、投標須知文件或該次承攬契約約定內容，明文禁止確定得標人為轉包行為者，則應認原承攬關係之承攬人令承攬契約以外之第三人完成系爭承攬工作，並未受到限制。

亦即，於前述 B 國際金融開發集團為行政機關或公法人以外之自然人或私法人情形，如 B 國際金融開發集團未於系爭承攬之招標公告、投標須知文件或該次承攬契約約定內容，明文禁止確定得標人為轉包行為者，則該原承攬人戊營造公以次定作人地位，將系爭工作承攬為再承攬情形，應認係法所不禁之有效承攬行為。

若嗣後 B 國際金融開發集團，以戊專業空調工程公司將其所承攬之該 H 大型綜合醫院醫療級專業空調工程承攬，以次定作人地位，與長年配合之甲專業空調工程公司，訂立該 H 大型綜合醫院醫療級專業空調工程承攬契約為由，援引現行政府採購法之規定[10]，主張解除、終止系爭 H 大型綜合醫院醫療級專業空調工程承攬契約，或因此而沒收原承攬人戊專業空調工程公司所繳納或提出之保證金，並要求損害賠償，且主張該轉包之甲專業空調工程公司需與戊專業空調工程公司，對原定作人 B 國際金融開發集團負連帶履行及賠償責任者，應認該原定作人 B 國際金融開發集團之主張為無理由。

Q62. 轉包禁止之妥適性

今如定作人 B 國際金融開發集團，於該 H 大型綜合醫院新建工程承攬招標文件內容載有轉包禁止之規定，惟該轉包禁止之規定內容，並未將轉包行為之構成要件為說明，僅比照現行政府採購法有關違法轉包規定之法律效果，作為該次招標之確定得標人或承攬人違反轉包規定之罰則。試問，該定作人 B 國際金融開發集團，僅以現行政府採購法有關違法轉包規定之法律效果，作為該次招標之確定得標人或承攬人違反轉包規定罰則之妥適性？

---

10 政府採購法第 66 條：「得標廠商違反前條規定轉包其他廠商時，機關得解除契約、終止契約或沒收保證金，並得要求損害賠償。前項轉包廠商與得標廠商對機關負連帶履行及賠償責任。再轉包者，亦同。」

A62 解題說明

關於確定得標人或原承攬人轉包行為之認定，及有關該再承攬當事人間之關係，司法實務所涉案例有：

➲「（四）上訴意旨雖再以前詞爭執，惟按政府採購法第 65 條第 1 項、第 2 項既規定得標廠商應自行履行工程、勞務契約，不得轉包（即將原契約中應自行履行之全部或其主要部分，由其他廠商代為履行）；政府採購法施行細則第 87 條更規定主要部分係指招標文件標示為主要部分者，或招標文件標示或依其他法規規定應由得標廠商自行履行之部分，則將原契約之全部，或將其主要部分之全部，交由其他廠商代為履行者，可謂為轉包，殆無疑義。至於僅將招標文件標示為主要部分者之一部分，交由其他廠商代為履行，是否構成轉包？由於所謂『主要部分』乃不確定法律概念，在涵攝事實關係時，可能發生多種不同意義，但其中只有一種正確而符合立法之本旨，故將抽象之不確定法律概念經由解釋而具體化適用於特定事實關係時，自應探求立法本旨。參諸政府採購法第 65 條立法理由載明『工程、勞務採購，為避免廠商變相之借牌，應禁止得標廠商轉包，爰於第一項明定不得轉包。』可知，將主要部分之一部分，交由其他廠商代為履行者，如該部分與主要部分之其他部分具不可分性而構成契約之重要部分，致有變相借牌、賺取差價或其他影響工程品質之『虞』，亦構成違法轉包，並不以實際有借牌、賺取差價或發生『影響工程品質』之結果為必要（發回判決即包含此意旨）。且發回判決意旨並未將『不可分性』侷限在技術功能上不可分，依論理解釋，所謂『不可分性』尚及於法律或契約責任之不可分。……是號誌系統設計係直接攸關列車運轉功能與安全性，且與後續的主要部分聯鎖設備、列車偵測系統、電動轉轍器等設備之安裝、測試，以及營運等作業持續密切關聯，對系爭採購案之號誌系統功能之展現具有不可分之一體性。況原告於投標時所提之技術建議書，就『號誌及行車控制系統』提出 CENELEC 標準 EN50126 與 EN50129 作為履約時號誌設計安全標準

（本院卷 1 第 320 頁），足徵號誌系統設計工作為具有高度專業性且為滿足機場捷運系統安全性、穩定性與可靠性之關鍵要項工作，與系爭採購案之其他主要部分具有不可分性，構成契約之重要部分。……政府採購法第 65 條並未明文以有『影響工程品質』實害結果發生為禁止轉包要件。故如由得標廠商以外之『非得標廠商』履行契約之全部或主要部分，即屬轉包。」[11]

➲「經鐵工局核定通知後，依各服務工作進度，以固定比率分期給付服務費，與民法第 505 條第 2 項規定依工作各部分給付報酬之規定相符，具有完成一定工作始得支領報酬之承攬特性，又政府採購法第 65 條規定禁止轉包，乃為避免廠商將應自行履行之全部或其主要部分，由其他廠商代為履行之流弊，系爭契約第 6 條第 8 項第 7 款約定，兆○公司不得轉包，但可為分包，並就分包廠商履約部分負完全責任，顯係採用政府採購法上開避免轉包弊病所為之約定，並非高度信賴專屬性之委任約定，系爭契約應屬承攬契約。」[12]

11　最高行政法院 109 年度判字第 358 號判決：「本件上訴人日商丸○國際股份有限公司（即丸○株式會社），被上訴人交通部鐵道局（即改制前交通部高速鐵路工程局）。緣上訴人參與被上訴人辦理之『臺灣桃園國際機場聯外捷運系統建設計畫機電系統統包工程』採購案（下稱系爭採購案）。嗣被上訴人認爲上訴人有違反政府採購法第 65 條規定轉包之情形，依同法第 101 條第 1 項第 11 款規定，以民國 102 年 2 月 22 日高鐵三字第 1020003547 號函通知上訴人將刊登政府採購公報（下稱原處分）。上訴人不服，提出異議，經被上訴人以 102 年 3 月 27 日高鐵三字第 1020005731 號函維持原處分之決定。上訴人仍不服，提起申訴，經行政院公共工程委員（下稱工程會）申訴審議判斷駁回，遂提起撤銷訴訟，請求撤銷原處分、異議處理結果及申訴審議判斷。」

12　最高法院 106 年度台上字第 1166 號民事判決：「本件上訴人交通部鐵路改建工程局（下稱鐵工局）主張：伊與對造上訴人兆○工程股份有限公司（下稱兆○公司）於民國 95 年 10 月 12 日簽訂『臺鐵高雄－屏東潮州捷運化建設計畫細部設計技術顧問服務契約』，約定兆○公司工作內容包含：1.調查工作；2.細部設計服務；3.都市計畫個案變更作業服務，其中細部設計服務費（下稱系爭服務費）爲總包價新臺幣（下同，含稅）一億三千一百零一萬二千三百元（下稱系爭契約）。伊另委請訴外人林○棪工程顧問股份有限公司（下稱林○棪公司）擔任工程專案管理。兆○公司提送細部設計服務之期中報告、期末報告、招標文件初稿、西勢車站及潮州車站等分標定稿文件，依序遲延 59 日、58 日、71 日、283 日，總計遲延 471 日。……依系爭契約第 5 條之約定，兆○公司提出上開三項服務工作，經鐵工局核定通知後，依各服務工作進度，以固定比率分期給付服務費，與民法第 505 條第 2 項規定依工作各部分給付報酬之規定相符，具有完成一定工作始得支領報酬之承攬特性，又政府採購法

➲「又依政府採購法第 65 條第 2 項規定意旨，凡將原契約中應自行履行之全部，由其他廠商代為履行，即構成同條第 1 項所稱之『轉包』，至於得標廠商與代為履行之其他廠商間內部關係為何，以及代為履行之廠商究係單一廠商或多數廠商，則均非所問。是原判決既係認定上訴人將系爭契約所約定之白米運輸、載卸等履約標的，『全部』轉包他人代為履行，自無再予論述轉包部分是否構成系爭契約重要部分之必要。而行政院公共工程委員會 89 年 3 月 23 日（89）工程企字第 89006979 號函，亦未闡釋所謂轉包，限於將得標廠商應自行履行之全部由其他『單一』廠商代為履行之情形，且該函雖認得標廠商得以租賃機器設備代替自有，惟並未肯認得租賃『人員』代為履行。至上訴人縱有聯繫米廠暨通知所覓轉包廠商何時至何處為運送等行為，核屬其實施轉包行為之所需，難謂屬其自行履行系爭契約之行為。」[13]

第 65 條規定禁止轉包，乃爲避免廠商將應自行履行之全部或其主要部分，由其他廠商代爲履行之流弊，系爭契約第 6 條第 8 項第 7 款約定，兆○公司不得轉包，但可為分包，並就分包廠商履約部分負完全責任，顯係採用政府採購法上開避免轉包弊病所為之約定，並非高度信賴專屬性之委任約定，系爭契約應屬承攬契約。」

13 最高行政法院 107 年度判字第 746 號判決：「又依政府採購法第 65 條第 2 項規定意旨，凡將原契約中應自行履行之全部，由其他廠商代爲履行，即構成同條第 1 項所稱之『轉包』，至於得標廠商與代為履行之其他廠商間內部關係為何，以及代為履行之廠商究係單一廠商或多數廠商，則均非所問。是原判決既係認定上訴人將系爭契約所約定之白米運輸、載卸等履約標的，『全部』轉包他人代爲履行，自無再予論述轉包部分是否構成系爭契約重要部分之必要。而行政院公共工程委員會 89 年 3 月 23 日(89)工程企字第 89006979 號函，亦未闡釋所謂轉包，限於將得標廠商應自行履行之全部由其他『單一』廠商代為履行之情形，且該函雖認得標廠商得以租賃機器設備代替自有，惟並未肯認得租賃『人員』代為履行。至上訴人縱有聯繫米廠暨通知所覓轉包廠商何時至何處為運送等行為，核屬其實施轉包行為之所需，難謂屬其自行履行系爭契約之行為。是上訴人仍執其業經原審詳予論駁如何不足採取之陳詞再事爭執，主張其並未將應自行履行之全部委由單一廠商代爲全部履行，而係以向同業友人租車及所配車人員代之，依行政院公共工程委員會 89 年 3 月 23 日(89)工程企字第 89006979 號函意旨，係屬分包，而非轉包，且上訴人已事前整合同業友人或公司於一日內密集支援與幫忙，以履行當日往返運送白米之任務，原審未查明○益託運行是否為上訴人之履行輔助人，又未說明是否有與重要部分之其他成分具不可分性而構成契約之重要部分，僅以運送過程中，人員所著制服爲大○利搬家貨運行，承運車輛爲上○貨運、正○交通有限公司及大○貨運所有，上訴人未於運送當日到場監督或協調履行事宜，即認上訴人有轉包情事，有適用法規不當、判決不備理由及理由矛盾之違法云云，無非係就原審取捨證據、認定事實及適用法律之職權行使，指摘其爲不當

➲「如果本人並非沒有參加投標的意願，只是得標後將原採購契約之全部或其主要部分，由其他廠商代為履行者，則為轉包，而非借牌，機關僅得解除契約、終止契約或沒收保證金，並要求負連帶履行及損害賠償責任，而不得追繳其押標金或不予發還；如果不是前述的轉包而只將契約之部分由其他廠商代為履行，則為分包，乃法律所允許。」[14]

由前述司法實務關於轉包行為與再承攬當事人間關係之見解，可知轉包係確定得標人或原承攬人以次定作人之地位，將其所承攬標的內容之全部或主要部分，再次承攬予他人之行為。因此，轉包行為仍係為承攬行為。而轉包之再承攬人間之內部關係，無論係為如何，均不影響該轉包行為之成立。亦即，只要該確定得標人或原承攬人，將其所承攬標的內容之全部或主要部分，令他人代為履行，而非由自己履行者，即便該確定得標人或原承攬人，與該代為履行之他人間，係為機具設備之租賃、人員之委任或其他非承攬關係者，仍一律視為係該確定得標人或原承攬人之轉包行為。由此可見，司法實務對於所謂轉包之成立要件的認定為：1.承攬標的內容之全部或主要部分；2.與系爭採購案之其他主要部分具有不可分性，構成契約之重要部分；3.非由自己履行。

前述司法實務有關該確定得標人或原承攬人轉包成立要件之見解，係：1.承攬標的內容之全部或主要部分；2.與系爭採購案之其他主要部分具有不可分性，構成契約之重要部分（應可再討論）；3.非由自己履行，固非無見地，惟僅因系爭承攬契約之定作人，係為行政機關或公法人，即

或違法，殊無足採。」

14 最高行政法院105年度判字第323號判決：「次按所謂『容許他人借用本人名義或證件參加投標』（簡稱借牌），係指本人無參加投標的意願，只是自甘爲人頭，容許他人借用本人名義或證件參加投標，其法律效果，除可能構成政府採購法第87條第5項後段之罪，應處3年以下有期徒刑，得併科新台幣一百萬元以下罰金外，依同法第31條第2項第8款（須經投標須知加以引用）及工程會89年1月19日函之規定，其押標金亦應不發還或追繳。如果本人並非沒有參加投標的意願，只是得標後將原採購契約之全部或其主要部分，由其他廠商代為履行者，則為轉包，而非借牌，機關僅得解除契約、終止契約或沒收保證金，並要求負連帶履行及損害賠償責任，而不得追繳其押標金或不予發還；如果不是前述的轉包而只將契約之部分由其他廠商代為履行，則為分包，乃法律所允許。以上參照政府採購法第65條至第67條規定自明。」

將民法所不禁止之次承攬行為，列為違反政府採購法之轉包行為，並賦予系爭承攬契約定作人之行政機關或公法人，可因此得解除契約、終止契約，或沒收確定得標人或原承攬人所提出之保證金，並得要求損害賠償，且據此為前項轉得廠商與得標廠商對定作人負連帶履行及賠償責任之主張。若係行為人以不正之方法，令確定得標人或原承攬人為此一民法所不禁止之次承攬行為，而課以該不法行為人剝奪自由權及財產權之隱藏刑法的犯罪行為責任[15]，或可贊同。

惟若此係該確定得標人或原承攬人以契約目的完成之最大善意，而所為之次承攬行為者，如是賦予系爭承攬契約定作人之行政機關或公法人，可因此而解除契約、終止契約，或沒收確定得標人或原承攬人所提出之保證金，並得要求損害賠償，且據此為前項轉包廠商與得標廠商對定作人負連帶履行及賠償責任之舉，對於私法自治、契約自由與社會進步、交易保護等，是否可謂具有其妥適性？

綜上所述，本文以為，政府採購法第 65 條第 1 項規定禁止轉包，乃為避免廠商將應自行履行之全部或其主要部分，由其他廠商代為履行或借牌之流弊[16]，其立法用意固然可為理解。惟若**在契約當事人及實際為承攬工作施作者，均具契約目的完成之最大善意，且無圖利或其他不正利益之情形者**，於一定條件下，例如該次特殊工程承攬（人工造島工程、高速鐵

---

15 政府採購法第 87 條：「意圖使廠商不為投標、違反其本意投標，或使得標廠商放棄得標、得標後轉包或分包，而施強暴、脅迫、藥劑或催眠術者，處一年以上七年以下有期徒刑，得併科新臺幣三百萬元以下罰金。犯前項之罪，因而致人於死者，處無期徒刑或七年以上有期徒刑；致重傷者，處三年以上十年以下有期徒刑，各得併科新臺幣三百萬元以下罰金。以詐術或其他非法之方法，使廠商無法投標或開標發生不正確結果者，處五年以下有期徒刑，得併科新臺幣一百萬元以下罰金。意圖影響決標價格或獲取不當利益，而以契約、協議或其他方式之合意，使廠商不為投標或不為價格之競爭者，處六月以上五年以下有期徒刑，得併科新臺幣一百萬元以下罰金。意圖影響採購結果或獲取不當利益，而借用他人名義或證件投標者，處三年以下有期徒刑，得併科新臺幣一百萬元以下罰金。容許他人借用本人名義或證件參加投標者，亦同。第一項、第三項及第四項之未遂犯罰之。」

16 參閱政府採購法第 65 條立法理由：「一、工程、勞務採購，為避免廠商變相之借牌，應禁止得標廠商轉包，爰於第一項明定不得轉包。二、第二項為轉包之定義。三、非現貨供應之財物契約，亦可能發生轉包，故於第三項訂定準用規定。」

路海底隧道等特殊大地工程）招標之確定得標人，係為國內廠商，然該承攬工作完成之必要機具、設備、技術人員等僅國外廠商具備者，且該相同性質之特殊工程承攬，於數十年間僅得施作一次或非國內工程承攬之常態情形者，在定作人係行政機關或公法人之情形，未嘗不可以現行民法所不禁止之次承攬行為，作為達成契約目的之具經濟性、規範性、合目的性的適法契約行為。

Q63. 共同投標與聯合承攬

今設丁綜合營造公司，於 B 國際金融開發集團之 H 大型綜合醫院新建工程承攬招標為領標後，尚未為實際投標前，丁綜合營造公司即已經和提供各個獨立工程項目部分之預算書的各專業工程廠商達成共識，由丁綜合營造公司與該樁基工程、主體結構工程、水電工程及消防工程等之各個獨立項目的專業工程廠商，共同做成該次 H 大型綜合醫院新建工程承攬招標之投標文件，並同時以共同承攬人之地位，實際參與該次 H 大型綜合醫院新建工程承攬招標。試問，共同投標與聯合承攬之所指各為何？

A63 解題說明

有關共同投標及聯合承攬等二行為，於國內營造建築工程承攬實務之招標階段與契約締結階段，並非罕見。有關聯合承攬與共同投標二者之本質與關係，國內學者有謂：「共同投標嚴格而言，係指就招標機關所公告得為共同投標之工程採購案，由數廠商提出願意共同承攬之要約意思表示，而須待招標機關為承諾（決標）後，始得認為存在聯合承攬之法律關係[17]。」[18]

---

17 黃立，從實務觀點看聯合承攬的相關爭議，法學新論，第 43 期，2013 年 8 月，第 2 頁。

18 林誠二，聯合承攬法律關係之定性與區辨，台灣法學，第 349 期，2018 年 8 月，第 106 頁。

而依國內營造建築工程承攬實務之當事人的認識，一般大多認為：「聯合承攬與共同投標雖為不同之法律用語，然實際上皆由兩個或以上之廠商，根據共同計算分擔損益之協定，而辦理共同向業主投標，二者僅定義範圍與觀察面向之不同，本質上其實並無不同。」若依前述營造建築工程承攬實務之當事人對於共同投標及聯合承攬等二行為的一般認識，聯合承攬與共同投標，其本質並無不同，僅係二者定義範圍與觀察面向之不同，蓋其本質均係由兩個或以上之廠商，根據共同計算分擔損益之協定，而共同向業主投標。

惟本書以為，共同投標與聯合承攬二行為之間，並非可謂盡然相同。以下就共同投標與聯合承攬，分別簡略說明：

1. 所謂**共同投標**，按現行政府採購法第 25 條第 2 項：「第一項所稱共同投標，指二家以上之廠商共同具名投標，並於得標後共同具名簽約，連帶負履行採購契約之責，以承攬工程或提供財物、勞務之行為。」之明文，係指二家以上之廠商**共同具名投標，並於得標後共同具名簽約**，由該得標之共同投標人連帶負履行採購契約之責，以承攬工程或提供財物、勞務之行為。

2. 所謂**聯合承攬**，有見於我國現行營造業法第 3 條第 7 款：「本法用語定義如下：……七、聯合承攬：係指二家以上之綜合營造業共同承攬同一工程之契約行為。」就前開法律規定之明文，應可認所謂的聯合承攬，需具有以下三個要件：（1）對於同一工程承攬標的為實際承攬之**承攬人數量**，需為二家廠商以上；（2）該實際承攬人之**適格地位**，需為綜合營造業；（3）同一工程承攬標的之承攬**契約行為**。

依題示情形，丁綜合營造公司與該樁基工程、主體結構工程、水電工程及消防工程等之各個獨立項目的專業工程廠商，共同做成該次 H 大型綜合醫院新建工程承攬招標之投標文件，並同時以共同投標人之地位，實際參與該次 H 大型綜合醫院新建工程承攬招標。此一情形並非屬於聯合承攬，蓋按現行營造業法之規定[19]，聯合承攬之主體要件，係為二家以上之綜合營造業，且該所謂綜合營造業，僅得經由中央主管機關許可，並已經辦理登記之綜理營繕工程施工及管理等整體性工作之廠商[20]。由直轄市、縣（市）主管機關許可，並已經辦理登記承攬營繕工程之廠商，仍非現行營造業法規定之聯合承攬適格主體的綜合營造業。另經向中央主管機關辦理許可、登記，從事專業工程之專業營造業廠商，依然不屬於現行營造業法定之聯合承攬的適格主體。

因此，丁綜合營造公司與該樁基工程、主體結構工程、水電工程及消防工程等之各個獨立項目的專業工程廠商，共同做成該次 H 大型綜合醫院新建工程承攬招標之投標文件，並同時以共同承攬人之地位，實際參與該次 H 大型綜合醫院新建工程承攬招標者，並非屬於現行法定之聯合承攬行為，甚至可能因投標人地位之不適格，而喪失參與完整招標程序之權利。

惟前述丁綜合營造公司與該樁基工程、主體結構工程、水電工程及消防工程等之各個獨立項目的專業工程廠商，共同做成該次 H 大型綜合醫院新建工程承攬招標之投標文件，並同時以共同承攬人之地位，實際參與該次 H 大型綜合醫院新建工程承攬招標之情形，應認係為現行政府採購法所明文之共同投標行為[21]。如丁綜合營造公司與該樁基工程、主體結構工程、水電工程及消防工程等之各個獨立項目的專業工程廠商，符合現行法律明文之共同具名投標，並於得標後共同具名簽約，連帶負履行採購契

19　營造業法第 3 條第 7 款：「本法用語定義如下：……七、聯合承攬：係指二家以上之綜合營造業共同承攬同一工程之契約行爲。」

20　營造業法第 3 條第 3 款：「本法用語定義如下：……三、綜合營造業：係指經向中央主管機關辦理許可、登記，綜理營繕工程施工及管理等整體性工作之廠商。」

21　政府採購法第 25 條：「機關得視個別採購之特性，於招標文件中規定允許一定家數內之廠商共同投標。第一項所稱共同投標，指二家以上之廠商共同具名投標，並於得標後共同具名簽約，連帶負履行採購契約之責，以承攬工程或提供財物、勞務之行爲。共同投標以能增加廠商之競爭或無不當限制競爭者爲限。同業共同投標應符合公平交易法第十五條第一項但書各款之規定。共同投標廠商應於投標時檢附共同投標協議書。共同投標辦法，由主管機關定之。」

約之責，以承攬工程或提供財物、勞務之行為，且該共同投標以能增加廠商之競爭或無不當限制競爭者為限，則該同業共同投標應符合公平交易法第 15 條第 1 項但書各款之規定，以及共同投標廠商應於投標時檢附共同投標協議書之規定者，應認該丁綜合營造公司與該樁基工程、主體結構工程、水電工程及消防工程等之各個獨立項目的專業工程廠商之共同投標，僅係為現行法律所允許之共同投標行為的程序上要約行為。此與聯合承攬，係指二家以上綜合營造業共負工程契約之責的履約行為，尚未相同。

關於聯合承攬，最高法院所涉案例有：

- 「……伊與訴外人林○俊獨資經營之三○土木包工業，共同參與投標，土石標由伊以新台幣（下同）一億九千六百二十七萬九千九百七十六元得標，系爭工程由林○俊即三○土木包工業（下稱林○俊）以二百八十萬元得標，伊與林○俊於民國 94 年 7 月 1 日以聯合承攬廠商之地位與水利署簽訂工程契約。」[22]
- 「被上訴人於民國 93 年 2 月 26 日就其與訴外人榮○工程股份有限公司（下稱榮○公司）、建○營造股份有限公司（下稱建○公司）聯合承攬訴外人國防大學（下稱業主）『率真分案主體工程』中之機電工程（下稱系爭工程），代表該聯合廠商與榮○股份有限公司【下稱榮○公司，嗣於 103 年 3 月 20 日經臺灣臺北地方法院（下稱臺北地院）101 年度破字第 45 號裁定宣告破產，經選任任○律師為破產管理人，並據其聲明承受訴訟】簽訂承攬契約（下稱系爭契約），約定總價為新台幣（下

22 最高法院 104 年度台上字第 1481 號民事判決：「訴外人經濟部水利署（下稱水利署）招標之『荖濃溪斷面三三至斷面三九間河流段疏濬工程併辦土石（A 段）』（下稱系爭標案），分為『土石標售案』（下稱土石標）及『疏濬工程標案』（下稱系爭工程）二部分，伊與訴外人林○俊獨資經營之三○土木包工業，共同參與投標，土石標由伊以新台幣（下同）一億九千六百二十七萬九千九百七十六元得標，系爭工程由林○俊即三○土木包工業（下稱林○俊）以二百八十萬元得標，伊與林○俊於民國 94 年 7 月 1 日以聯合承攬廠商之地位與水利署簽訂工程契約。嗣林○俊將系爭工程轉包予許○春施作，惟伊並不知情，誤以為林○俊僅係單純借牌予伊投標，乃以自己之資金，支付機具、材料費用，並雇工完成系爭工程，且經水利署驗收。」註：本件上訴人為旗○砂石企業有限公司。此非現行營造業法第 3 條第 7 款規定之聯合承攬的適格主體綜合營造業。

同）九億六千零八十萬元（未稅，以下未註明未稅者，均含稅）。」[23]

➲「再聯合承攬協議書第 11 條約定『本協議書經國工局收悉後，不論本工程決標與否，在未經國工局書面同意前，雙方均不得退出，且於得標後不得相互轉讓因本工程所發生之權利或義務，亦不得將雙方之權利或義務轉讓予第三者，甚或退出聯合承攬』，無非約定○○公司、○○○公司聯合承攬系爭工程，須經國工局書面同意，始得為相互轉讓系爭工程所生權利義務等行為；……」[24]

➲「訴外人泉○營造事業有限公司（土木、建築部分，即系爭工程，下稱泉○公司）、中○電工機械股份有限公司（水電系統設備部）、承○實業股份有限公司（消防系統設備部分）、開○工程股份有限公司（空調系

23 最高法院 106 年度台上字第 2897 號民事判決：「被上訴人於民國 93 年 2 月 26 日就其與訴外人榮○工程股份有限公司（下稱榮○公司）、建○營造股份有限公司（下稱建○公司）聯合承攬訴外人國防大學（下稱業主）『率真分案主體工程』中之機電工程（下稱系爭工程），代表該聯合廠商與榮○股份有限公司【下稱榮○公司，嗣於 103 年 3 月 20 日經臺灣臺北地方法院（下稱臺北地院）101 年度破字第 45 號裁定宣告破產，經選任任○律師為破產管理人，並據其聲明承受訴訟】簽訂承攬契約（下稱系爭契約），約定總價為新臺幣（下同）九億六千零八十萬元（未稅，以下未註明未稅者，均含稅）。嗣被上訴人於同年 7 月 26 日以業主認有將工程全部轉包之虞，要求伊退場後，雙方於 93 年 12 月 9 日簽訂工程合約變更同意書（下稱系爭變更同意書），由被上訴人將系爭工程中配電盤設備、匯流排槽、中央監控系統等 16 項工程（下稱系爭 16 項工程）收回自辦，並減價為五億三百二十三萬元（未稅）。其後，雙方復於 94 年 1 月 27 日召開協調會（下稱系爭協調會），合意將系爭工程中之空調工程交由被上訴人處理，被上訴人並發包予訴外人正○工程股份有限公司（下稱正○公司）施作。」註：本件被上訴人為益○工程股份有限公司。屬於現行營造業法第 3 條第 7 款規定之聯合承攬的適格主體綜合營造業。

24 最高法院 95 年度台上字第 2263 號民事判決：「原審因系爭扣押命令送達國工局前，○○公司已將該工程款債權讓與○○○公司，並生債權讓與效力，而認上訴人請求確認○○公司之系爭工程款債權存在及代位○○公司請求國工局給付為無理由，於法並無違誤。再聯合承攬協議書第 11 條約定『本協議書經國工局收悉後，不論本工程決標與否，在未經國工局書面同意前，雙方均不得退出，且於得標後不得相互轉讓因本工程所發生之權利或義務，亦不得將雙方之權利或義務轉讓予第三者，甚或退出聯合承攬』，無非約定○○公司、○○○公司聯合承攬系爭工程，須經國工局書面同意，始得為相互轉讓系爭工程所生權利義務等行為；而國工局已以書面同意○○公司將工程款債權讓與○○○公司，既如前述，則原審謂國工局非該聯合承攬協議書之當事人，不受該協議書內容之拘束乙節，縱與事實不符，亦與判決結果無涉。」註：本件聯合承攬人○○公司為○○營造股份有限公司，另一聯合承攬人○○○公司為建設股份有限公司。其中○○營造股份有限公司，屬於現行營造業法第 3 條第 7 款規定之聯合承攬的適格主體綜合營造業。

統設備部分）、漢○股份有限公司（自動控制系統及瓦斯設備部分）等五家廠商聯合承攬伊『台南市○道○○○路拓寬及地下街、地下停車場新建工程』，並簽訂工程合約。嗣因泉○公司無力履行，乃由連帶保證人萬○營造工程股份有限公司（下稱萬○公司）依約繼續系爭工程部分之施作，之後，又因萬○公司遭銀行拒絕往來，始再由上訴人以保證廠商身分繼續施作。」[25]

由前述最高法院所涉有關聯合承攬之個別案例，可以發現該聯合承攬之工程承攬定作人，均係行政機關或公法人。而其中之聯合承攬人，不乏有砂石企業有限公司、建設股份有限公司及營造股份有限公司。然前述個案所舉之聯合承攬人，除營造股份有限公司外，該砂石企業有限公司、建設股份有限公司或其他專業工程公司等之私法人，恐皆非現行營造業法規定之聯合承攬的適格主體綜合營造業。

有疑義者，於承攬定作人係行政機關或公法人情形，必然適用現行政府採購法及其相關規定，應無所議。惟現行政府採購法，並無專屬聯合承攬之規定明文，然在適用政府採購法之同時，是否即可因此而排除或不適用現行營造業法有關聯合承攬之適格當事人的相關規定，誠有討論餘地。

若從現行政府採購法關於共同投標之相關規定，不難明白立法者之共同投標人於得標後共同具名簽約，連帶負履行採購契約之責，以承攬工程或提供財物、勞務之連帶履約責任的立法意旨。而現行營造業法有關聯合承攬之規定，似僅係聯合承攬關係之各承攬人地位適格說明，似無相關責任或法律效果之明文。若係如此，則於共同投標情形，該共同投標人是否符合營造業法之聯合承攬適格當事人規定，應非所問。如此，可能造成的結果是，經由共同投標程序的聯合承攬，各該聯合承攬人的營業資格，並不受現行營造業法關於聯合承攬人之資格規定相繩。而未經共同投標之聯合承攬（例如：限制性招標），則各該聯合承攬人之營業資格，如未符合現行營造業法第 3 條第 7 款之綜合營造業者，恐有當事人不適格情形

---

25 最高法院95年度台上字第2553號民事判決。

之虞。

關於聯合承攬之類型，國內學者有謂：「如以與業主（定作人）訂立承攬契約之方式區分，有全體聯合承攬廠商共同具名或以聯合承攬組織（體）名義訂立者；亦有聯合承攬廠商互推一人為全體之代理人或代表人，由其單獨與業主訂立承攬契約者；或者聯合承攬廠商先行成立另一權利主體（公司或有限責任合夥）再以該權利主體與業主訂立承攬契約者。」[26]然於嗣後締約時，如若係以聯合承攬組織之名義，為該次確定得標之工程承攬契約締結名義情形，該定作人得否以其中之一當事人不符現行營造業法之聯合承攬人營業資格為由，主張該聯合承攬組織並非該次聯合承攬契約之適格當事人，而拒絕與其締結該次聯合承攬契約，似有疑義。

關於此一問題，本書以為，定作人不論係適用現行政府採購法之行政機關或公法人，或係適用現行政府採購法以外之自然人或私法人，皆應將所謂的共同投標與聯合承攬關係為明確說明，並恪為遵守。蓋所謂共同投標，係單一投標人或非單一投標人，參與招標程序之投標行為的區分，屬於契約締結前之程序參與人數及參與行為方式等之區別。而聯合承攬，應係該次工程承攬契約之契約義務履行類型，屬於該次工程承攬契約義務履行之契約當事人履約關係與責任的歸屬。蓋該共同投標人，於投標時所檢附的共同投標協議書內容，與聯合承攬履約關係之權利義務等，並非必然相同。此按行政院公共工程委員會發布之共同投標辦法第 10 條規定，該共同投標人須明列該共同投標廠商之代表廠商、代表人及其權責，與契約價金請（受）領之方式、項目及金額，且該共同投標協議書之內容，非經機關即定作人同意不得變更[27]。而按營造業法第 24 條規定，聯合承攬之

---

26 林誠二，聯合承攬法律關係之定性與區辨，台灣法學，第 349 期，2018 年 8 月，第 108 頁。

27 共同投標辦法第 10 條：「共同投標廠商於投標時應檢附由各成員之負責人或其代理人共同具名，且經公證或認證之共同投標協議書，載明下列事項，於得標後列入契約：一、招標案號、標的名稱、機關名稱及共同投標廠商各成員之名稱、地址、電話、負責人。二、共同投標廠商之代表廠商、代表人及其權責。三、各成員之主辦項目及所占契約金額比率。四、各

營造業應共同具名簽約，並檢附聯合承攬協議書，共負工程契約之責，而該聯合承攬協議書之內容，僅包括工作範圍、出資比率、權利義務等三部分[28]，可見端倪。然其二者間，除連帶責任之擔保外，何者較類似共同出資經營事業之合夥關係、何者之權利義務的轉讓較不受拘束，似有釐清之必要。

綜上所述，本文建議，於定作人適用政府採購法之情形，在避免與現行營造業法規定明文發生矛盾或牴觸之前提下，定作人應於招標公告或投標須知等文件內容，將該次工程承攬招標程序之共同投標的相關規定，與聯合承攬契約之履約責任予以明文，應能防免紛爭。此一紛爭之防免，於同業共同投標情形，尤為明顯。

Q64. 聯合承攬與轉包

B國際金融開發集團將該H大型綜合醫院新建工程之空調工程部分，排除於該次H大型綜合醫院新建工程承攬招標標的外，另為獨立之醫療級專業空調工程承攬招標，同時辦理H大型綜合醫院新建工程，與H大型綜合醫院醫療專業空調工程二個工程承攬招標。嗣經完整招標程序，由丁綜合營造公司與丙綜合營造公司共同投標，為該H大型綜合醫院新建工程承攬招標之確定得標人。另由戊專業空調工程公司與甲專業空調工程公司共同投標，為該H大型綜合醫院醫療級專業空調工程承攬招標之確定得標人。其中之關係，究為聯合承攬，或係轉包？

成員於得標後連帶負履行契約責任。五、契約價金請（受）領之方式、項目及金額。六、成員有破產或其他重大情事，致無法繼續共同履約者，同意將其契約之一切權利義務由其他成員另覓之廠商或其他成員繼受。七、招標文件規定之其他事項。前項協議書內容與契約規定不符者，以契約規定為準。第一項協議書內容，非經機關同意不得變更。」

28 營造業法第24條：「營造業聯合承攬工程時，應共同具名簽約，並檢附聯合承攬協議書，共負工程契約之責。前項聯合承攬協議書內容包括如下：一、工作範圍。二、出資比率。三、權利義務。參與聯合承攬之營造業，其承攬限額之計算，應受前條之限制。」

A64 解題說明

關於聯合承攬與共同投標之本質與關係，已如前所述。今如按現行共同投標辦法有關共同投標之分類，可分為同業共同投標與異業共同投標[29]。其區分之標準，在於該次共同投標之各投標人的行業別。如該共同投標之各投標人之行業別相同者，為同業共同投標；若該共同投標之各投標人間之行業別不相同者，則該次共同投標屬於異業共同投標。

題示情形，戊專業空調工程公司與甲專業空調工程公司共同投標，為該 H 大型綜合醫院醫療級專業空調工程承攬招標之確定得標人，此屬於同業共同投標情形。今若由戊專業空調工程公司為單獨投標，假設戊專業空調工程公司本來就有意於其確定得標後，將該 H 大型綜合醫院醫療級專業空調工程承攬轉包予甲專業空調工程公司者，即便現行政府採購法要求共同投標人，應於投標時檢附共同投標協議書[30]。然而，此一投標時所為檢附之共同投標協議書，或於聯合承攬時，各該聯合承攬人具名簽立之聯合承攬協議書[31]，是否果能達到完全遏止將所謂違法轉包行為，**在該確定得標人或承攬人為轉包之本意下**，或應持保留看法。

若按現行政府採購法第 25 條第 2 項：「第一項所稱共同投標，指二家以上之廠商共同具名投標，並於得標後共同具名簽約，連帶負履行採購契約之責，以承攬工程或提供財物、勞務之行為。」之明文，應可認該次共同投標之投標人，除於投標行為時須共同具名投標，及確定得標後共同具名簽約，連帶負履行採購契約之責，以承攬工程或提供財物、勞務外，若於共同投標人之行業別相同即同業共同投標之情形，於其嗣後聯合承攬履約時，因各該聯合承攬人之工作專業範圍重疊，或應注意有無發生所謂的不得將該次工程承攬之各自負擔的工作範圍互為轉讓之情形[32]。

---

29 共同投標辦法第 2 條：「共同投標，包括下列情形：一、同業共同投標：參加共同投標之廠商均屬同一行業者。二、異業共同投標：參加共同投標之廠商均爲不同行業者。參加共同投標之廠商有二家以上屬同一行業者，視同同業共同投標。」

30 政府採購法第 25 條第 5 項：「共同投標廠商應於投標時檢附共同投標協議書。」

31 營造業法第 24 條。

32 參閱政府採購法第 25 條第 2 項之立法理由：「二、共同投標一般係指由兩個以上之企業另外，有關聯合承攬當事人間之關係，不論合夥關係[33]、類似合夥關係[34]或其他無名之合作契約[35]，前述所謂項目管理費、指定項目材料採購

者，根據共同計算分擔損益之協定，而辦理共同向業主投標。在國外稱之爲 Joint Venture 或 Consortium，日本則稱之爲『共同企業體』。而在國內，台北市捷運局稱之爲『聯合承攬』，交通部國工局則依其對業主負責對象之不同而有所謂的『聯合經營』或『短期結合』，招標注意事項第十一點則定爲『以聯合承攬方式投標』；一般而言，其優點包括可結合具不同專業能力之廠商，以整合資源，並彙集財物及技術能力，增加承接案件之機會、充分利用閒置之資源及分散風險，並可藉由與外國廠商聯合之機會引進國外先進技術等，爰於第一項規定採購得由廠商共同投標。」

33 臺灣臺北地方法院 86 年度訴字第 525 號民事判決：「……次按稱合夥者，謂二人以上互約出資，以經營共同事業之契約。前項出資，得爲金錢或他物，或以勞務代之，民法第 667 條第 1、2 項定有明文。又合夥關係之存在與否，應就當事人有無互約出資經營共同事業之客觀事實予以認定，至有無辦理廠商登記，在所不問，最高法院 64 年台上字第 1122 號著有判例。經查，依前述 79 年 11 月 8 日『事業合作協議書』，兩造就台北市政府捷運工程局捷運路網有關工程之承攬，約定採『專案合作』及『通案合作』等方式。……被告雖抗辯兩造並未互相投資對方公司，乃各自經營公司，故實依所簽訂之事業合作協議書履行，係屬分工合作關係非合夥關係云云，然經衡諸兩造共同承攬北投三〇四標工程之性質，其雖未依協議書『通案合作』方式辦理，就『專案合作』原則而言，並無不合（雖出資及報酬分配比例因兩造嗣後另有約定而有不同），故就其合夥性質不生影響。又兩造事業合作協議書內雖未就事務檢查、損益問題、支出費用及報酬之請求、合夥代表、賸餘財產分配等事項作約定，然兩造既係互約出資經營共同事業，則縱未特別約定上開事項，非不得適用民法有關合夥之規定解決，究不至因此改變合夥之本質，故被告徒以未約定上開事項抗辯非屬合夥云云，亦有未當。」

34 最高法院 69 年度台上字第 2596 號民事判決裁判要旨：「按合夥乃二人以上互約出資，以經營共同事業之契約，所謂經營共同事業，必事業為共同，各合夥人就事業之成敗有共同利害關係為要件。故合夥人中有對事業成之敗無關，惟受確定之報酬者，此項無目的之共同，雖類似合夥，但實非合夥。」臺灣高等法院 105 年度建上更一字第 19 號判決：「至皇〇公司自 94 年 3 月起固有代華〇公司墊付營運資金等情（見本院建上卷二第 102-103 頁之皇〇公司 101 年及 100 年度合併財務報表暨會計師查核報告），然依上開查核報告記載，皇〇公司爲華〇公司墊付營運資金，華〇公司尚須支付利息，故以上開查核報告僅能認爲皇〇公司另爲華〇公司墊付款項，尚難據以推認皇〇公司與華〇公司即為合夥關係。是東〇公司依系爭契約附件之共同投標協議書已難認皇〇等三公司承攬主工程係基於合夥關係，東〇公司復不能證明皇〇等三公司**有互約出資經營共同事業之情形**，則東〇公司以皇〇等三公司係屬合夥或類似合夥關係，應就系爭契約債務負連帶給付責任，自無可採。」

35 林誠二，聯合承攬法律關係之定性與區辨，台灣法學，第 349 期，2018 年 8 月，第 114 頁：「本文以爲如聯合承攬係以相當存續期間內共同對於未來不同工程案件之承攬施作而出資成立者，認定其屬合夥或類似合夥契約，尚與合夥本質相符。但一般常見僅爲單一工程案件而臨時性組合而成之聯合承攬關係，依本文觀點解爲偶然性共同經營之無名契約關係反而較符實際。」

之採購權取得方式、融資或其他名義之內部關係，應非該聯合承攬當事人以外之第三人得以干預。除前述情形外，從最高法院關於共同投標與聯合承攬所涉案件[36]，及共同投標或聯合承攬實務操作之技術層面言，該共同投標或聯合承攬之成員，將轉包費用以項目管理費、指定項目材料採購之採購權取得方式、融資或其他名義為呈現者，亦非不能之事。

再者，即便嗣後於系爭工程承攬契約締結時，業已經將該當事人之共同投標協議書或聯合承攬協議書等，檢附為契約附件，而成為系爭工程承攬契約當事人間均應遵守之承攬契約內容條款，如該等共同投標協議書或聯合承攬協議書內容，已有明確之工程承攬報酬給付比例者，定作人亦僅能按該等共同投標協議書，或聯合承攬協議書內容所明列之工程承攬報酬給付比例，為該工程承攬契約報酬給付。且該共同投標協議書或聯合承攬協議書內容，縱有定作人得行使相關權利義務轉讓之同意權的約定條款，仍易生弊端。

綜上所述，於工程承攬契約當事人，除定作人係行政機關或公法人，並為避免確定得標人或承攬人因轉包行為而擠壓合理之承攬報酬空間，令該次工程承攬品質因此發生低劣或其他負面等結果外，似乎肯認再承攬即轉包行為之合法存在。在當事人契約目的實現與契約責任明確之前提下，如契約當事人均具該次契約目的完成之最大善意，且履約擔保責任亦明確無疑之情形下，如能利用合理完善之契約行為，以控制履約風險及保護契約利益，似較以未盡完整的法令規定為限制者，更加符合私法自治原則。

Q65. 聯合承攬人之承攬報酬請求

聯合承攬係由二家以上之綜合營造業廠商聯合承攬同一營造建築工程承攬標的，已如前述。惟此一聯合承攬之承攬報酬，該聯合承攬之各承攬人可否對於其各自已經履行部分，個別請求定作人給付該部分之承攬報酬？

36 最高法院106年度台上字第2897號民事判決。

A65 解題說明

依國內營造建築工程承攬之交易習慣，該次工程承攬之定作人係自然人或私法人者，聯合承攬人對於定作人之承攬報酬請求方式，得以各聯合承攬人之名義，為各該工程承攬報酬之分別請領，或係以該聯合承攬人名義，向定作人為工程承攬報酬之統一請領。

若於該次工程承攬定作人係行政機關或公法人情形，按現行共同投標辦法第 14 條規定：「機關允許共同投標時，應於招標文件中規定共同投標廠商於投標文件敘明契約價金由代表廠商統一請（受）領，或由各成員分別請（受）領；其屬分別請（受）領者，並應載明各成員分別請（受）領之項目及金額。」聯合承攬人對於定作人之承攬報酬請求方式，除得以各聯合承攬人之名義，為各該工程承攬報酬之分別請領外，亦得以該聯合承攬人名義，向定作人為工程承攬報酬之統一請領。

關於聯合承攬之承攬報酬請求，最高法院所涉案例有：

- 「依政府採購法第 25 條第 2 項、第 5 項、行政院公共工程委員會於 96 年 5 月 22 日發布之共同投標辦法第 10 條第 1 項第 6 款規定，**聯合承攬之債權是否可分，應視共同投標協議書之約定決之**。三家公司於 96 年 2 月 5 日共同簽署系爭協議書載明各成員於得標後連帶負履約責任及成員無法履約時，由其他成員或由共另覓廠商繼受等語。系爭工程合約雖僅由永○公司具名，惟兩造均知三家公司係共同投標，系爭工程合約書首頁亦列三家公司為共同承攬人，是上訴人應對永○公司之系爭工程債務負連帶責任，**其所提供履約保證金、受領工程款及發票，不僅負連帶履約責任，亦負連帶損害賠償責任**。」[37]

---

[37] 最高法院 107 年度台上字第 2348 號民事判決：「伊與訴外人永○營造工程股份有限公司（下稱永○公司）、世○電子工業股份有限公司（下稱○益公司，下合稱三家公司）共同簽訂『共同投標協議書』（下稱系爭協議書），以總價新臺幣（下同）三億六千四百七十七萬元共同承攬被上訴人之『國立臺灣美術館典藏庫擴建工程』（下稱系爭工程），並由永○公司代表渠等於民國 96 年 2 月 14 日與被上訴人簽訂工程合約書（下稱系爭工程合約），伊負責系爭工程中之『高低壓電氣設備工程、弱電設備工程及給排水設備工程等』及『消防安全設備工程』。迨伊完成第三期估驗工程，被上訴人竟以永○公司所施作之土木工程有瑕疵爲

➲「原審因系爭扣押命令送達國工局前，○○公司已將該工程款債權讓與○○○公司，並生債權讓與效力，而認上訴人請求確認○○公司之系爭工程款債權存在及代位○○公司請求國工局給付為無理由，於法並無違誤。再聯合承攬協議書第 11 條約定『本協議書經國工局收悉後，不論本工程決標與否，在未經國工局書面同意前，雙方均不得退出，且於得標後不得相互轉讓因本工程所發生之權利或義務，亦不得將雙方之權利或義務轉讓予第三者，甚或退出聯合承攬』，**無非約定○○公司、○○○公司聯合承攬系爭工程，須經國工局書面同意，始得為相互轉讓系爭工程所生權利義務等行為**；而國工局已以書面同意○○公司將工程款債權讓與○○○公司，既如前述，則原審謂國工局非該聯合承攬協議書之當事人，不受該協議書內容之拘束乙節，縱與事實不符，亦與判決結果無涉。」[38]

由前述最高法院所涉案例有關聯合承攬之承攬報酬請求及聯合承攬工程債務責任之見解，可知該聯合承攬之承攬報酬及聯合承攬工程債務責任，是否為可分之債，係以該聯合承攬當事人間之約定為依據。

除此之外，如按現行共同投標辦法第 14 條規定之明文，聯合承攬人對於定作人之承攬報酬請求方式，除得以各聯合承攬人之名義，為各該工程承攬報酬之分別請領外，亦得以該聯合承攬人名義，向定作人為工程承攬報酬之統一請領情形觀之，應認聯合承攬之債權，除當事人有特別之約

由，拒不給付系爭工程款三百四十三萬三千九百二十三元，並持訴外人第一商業銀行股份有限公司（下稱第一銀行）爲伊開立之履約保證書向其收取履約保證金九百二十二萬元（下稱系爭履約保證金）。……**依政府採購法第 25 條第 2、5 項、行政院公共工程委員會於 96 年 5 月 22 日發布之共同投標辦法第 10 條第 1 項第 6 款規定，聯合承攬之債權是否可分，應視共同投標協議書之約定決之。**三家公司於 96 年 2 月 5 日共同簽署系爭協議書載明各成員於得標後連帶負履約責任及成員無法履約時，由其他成員或由共另覓廠商繼受等語。系爭工程合約雖僅由永○公司具名，惟兩造均知三家公司係共同投標，系爭工程合約書首頁亦列三家公司爲共同承攬人，是上訴人應對永○公司之系爭工程債務負連帶責任，其所提供履約保證金、受領工程款及發票，不僅負連帶履約責任，亦負連帶損害賠償責任。」

38 最高法院 95 年度台上字第 2263 號民事判決。

定外，係屬於現行民法規定的可分之債[39]。

易言之，如於該次招標文件或契約條款內容，已經有規定共同投標廠商於投標文件敘明契約價金由代表廠商統一請（受）領之明文者，則除該代表廠商外，該聯合承攬之其他各個承攬人，不得以自己之名義，對於各自承攬工作實際施作或完成部分，向聯合承攬之定作人，請求其各自承攬工作實際施作或完成部分之承攬報酬。因此，於前述情形，該聯合承攬之定作人，並不得將承攬報酬為分別之給付，且該聯合承攬之各承攬人，亦不得為請求權時效分別計算之主張。

39 民法第271條：「數人負同一債務或有同一債權，而其給付可分者，除法律另有規定或契約另有訂定外，應各平均分擔或分受之；其給付本不可分而變爲可分者亦同。」

第十二單元 定作人協力義務

案例十二

T 石油化學集團為無官股之上市公司，M 塑膠化學公司為 T 石油化學集團之關係企業，為國內最大塑膠產品生產廠商，其中包含塑膠排水管料及外牆防水材料生產。今因應國際石化產品市場需求，預計在中央政府批准之人煙稀少的偏僻沿海地區，增設八座石油產品煉化工廠，並將該八座石油產品煉化工廠，以每二座石油產品煉化工廠為一個工程承攬招標單位，分為 T1、T2、T3 及 T4 等四個石油產品煉化工廠新建工程承攬招標。嗣經公開招標程序，由甲營造公司為 T1 石油產品煉化工廠新建工程承攬招標之確定得標人，乙營造公司為 T2 石油產品煉化工廠新建工程承攬招標之確定得標人，丙營造公司為 T3 石油產品煉化工廠新建工程承攬招標之確定得標人，丁營造公司為 T4 石油產品煉化工廠新建工程承攬招標之確定得標人。T 石油化學集團並於投標文件明示，於該石油產品煉化工廠新建工程承攬契約締結完成日起，300 個日曆天後之一周內，各石油產品煉化工廠新建工程承攬之承攬人，均必須開始進場實際施作，且須在進場開始實際施作日起之 600 個日曆天內，完成各該石油產品煉化工廠新建工程承攬。

Q66. 履約前（締約後工作前）之定作人協力義務

今如於甲營造公司按 T1 石油產品煉化工廠新建工程承攬招標之投標文件明示規定，於該石油產品煉化工廠新建工程承攬契約締結完成日起，300 個日曆天後之一周內，準備進場實際施作，於到達該 T1 石油產品煉化工廠新建工程施工現場時，發現有自稱環境保護團體之人員，在進入施工現場之主要道路上抗議，並阻止甲營造公司之相關施工人員進入施工現場。甲營造公司得否向 T 石油化學集團主張進場工作之障礙排除的義務？

A66 解題說明

契約當事人於契約成立時，即有按契約約定內容履行各自之給付義務及其準備行為。即便於契約成立、生效後，發生契約當事人以外之第三人的行為，造成契約債務人履行給付義務之障礙情形，該債務人仍有按債之本旨為給付的義務。

通常情形，於契約債務人履行給付義務時，契約債權人並無協力債務人履行給付義務之責任。惟現行法律規定，於特殊情形或契約當事人有其特別約定者，則應認契約債權人，對於債務人履行給付義務之完成，有協力義務。此觀現行民法第 507 條之規定：「工作需定作人之行為始能完成者，而定作人不為其行為時，承攬人得定相當期限，催告定作人為之。定作人不於前項期限內為其行為者，承攬人得解除契約，並得請求賠償因契約解除而生之損害。」應係立法者考量承攬給付之特殊性，如有債權人之協力行為，債務人之給付義務履行或能較易完成，或需要債權人之協力行為，該債務人之給付義務始能完成履行情形，所為法律介入之債權人協力義務規定[1]。

蓋於契約目的實現之前提下，契約當事人間的履約善意，應係債權人及債務人雙方皆應具備與展現的。此一契約當事人履約善意展現，於營造建築工程承攬定作人之協力行為的實現，即明顯得見其必要性與重要性。以下就國內學說與司法實務有關承攬關係之定作人協力義務的觀點及見

---

1 民法第 507 條立法理由：「謹按工作須定作人之行為，如須由定作人供給材料，或由定作人指示，或須定作人到場，例如寫真畫像之類，始得完成者，定作人不為其行為，即無由完成工作，遇有此種情形，不得不保護承攬人之利益。而保護之法，莫若使其可向定作人定相當期間，催令追完其行為，若不於此期間內追完者，自應予以解約之權。」

解，分別說明：

1. 學說

關於定作人之協力義務，國內學者有謂：

➲「**依第 507 條規定，定作人之協力行為，原則上僅係對己義務或不真正義務，並非具有債務人給付義務之性質**。若承攬人具有完成工作之利益，宜依契約之約定，使定作人負擔應為特定行為之法律上義務，但是必須定作人知悉，並有契約為依據，成為契約內容始可，僅僅承攬人具有完成工作之利益，尚不足夠。……不同見解認為，重大營建工程、藝術創作，或者定作人與承攬人必須特別密切合作時，定作人即具有為協力行為之真正義務，但此一見解，並無法律依據。再者，承攬人對於定作人應為之協力行為，原則上亦難以認為具有訴請強制履行之利益，因為依據第 511 條規定，於承攬人利益之保護下，定作人得隨時終止契約，因此有關第 507 條第 1 項規定之完成工作所必要之協力行為，定作人得不為之。」[2]

➲「我國民法第 507 條就其違反，明文僅規定承攬人得解除契約，似乎傾向於對己義務的看法。反之，德國民法第 642 條規定，關於協力義務，定作人之不作為構成『受領遲延』時，承攬人得請求適當之賠償，則傾向於當成可歸責於債權人之事由，致不能履行的態樣加以規範。……其實，**在協力義務的長期繼續違反，如事涉恣意，而非另有正當理由，論其實際，與隨意終止並無兩樣**。所以，實務上也應考慮正當理由之有無，以在結果上決定是否給予和隨意終止相同之效力。否則協力義務之違反，很容易被濫用為隨意終止的替代手段。」[3]

由以上國內學者關於定作人協力義務之看法，可認定作人之協力行為，原則上僅係對己義務或不真正義務，並非具有債務人給付義務之性

---

[2] 黃立主編，楊芳賢等合著，民法債編各論（上），元照出版，2002 年 7 月，初版一刷，第 655 頁。

[3] 黃茂榮，債法各論（第一冊），自版，2006 年 9 月，再版，第 582 頁。

質。因此，債權人違反對己或不真正義務之效果，僅係受到債權人自己權利減損或喪失等之不利益。亦即，債權人協力義務之違反，並不發生損害賠償責任。除此之外，有關學者所謂在協力義務的長期繼續違反，如事涉恣意，而非另有正當理由，論其實際，與隨意終止並無兩樣。所以，實務上也應考慮正當理由之有無，以在結果上決定是否給予和隨意終止相同之效力。否則，在不具正當理由之協力義務違反情形，很容易被協力義務人作為濫用為隨意終止的替代手段。此對於契約目的之達成，實非正面，亦與當事人履約善意相違背。

2. 司法實務

關於營造建築工程承攬之定作人的協力義務，最高法院所涉案例有：

➲「次查上訴人松〇營造有限公司（下稱松〇公司）主張：伊以新台幣（下同）一億三千八百萬元標得對造上訴人花蓮縣政府之宜昌村分支管網及用戶接管工程（第一標）（下稱系爭工程），於 97 年 12 月 2 日簽立系爭工程契約（下稱系爭契約），並於同年月 9 日申報開工，依約應於開工之日起 660 日曆天完工，惟因花蓮縣政府未盡協力義務，致伊進行管線推進時，遇有鋼軌樁及垃圾等障礙物、後巷用戶接管未能如期配合退縮 75 公分施工空間等原因，展延工期 171 日，並辦理三次變更設計而展延工期 146 日。又因後巷接管住戶未能配合拆遷、住戶協調於農曆年後施工及部分需強制執行拆除違建等原因，分別自 100 年 1 月 10 日至同年 2 月 17 日、同年 12 月 3 日至 101 年 4 月 3 日停工；並因路徑經私有土地爭議、配合路平專案人孔下地增設無法施工，自 101 年 6 月 28 日至同年 11 月 15 日停工。……查系爭契約第 7 條第 3 項約定：『除天災或事變等不可抗力外，廠商不得以任何理由要求延長履約期限。但非可歸責於廠商之事由，經機關認可者，不在此限』（見一審卷（一）第 19 頁），似見延長工期必須不可歸責於廠商之事由，始得經由機關同意而延長。而花蓮縣政府 101 年 10 月 15 日內簽之主旨欄記載：『擬同意於 101 年 6 月 28 日起停工』，並於說明欄三、四載明：『工程因路徑經私有土地爭議、配合路平專案人孔下地增設辦理變更設計，致工程無法繼續進行，清查至 101 年 6 月 28 日止，已無可供施工區塊，擬依工期核算要點第 5 條第 1-3 項辦理停工』……」[4]

➲「其次，被上訴人依約有提供系爭工程之材料及協力義務，事故發生前，上訴人吊起鋼箱樑進行沖孔過程發生開口無法沖孔之問題，致吊裝時間過久等情，亦為原審所認定。則上訴人主張鋼箱樑螺栓孔位置與現場施工狀況未吻合，增加吊裝時間及吊裝震動，致發生鋼箱樑掉落、吊車翻覆事故，被上訴人應負完全或主要責任等語，並引鑑定報告意見為證，即非無據。……此與上訴人抗辯被上訴人就本件損害之發生有過失一節攸關，非無詳加推求之必要，……」[5]

4　最高法院 108 年度台上字第 1651 號民事判決：「次查上訴人松○營造有限公司（下稱松○公司）主張：伊以新台幣（下同）一億三千八百萬元標得對造上訴人花蓮縣政府之宜○村分支管網及用戶接管工程（第一標）（下稱系爭工程），於 97 年 12 月 2 日簽立系爭工程契約（下稱系爭契約），並於同年月 9 日申報開工，依約應於開工之日起 660 日曆天完工，惟因花蓮縣政府未盡協力義務，致伊進行管線推進時，遇有鋼軌樁及垃圾等障礙物、後巷用戶接管未能如期配合退縮 75 公分施工空間等原因，展延工期 171 日，並辦理三次變更設計而展延工期 146 日。又因後巷接管住戶未能配合拆遷、住戶協調於農曆年後施工及部分需強制執行拆除違建等原因，分別自 100 年 1 月 10 日至同年 2 月 17 日、同年 12 月 3 日至 101 年 4 月 3 日停工；並因路徑經私有土地爭議、配合路平專案人孔下地增設無法施工，自 101 年 6 月 28 日至同年 11 月 15 日停工。另因自來水管線遷移障礙及颱風、豪雨等因素無法施工，分別經花蓮縣政府核准不計工期 63 日、15 日。……查系爭契約第 7 條第 3 項約定：『除天災或事變等不可抗力外，廠商不得以任何理由要求延長履約期限。但非可歸責於廠商之事由，經機關認可者，不在此限』（見一審卷(一)第 19 頁），似見延長工期必須不可歸責於廠商之事由，始得經由機關同意而延長。而花蓮縣政府 101 年 10 月 15 日內簽之主旨欄記載：『擬同意於 101 年 6 月 28 日起停工』，並於說明欄三、四載明：『工程因路徑經私有土地爭議、配合路平專案人孔下地增設辦理變更設計，致工程無法繼續進行，清查至 101 年 6 月 28 日止，已無可供施工區塊，擬依工期核算要點第 5 條第 1-3 項辦理停工』、『……至 101 年 6 月 28 日工程現址確已無可供之工作面施工，尚需辦理停工以維廠商權益』，經逐層簽核後，以 101 年 10 月 23 日府建下字第 0000000000 號函文（下稱 101 年 10 月 23 日函文）同意松○公司於 101 年 6 月 28 日起停工（不計日曆天），並未提及係因松○公司於私有土地埋設管線而遭土地所有權人舉發所致，有該內簽、函文足稽（見原審卷(二)第 95 頁、外放清冊第 68 頁），則松○公司一再主張其經花蓮縣政府上述內簽、函文核准自 101 年 6 月 28 日起至同年 11 月 15 日停工 139 日，具不可歸責事由等語，是否全無可採？自待深究。」

5　最高法院 107 年度台上字第 1270 號民事判決：「其次，被上訴人依約有提供系爭工程之材料及協力義務，事故發生前，上訴人吊起鋼箱樑進行沖孔過程發生開口無法沖孔之

➲「被上訴人於 99 年 11 月 19 日、12 月 7 日、100 年 1 月 4 日、20 日函請上訴人解釋或變更設計或申請停工，上訴人均未為解釋或變更設計，顯見系爭契約未能履行係可歸責於上訴人未盡協力義務。系爭契約第 22 條第 2 項第 4 款約定被上訴人催告上訴人履行協力義務者，須上訴人不作為致無法施工期間逾 6 個月以上者，始得為之，核係增加承攬人依民法第 507 條為催告時所無之限制，該約定對被上訴人顯失公平，不當限制被上訴人行使民法第 507 條之解除權，依民法第 247 條之 1 第 3 款規定，該約定為無效。系爭契約未能履行係可歸責於上訴人未盡協力義務，被上訴人主張依民法第 507 條規定解除系爭契約，並無不合。」[6]

問題，致吊裝時間過久等情，亦為原審所認定。則上訴人主張鋼箱樑螺栓孔位置與現場施工狀況未吻合，增加吊裝時間及吊裝震動，致發生鋼箱樑掉落、吊車翻覆事故，被上訴人應負完全或主要責任等語，並引鑑定報告意見為證，即非無據。原審徒以鋼箱樑安裝前進行沖孔事宜、半空作業爲正常狀況，鑑定報告意見就吊裝時間超過多久，及吊裝震動需達到何種程度，始造成事故發生，並無具體依據爲由，而未採信。似未考量上訴人吊起鋼箱樑 1 個多小時，仍無法進行沖孔，已非一般正常作業狀況，能否謂系爭事故非因被上訴人負責提供之鋼箱樑有上述無法沖孔情形，致吊裝時間過長，並增加吊裝震動所引起？此與上訴人抗辯被上訴人就本件損害之發生有過失一節攸關，非無詳加推求之必要，原審遽認被上訴人無歸責事由，所爲不利上訴人之判斷，自有可議，且難昭折服。」

6 最高法院 107 年度台上字第 1610 號民事判決：「上訴人則以：系爭契約第 22 條第 2 項第 4 款已約定解除契約之條件，被上訴人不得再援引民法第 507 條規定解除契約。被上訴人依約應完成 39 個柱位鑽孔之地質調查及分析，惟僅完成 8 個柱位之岩盤深度調查，且各柱位均無『單壓強度』及『容許承載力』之調查結果，經伊及監造單位要求補齊上開調查資料，仍未提出，伊於被上訴人提出其餘柱位鑽孔之地質調查及分析前，並無違反協力義務之情形。系爭工程因被上訴人拒不提出其他柱位之地質調查及分析報告，致無法進行，可歸責於被上訴人，伊乃於 100 年 4 月 13 日發函終止系爭契約。伊並無可歸責事由，不負賠償責任，依系爭契約第 14 條第 3 項第 4 款規定，被上訴人亦不得請求發還保證金等語，資爲抗辯。……被上訴人於 99 年 11 月 19 日、12 月 7 日、100 年 1 月 4 日、20 日函請上訴人解釋或變更設計或申請停工，上訴人均未為解釋或變更設計，顯見系爭契約未能履行係可歸責於上訴人未盡協力義務。系爭契約第 22 條第 2 項第 4 款約定被上訴人催告上訴人履行協力義務者，須上訴人不作爲致無法施工期間逾 6 個月以上者，始得爲之，核係增加承攬人依民法第 507 條爲催告時所無之限制，該約定對被上訴人顯失公平，不當限制被上訴人行使民法第 507 條之解除權，依民法第 247 條之 1 第 3 款規定，該約定爲無效。系爭契約未能履行係可歸責於上訴人未盡協力義務，被上訴人主張依民法第 507 條規定解除系爭契約，並無不合。系爭契約既經被上訴人於 100 年 3 月 4 日合法解除，上訴人再於同年 4 月 13 日以被上訴人不履行債務爲由而終止系爭契約，於法不合。系爭契約因上訴人未盡協力義務而經被上訴人合法解除，被上訴人依民法第 507 條規定，請求上訴人賠償因契約解

➲「次按契約成立生效後，債務人除負有給付義務（包括主給付義務與從給付義務）外，尚有附隨義務。所謂附隨義務，乃為履行給付義務或保護債權人人身或財產上利益，於契約發展過程基於誠信原則而生之義務，包括協力及告知義務以輔助實現債權人之給付利益。此項義務雖非主給付義務，債權人無強制債務人履行之權利，但倘因可歸責於債務人之事由而未盡此項義務，致債權人受有損害時，債權人仍得本於債務不履行規定請求損害賠償。是承攬工作之完成，因定作人違反協力義務，且有可歸責之事由，致承攬人受有損害時，承攬人非不得據以請求賠償，定作人非僅負受領遲延責任。」[7]

由前述最高法院關於營造建築工程承攬定作人協力義務所涉案例之相關見解，可知在承攬人能有效、順利履行該次工程承攬契約義務之前提下，該等承攬關係之定作人協力義務，應包括情事變更、定作人之故意行為、非可歸責承攬人之事由及減少損害發生等原因事項，均可認為係工程承攬定作人之協力義務範圍，而非僅限於受領義務。蓋契約目的之實現，其所需要的，仍應係契約當事人的最大履約善意，而不僅係債務人一方當事人之契約責任。

再者，誠如前述學者之論述，在協力義務的長期繼續違反，如事涉恣意，而非另有正當理由，論其實際，與隨意終止並無兩樣。此觀前述司法實務見解之發展，亦可得知其係為定作人協力義務違反與債務不履行之關係。因此，應考慮定作人協力義務的違反，是否具有其正當之理由，以在結果上決定是否給予和隨意終止相同之效力。否則，在不具正當理由的定作人協力義務違反情形，很容易被定作人以其作為濫用為隨意終止的替代手段。因此，如該承攬工作之完成，係因定作人違反協力義務，且有可歸責定作人之事由，致承攬人受有損害時，承攬人非不得據以請求賠償。

除而生之損害，洵非無據。」

7 最高法院106年度台上字第466號民事判決。

筆者建議

題示情形，甲營造公司按 T1 石油產品煉化工廠新建工程承攬招標之投標文件明示規定，於該石油產品煉化工廠新建工程承攬契約締結完成日起，300 個日曆天後之一周內，準備進場實際施作，於到達該 T1 石油產品煉化工廠新建工程施工現場時，發現有自稱環境保護團體之人員，在進入施工現場之主要道路上抗議，並阻止甲營造公司之相關施工人員進入施工現場。

此時，該 T1 石油產品煉化工廠新建工程承攬人即甲營造公司，應將其相關人員到達該 T1 石油產品煉化工廠新建工程施工現場時，發現有自稱環境保護團體之人員，在進入施工現場之主要道路上抗議，並阻止甲營造公司之相關施工人員進入施工現場之情形，即時通知定作人 T 石油化學集團。並請求 T 石油化學集團，於一定期間內履行其定作人之協力義務。

蓋定作人 T 石油化學集團，有使該 T1 石油產品煉化工廠新建工程承攬之客觀環境，具備令承攬人甲營造公司可為承攬工作施作之通常條件。如定作人 T 石油化學集團於受通知後，為拒絕履行其定作人協力義務，或於該一定期間內怠於履行，或履行未果者，因該客觀環境並不具備工程施作條件，應肯認承攬人甲營造公司，得據此為該 T1 石油產品煉化工廠新建工程承攬契約解除之主張[8]。

除前述情形外，若係因定作人 T 石油化學集團之故意或過失，而造成該客觀環境不具備可施作條件，或因此發生損害擴大之情形者，承攬人甲營造公司應可於該 T1 石油產品煉化工廠新建工程承攬契約解除外，並為損害賠償責任之請求[9]。

---

8 參照民法第 507 條立法理由：「謹按工作須定作人之行為，如須由定作人供給材料，或由定作人指示，或須定作人到場，例如寫真畫像之類，始得完成者，定作人不為其行為，即無由完成工作，遇有此種情形，不得不保護承攬人之利益。而保護之法，莫若使其可向定作人定相當期間，催令追完其行為，若不於此期間內追完者，自應予以解約之權。」

9 民法第 507 條第 2 項：「定作人不於前項期限內為其行為者，承攬人得解除契約，並得請求賠償因契約解除而生之損害。」

Q67. 定作人協力義務違反之契約解除

今如於乙營造公司為 T2 石油產品煉化工廠新建工程承攬契約履行期間，因中央政府以預備興建海岸風力發電設施為由，對 T 石油化學集團所開發之 T2 石油產品煉化工廠新建工程現址，作成限制使用面積之負擔行政處分，而該 T2 石油產品煉化工廠之外部儲油槽在限制區內，造成該外部儲油槽部分結構體無法按照原設計藍晒圖說興建。嗣經承攬人乙營造公司，以一定方式通知定作人 T 石油化學集團為變更設計之請求。惟經過一定期間，定作人 T 石油化學集團仍遲未為該部分藍晒圖說之變更設計，且多次催告仍未果。試問，乙營造公司得否據此為由，主張該無法按照藍晒圖施作部分之契約解除？

A67 解題說明

按現行民法第 507 條規定：「工作需定作人之行為始能完成者，而定作人不為其行為時，承攬人得定相當期限，催告定作人為之。定作人不於前項期限內為其行為者，承攬人得解除契約，並得請求賠償因契約解除而生之損害。」於前述經承攬人乙營造公司，以一定方式通知定作人 T 石油化學集團為變更設計之請求。如經過一定期間，定作人 T 石油化學集團仍遲未為該部分藍晒圖說之變更設計，且多次催告仍未果之情形下，承攬人乙營造公司得解除契約，並得請求賠償因契約解除而生之損害，應無所議。

有疑義者，於前述情形，承攬人得否僅解除定作人違反協力義務部分之契約內容，而不為全部契約解除之主張？亦即，承攬人乙營造公司，可否僅解除 T2 石油產品煉化工廠之外部儲油槽新建工程部分之承攬，而保留該 T2 石油產品煉化工廠之新建工程承攬，繼續除該外部儲油槽以外之 T2 石油產品煉化工廠新建工程承攬施作。

首先應認識者，乃營造建築工程之新建工程承攬契約係屬於繼續性契約，通常對於繼續性契約關係之消滅，當事人應以契約終止為之，似較妥適。蓋按現行民法之規定，契約解除者，契約當事人均負回復原狀之責[10]。

於繼續性契約，如無因嗣後之債務不履行情事，使契約關係溯及消滅之必要，原則上雖應以終止之方法消滅其契約關係，免徒增法律關係之複雜。然於法律有特別規定或契約當事人有約定，可以解除行為令繼續性契約關係為消滅者，契約當事人應仍得行使其法定或意定解除權，令該繼續性契約關係消滅。按現行民法第 259 條規定，契約經解除時，當事人雙方有回復原狀之義務。而繼續性契約經解除者，契約當事人於回復原狀情形，恐有難以回復之障礙。惟立法者於現行民法承攬一節，規定承攬人僅得以契約解除方式，令該當事人之承攬關係因解除而消滅。

關於此一具繼續性契約關係之承攬契約解除，最高法院所涉案例有：

- 「又繼續性之契約已開始履行者，如無因嗣後之債務不履行情事，使契約關係溯及消滅之必要，原則上雖應以終止之方法消滅其契約關係，惟究不得因此即謂已履行之繼續性契約，當事人不得依法行使解除權。」[11]
- 「繼續性之契約已開始履行者，為免徒增法律關係之複雜，如無因嗣後之債務不履行情事，使契約關係溯及消滅之必要，原則上雖應以終止之方法消滅其契約關係，惟究不得因此即謂已履行之繼續性契約，當事人均不得行使解除權。於繼續性質之租賃契約，民法債編『租賃』，就承租人之終止權，固已有特別規定，但在出租人依約交付合於債之本旨之租賃物與承租人前，承租人要非不得依法行使解除權，以解除租賃契約。」[12]

---

10 民法第 259 條：「契約解除時，當事人雙方回復原狀之義務，除法律另有規定或契約另有訂定外，依左列之規定：一、由他方所受領之給付物，應返還之。二、受領之給付爲金錢者，應附加自受領時起之利息償還之。三、受領之給付爲勞務或爲物之使用者，應照受領時之價額，以金錢償還之。四、受領之給付物生有孳息者，應返還之。五、就返還之物，已支出必要或有益之費用，得於他方受返還時所得利益之限度內，請求其返還。六、應返還之物有毀損、滅失或因其他事由，致不能返還者，應償還其價額。」

11 最高法院 108 年度台上字第 558 號民事判決。

12 最高法院 102 年度台上字第 1447 號民事判決裁判要旨。

➲「又按契約之終止，乃繼續性契約之當事人一方，因他方之契約不履行而行使終止權，使繼續性之契約關係向將來消滅之意思表示，而就契約之終止權，民法並無一般原則性之規定，必須法律有特別明文規定時，始得據以行使。有關民法債編承攬規定，除第 511 條有定作人之意定終止權及第 512 條第 1 項法定終止權外，承攬人就承攬契約僅有契約解除權，並無終止權，此觀民法第 514 條第 2 項之規定自明。」[13]

➲「未按已開始履行之承攬契約或其他類似之繼續性契約一經合法成立，倘於中途發生當事人給付遲延或給付不能時，民法雖無明文得為終止契約之規定，但為使過去之給付保持效力，避免法律關係趨於複雜，應類推適用民法第 254 條至第 256 條之規定，許其終止將來之契約關係，依同法第 263 條準用第 258 條規定，向他方當事人以意思表示為之。又承攬人承攬工作之目的，在取得報酬。承攬人依契約終止前之承攬關係，非不得請求定作人給付其已完成特定部分工程之承攬報酬。如承攬人因終止契約受有損害，而定作人受有利益，此項利益與所受損害間存有相當因果關係，即與民法第 179 條後段所定不當得利之情形相當。」[14]

➲「契約之終止，乃繼續性契約之當事人一方，因他方之契約不履行而行使終止權，使繼續性之契約關係向將來消滅之意思表示，而就契約之終止權，民法並無一般原則性之規定，必須法律有特別明文規定時，始得據以行使。查承攬之性質除勞務之給付外，另有完成一定工作之要件。而工作之完成可能價值不菲，或須承攬人之特殊技術始能完成，如許承

---

13 最高法院 100 年度台上字第 1632 號民事判決：「又按契約之終止，乃繼續性契約之當事人一方，因他方之契約不履行而行使終止權，使繼續性之契約關係向將來消滅之意思表示，而就契約之終止權，民法並無一般原則性之規定，必須法律有特別明文規定時，始得據以行使。有關民法債編承攬規定，除第 511 條有定作人之意定終止權及第 512 條第 1 項法定終止權外，承攬人就承攬契約僅有契約解除權，並無終止權，此觀民法第 514 條第 2 項之規定自明。承攬之性質，除勞務之給付外，另有完成一定工作之要件。而工作之完成可能價值不菲，或須承攬人之特殊技術始能完成，如許承攬人終止契約，不僅未完成之工作對定作人無實益，將造成定作人之重大損害或可能造成工作無法另由第三人接續完成之不利後果，故民法第 507 條規定承攬人僅得行使解除權。」

14 最高法院 100 年度台上字第 1161 號民事判決。

攬人終止契約，不僅未完成之工作對定作人無實益，將造成定作人之重大損害或可能造成工作無法另由第三人接續完成之不利後果，故民法第507條規定承攬人僅得行使解除權。」[15]

➲「繼續性之契約已開始履行者，由於無須因嗣後之債務不履行情事，使其溯及的消滅契約關係，致增法律關係之複雜性，原則上固應以『終止』之方法消滅其契約關係，惟究不得執此即謂凡已履行之繼續性契約，均無容當事人行使法定或意定解除權之餘地，此觀民法第502條第2項、第503條、第506條、第507條之規定自明。」[16]

由前述最高法院有關繼續性契約關係消滅所涉案例之見解，可知多以「繼續性之契約已開始履行者，為免徒增法律關係之複雜，如無因嗣後之債務不履行情事，使契約關係溯及消滅之必要，原則上雖應以終止之方法消滅其契約關係，惟究不得因此即謂已履行之繼續性契約，當事人均不得行使解除權。」「又按契約之終止，乃繼續性契約之當事人一方，因他方之契約不履行而行使終止權，使繼續性之契約關係向將來消滅之意思表示，而就契約之終止權，民法並無一般原則性之規定，必須法律有特別明文規定時，始得據以行使。有關民法債編承攬規定，除第511條有定作人之意定終止權及第512條第1項法定終止權外，承攬人就承攬契約僅有契約解除權，並無終止權，此觀民法第514條第2項之規定自明。」等原因，作為承攬人於繼續性承攬契約，僅得以契約解除方式使該繼續性承攬契約關係消滅之理由。

然而，於該工程承攬契約約定之工作或工作物，並非為單一繼續性給付標的者，於定作人有協力義務違反情形，承攬人是否得為部分契約解除，僅將定作人違反協力義務部分之契約解除主張，非無推研餘地。於此情形，基於契約目的與當事人契約上利益之立場，如該工程承攬契約約定之工作或工作物，並非為單一繼續性給付標的者，而定作人所違反協力義

15 最高法院96年度台上字第153號民事判決裁判要旨。
16 最高法院95年度台上字第1731號民事判決裁判要旨。

務致無法工作之部分，非為該次承攬工程標的之主要部分，且該非主要部分係為獨立或可分割者，應肯認承攬人得以僅對該非主要部分為獨立或可分割部分，主張契約解除。

蓋因定作人所違反協力義務致無法工作情形，若許承攬人不為全部契約解除，而僅對該非主要部分為獨立或可分割部分，主張契約解除者，不但符合契約當事人契約解除後回復原狀之法律規定意旨，且就該契約解除部分，亦可避免繼續性契約關係回復原狀之困難。更可因僅該部分契約解除，而不影響系爭工程承攬契約之契約目的，對當事人契約上利益為最大的保護。

筆者建議

題示情形，於乙營造公司為 T2 石油產品煉化工廠新建工程承攬契約履行期間，因中央政府以預備興建海岸風力發電設施為由，對 T 石油化學集團所開發之 T2 石油產品煉化工廠新建工程現址，作成限制使用面積之負擔行政處分，而該 T2 石油產品煉化工廠之外部儲油槽在限制區內，造成該外部儲油槽部分結構體無法按照原設計藍晒圖說興建。嗣經承攬人乙營造公司，以一定方式通知定作人 T 石油化學集團為變更設計之請求。

如定作人 T 石油化學集團於一定期間經過，仍遲未為該部分藍晒圖說之變更設計，且經承攬人乙營造公司多次催告仍未果者，應認乙營造公司得據此為由，主張該無法按照藍晒圖施作部分之契約解除。

蓋因該 T2 石油產品煉化工廠主體工程，與其之外部儲油槽，係為獨立且可分割，且該次 T2 石油產品煉化工廠新建工程承攬契約之主要工程承攬標的，係為 T2 石油產品煉化工廠新建工程，而非附屬於 T2 石油產品煉化工廠新建工程之外部儲油槽。

今若肯認承攬人乙營造公司，得僅對該附屬於 T2 石油產品煉化工廠新建工程之外部儲油槽部分，為契約解除者，不但能對該次 T2 石油產品煉化工廠新建工程承攬契約當事人之契約利益為最大的保護，亦能符合該次 T2 石油產品煉化工廠新建工程承攬契約目的，且可避免契約當事人之法律關係趨於複雜。

本文建議，基於契約目的與當事人利益保護，應肯認承攬人乙營造公司可僅對因定作人協力義務違反致無法工作部分，為部分契約解除之主張。然而，若否定承攬人乙營造公司僅得對部分契約解除為主張者，亦應認因該定作人T石油化學集團違反協力義務致無法工作部分，為該次T2石油產品煉化工廠新建工程承攬契約減項，或變更設計之當然理由。易言之，於發生因定作人協力義務違反致無法工作情形，應肯認承攬人可僅對因定作人協力義務違反致無法工作的部分，為該部分工作契約之解除。

Q68. 驗收之法律性質

今承攬人丙營造公司，已經將其所承攬之T3石油產品煉化工廠新建工程之基樁工程部分施作完成，並以契約約定之方式，通知定作人T石油化學集團於一定期間內驗收該完成之基樁工程。詎料定作人T石油化學集團藉故推託，遲遲不為驗收，幾經承攬人丙營造公司多次催告，仍未果。承攬人丙營造公司無法繼續施作，承攬人丙營造公司得否據此對定作人T石油化學集團請求因此發生之損害賠償責任？

A68 解題說明

「驗收」一詞，對於營造建築工程承攬實務當事人而言，除了係對於已經施作之部分的進度與品質查驗外，於通常的認識，驗收更代表著該已經施作部分之承攬報酬請領的必要程序之一。不論係當事人所熟悉的「初驗」、「正式驗收」、「複驗」、「總驗收」等，其申請之方式、時點與查驗之標準及結果辦法，於交易習慣上，均為該工程承攬契約之重要條款內容。

司法實務關於營造建築工程承攬驗收所涉案例有：

➲「按承攬人完成之工作，依工作之性質有須交付者，有不須交付者，大凡工作之為有形的結果者，原則上承攬人於完成工作後，更應將完成物交付於定作人，且承攬人此項交付完成物之義務，與定作人給付報酬之義務，並非當然同時履行，承攬人非得於定作人未為給付報酬前，遽行拒絕交付完成物，本件上訴人早已完成系爭其餘八棟店舖，為其所不爭執，則被上訴人請求上訴人交出該八棟店舖由渠驗收，依上說明，要無不當。」[17]

➲「上訴人自承系爭工程迄未經國公局完成驗收，系爭工程保留款之清償期自尚未屆至。次查兩造係就已確定發生之債權約定其清償期，其約定非屬停止條件，自不生被上訴人遲未提出完整竣工文件致無法驗收，應視為條件已成就之問題。……查當事人預期不確定事實之發生，以該事實發生時為債務之清償期者，倘債務人以不正當行為阻止該事實之發生，類推適用民法第 101 條第 1 項規定，應視為清償期已屆至。兩造固約定系爭工程保留款應於工程完工經國公局驗收合格時給付。……」[18]

➲「惟按當事人約定承攬報酬按工作完成之程度分期給付，於每期給付時，保留其一部，待工作全部完成驗收合格後始為給付者，係對既已發生之該保留款債權約定不確定清償期限；……」[19]「系爭工程於 97 年 8 月 15 日開工，嗣於 100 年 9 月 26 日竣工，並於 101 年 9 月 10 日驗收合格，有工程結算驗收證明書為憑。查系爭契約第 11 條第 4 項約定：『契約工程全部竣工，並經驗收合格，除有特殊事由外，甲方（指北市

17　原最高法院 50 年台上字第 2705 號民事判例。

18　原最高法院 87 年台上字第 1205 號民事判例。

19　最高法院 109 年度台上字第 626 號民事判決：「惟按當事人約定承攬報酬按工作完成之程度分期給付，於每期給付時，保留其一部，待工作全部完成驗收合格後始爲給付者，係對既已發生之該保留款債權約定不確定清償期限；倘其併約定工作如有瑕疵或承攬人有其他債務不履行之情形發生，定作人得逕自該保留款中扣抵其因此所生之損害，則於該約定扣抵事由發生時，就應扣抵部分爲扣抵後，該部分工程款債權即歸於消滅。定作人之扣抵權，係本於同一承攬契約相關權利義務關係所生，爲工程款債權、債務綜合結算之約定抵銷權，性質與法定抵銷權有間，無待定作人另爲抵銷之意思表示。倘得扣抵之事由業已發生，該工程款債權縱經承攬人之債權人扣押，定作人仍得行使扣抵權以確定實際債權額。」

新工處）應於15日內填發結算驗收證明書，並付清尾款』。本件福○公司依系爭契約及民法第227條、第227條之2規定暨承攬法律關係，請求北市新工處給付如原判決附表（下稱附表）1 項次一之 3、4 及項次二之 1、2、3 之承攬報酬，請求權時效應自系爭工程驗收合格後第15日起算，……」[20]

➲「按『機關辦理採購，發現廠商有下列情形之一，應將其事實及理由通知廠商，並附記如未提出異議者，將刊登政府採購公報：……八、查驗或驗收不合格，情節重大者。』為行為時政府採購法第101條第1項第8款所明定。」[21]

由前述司法實務關於工程承攬驗收之見解，可知驗收係承攬人得請求工程承攬報酬的要件之一，亦是承攬人工程承攬報酬請求之請求權時效計算時點。於定作人為適用政府採購法之行政機關或公法人者，驗收亦得成為懲罰承攬人之汙點公布的法律依據[22]。

然本文以為，於國內營造建築工程承攬實務，驗收除係前述之承攬人得請求工程承攬報酬的要件之一，亦是承攬人工程承攬報酬請求之請求權時效計算時點。且在定作人為適用政府採購法之行政機關或公法人者，驗收除得成為定作人懲罰承攬人之汙點公布的法律依據外，**更係承攬人為其承攬工作能否繼續施作的要件，亦係定作人受領工作或工作物之行為，及完成工作或工作物之保固責任的發生時點與要件**。而非完全係司法實務所反應或工程承攬實務當事人所爭執的附條件，或附清償期之債權請求權約款。

就一般情形言，於工程承攬契約關係存續期間，工程承攬契約約定之一定工作，一經定作人驗收合格並完成其相關程序者，應可認定作人即已

---

20 最高法院108年度台上字第2183號民事判決。

21 最高行政法院108年度判字第332號判決。

22 政府採購法第101條第1項第8款：「機關辦理採購，發現廠商有下列情形之一，應將其事實、理由及依第一百零三條第一項所定期間通知廠商，並附記如未提出異議者，將刊登政府採購公報：……八、查驗或驗收不合格，情節重大者。」

經受領該一定工作。且該系爭之一定工作，經定作人驗收合格者，應視為該承攬人已履行提出該經驗收合格部分工作之受領通知，與交付一定工作之二義務。此時，定作人則須同時履行受領該經驗收合格部分之工作或工作物，及給付該經驗收合格部分之工作或工作物承攬報酬全部數額之義務[23]。蓋就工程承攬之工作物驗收的結果，對於定作人之承攬報酬給付義務言，係其是否履行給付與給付範圍如何之一必要的條件。

前述承攬人已依債之本旨為提出承攬標的工作或工作物時，而發生定作人受領遲延情形者，應可主張定作人遲延責任[24]。而其所得主張之遲延效果，誠有不同，其理由在於定作人之承攬工作受領，究係對他義務或係對己義務，蓋對他義務為真正義務，而對己義務屬於不真正義務。

關於對他義務與對己義務，國內學者有謂：「債之關係，除給付義務及附隨義務外，尚有所謂的 Obliegenheiten（暫譯為不真正義務，亦有稱為間接義務）。Obliegenheit 為一種強度較弱的義務（Pflichtegeringerer Intensität），其主要特徵在於相對人通常不能請求履行。而其損害並不發生損害賠償責任，僅使負擔此項義務者遭受權利減損或喪失的不利益而已。」[25]

惟於營造建築工程承攬實務之新建工程承攬，其建築標的物通常係屬於分部交付之情形，且幾乎多採延續施作之模式。因此，每一新的分部之繼續施工與否，完全建立在該尚未施作之新分部之前一已經工作完成之分部驗收與否之基礎上。若已經工作完成之分部尚未驗收，則該尚未施作之另一新分部即無法進行工作。職是，於定作人怠於受領之情形，其所造成的，除危險移轉及工作承攬報酬給付時點延遲外，更侵害承攬人正常履行承攬工作之期間利益，並令承攬標的之完竣延宕。

---

23 詳閱黃正光，論工程契約之擔保—以押標金、保留款及保固保證金為中心，東海大學法律學碩士學位論文，第 17 頁。

24 民法第 234 條：「債權人對於已提出之給付，拒絕受領或不能受領者，自提出時起，負遲延責任。」

25 王澤鑑，債法原理，三民書局，2012 年 3 月，增訂三版，第 51 頁。

舉例而言，若該系爭新建工程承攬契約之工作承攬標的，係為地下一層、地上八層之圖書館之新建工程。於承攬人將該圖書館之地下一層部分施作完成，並以確定之驗收期日，通知定作人為該地下一層部分之工作物為驗收者。如於此時，發生定作人遲不為該地下一層部分之工作物驗收之情形。則緊接著地下一層施作完成後之尚未施作之地上一層樓部分，即無法繼續為應有之工作進行。其所造成的結果，不僅是該系爭圖書館之新建工程一直停滯在地下一層之部分，另造成承攬人之該完成工作之分部給付部分之工作承攬報酬亦無從為請求。

於前述情形，如認該完成工作並已提出之分部工作物之受領，僅係定作人之對己義務，則完成該分部工作之承攬人，即無法請求定作人為受領該分部給付之完成工作或工作物。其所造成的損害，除定作人之承攬標的之工作進度無法如期，及工作物因未加工完成而增加裸露損壞外，更侵害承攬人於系爭工程承攬契約履行之正當給付利益與期間利益，及承攬人之固有財產之損害，令該完成工作之承攬報酬給付、危險移轉與保固保證責任之時點陷於不確定，以及該承攬標的之利用者的使用利益遭受損害，而造成更高之社會成本。

綜上所述，本文以為，於工作承攬標的為建築物或其他土地上之工作物，或為此等工作物之重大修繕者，對於完成或交付工作或工作物之驗收，認係定作人之對他義務，且應視為民法第 507 條規定之定作人協力義務。於定作人不於承攬人通知之期限內為履行該行為時，承攬人得解除契約，並得請求賠償因契約解除而生之損害。

易言之，於承攬標的工作為建築物或其他土地上之工作物，或為此等工作物之重大修繕之承攬關係，定作人對於承攬人完成或交付工作或工作物之驗收義務，實有將其認係定作人之對他義務，並視為民法第 507 條規定之定作人協力義務的必要。

筆者建議

題示情形，丙營造公司已經將其所承攬之 T3 石油產品煉化工廠新建工程之基樁工程部分施作完成，並以契約約定之方式，通知定作人 T 石油化學集團於一定期間內驗收該完成之基樁工程。詎料定作人 T 石油化學集團藉故推託，遲遲不為驗收，幾經承攬人丙營造公司多次催告仍未果者，如造成承攬人丙營造公司無法繼續施作，應認係定作人 T 石油化學集團違反定作人協力義務之情形，承攬人丙營造公司得據此為 T3 石油產品煉化工廠新建工程承攬契約解除，並請求因此發生之損害賠償責任。

筆者的話

應注意者，另按最高法院關於驗收所涉案件：「依兩造簽訂編號ＢＧ一〇〇七、ＢＯ一〇一〇號工程合約第 15 條及ＢＯ一〇二六號工程合約第 16 條之約定，系爭工程須經初驗、複驗合格並經交付始得視為受領，並無民法第 510 條所謂依工作之性質，無須交付者，以工作完成時視為受領之情形。系爭工程於 88 年 9 月 1 日完工，依上開合約之文義解釋，擎〇公司如於工程完工後之 1 個月內即 88 年 10 月 1 日前進行驗收程序，即符合工程合約之約定，不生遲延驗收之問題，而定作人擎〇公司在待驗之期間，既未受領系爭工程，自無受領是否遲延之問題，其間發生九二一大地震所造成之損害，依民法第 508 條前段規定，應由偉〇公司負擔危險責任，故系爭工程於驗收時所發現之瑕疵，不論是否偉〇公司施工不良所造成，抑係因九二一大地震所造成，偉〇公司均應負修補之責任。」[26]

若另按前述最高法院關於驗收所涉案例，可知當事人如有約定工程須經驗收合格，並經交付始得視為受領者，即可排除民法第 510 條所謂依工作之性質，無須交付者，以工作完成時視為受領之情形。若定作人未為驗

---

26 最高法院 94 年度台上字第 1669 號民事判決。

收合格者，即視為定作人並未受領該工作或工作物。於此時，驗收合格，即代表定作人受領與危險移轉等二個重要的法律效果。此從最高法院之「定作人在待驗之期間，既未受領系爭工程，自無受領是否遲延之問題，……」的見解，不難明瞭。

鑑於驗收之法律性質重要性，本文以為，除應將驗收視為定作人之契約上義務，令其有債務不履行之法律效果外，要將驗收程序完成，視為工作或工作物之受領行為，而非驗收完成並為合格之結果者，始為工作或工作物之受領。蓋承攬人為工作或工作物驗收提出者，應認係該驗收提出部分之工作或工作物之完成或交付，而非該提出部分之定作人檢查義務履行請求，或定作人之瑕疵修補請求權之程序主張。因此，如該驗收不合格部分，如非重要，或僅占該次驗收部分之些微比例者，應認該驗收不合格部分，僅係該次完成工作或工作物需為修補部分，而非工作或工作物未為完成情形。否則，徒憑驗收不合格，即排除定作人對該次驗收部分工作或工作物之受領與承攬報酬給付義務者，對於當事人契約上利益保護，恐有失衡之嫌。舉前述之圖書館新建工程而言，從施作前之各項材料、放樣、鋼筋及模板組立、水電配置等，均須經過其各個單項之驗收並且合格，始得進行該樓層之混凝土澆置。且該澆置之混凝土，亦經現場澆置前之氯離子含量、骨材料徑規格、坍度等測試合格後，始得進行澆置。因此，如於該樓層完成之驗收時，發生該次工作完成部分之驗收結果為全部不合格或主要部分之重大瑕疵者，終究罕見。

綜上所述，基於完整善意契約可控制履約風險，及避免當事人契約上利益失衡與危險之可能，本文建議，當事人於系爭工程承攬契約締結時，應將前述之驗收完成，即視為定作人工作或工作物之受領行為，而非驗收合格者，始為工作或工作物受領之約定，明文於系爭工程承攬契約條款內容。藉此以釐清工作或工作物之受領、危險移轉、保固期間計算與承攬報酬給付等時點，並使法律關係趨於清楚，且減少當事人之紛爭。蓋若以道路工程承攬為例，其經驗收者，即可認係定作人已經為該驗收部分之受領、危險移轉、保固期間計算與承攬報酬給付等時點，若否，則該定作人並未已經占有或具實質管領力，何來分段通車之情形？此一情形，於定作人開放不特定民眾試乘捷運後，始發見瑕疵而停止運行，並於一定修補期間經過再予開放搭乘者，亦為相同之理。

Q69. 定作人指示

M 塑膠化學公司為 T 石油化學集團之關係企業，係國內最大塑膠產品生產廠商，其中包含塑膠排水管料及外牆防水材料生產。T 石油化學集團於其 T4 石油產品煉化工廠新建工程承攬投標文件之材料清單內容，有關塑膠排水管料及外牆防水材料等部分，已經預擬該等材料生產品牌為 M 塑膠化學公司。並於投標須知條款內容，明文所有進場施工材料，均須按投標文件材料清單內容所示之品牌、規格，未經定作人許可者，不可使用與投標文件材料清單內容所示之品牌、規格不符之材料。嗣因不可抗力因素，造成該 M 塑膠化學公司之生產線無法正常運作，導致供給丁營造公司承攬之 T4 石油產品煉化工廠新建工程塑膠排水管料，較原訂進貨到場日期遲延 90 日。承攬人丁營造公司得否據此損害情形，主張定作人 T 石油化學集團之損害賠償責任？

A69 解題說明

一般情形言，有關藍晒圖說之標示、施工規範、材料說明或契約所載其他關於工作施作與變更等內容，均應認係定作人之指示。

關於定作人指示之問題，司法實務所涉案例有：

➲「……並經證人林○皓即該會指定鑑定專家證述其詳，堪認 1132 等三批次 PCB 板爆板之原因為上訴人壓合製程之瑕疵所致，至於 1139 批次 PCB 爆板之原因與上訴人壓合製程無關。系爭 PCB 板爆板之原因，已如前述，上訴人復未證明被上訴人選用材料錯誤、設計不良及零件組裝時用無鉛製程溫度較高造成爆板等情事，自難認其有因定作人指示錯誤或選用材料錯誤等免責之事由。」[27]

➲「嗣被上訴人要求改以明管工法施作，伊反應須重行議價或辦理追加工程款。被上訴人工地主任王○利為免工程逾期，要求上訴人先行施作，並允諾日後辦理追加工程款，伊遂配合其指示施工。……而依系爭合約各項計價方式之約定觀之，系爭工程款之結算計價方式並未限定於總價承攬，如上訴人因配合定作人指示致實際施作之數量或範圍增加或變更，即應依系爭合約第 19 項及合約詳細表之約定，以實作實算之方式辦理追加工程費。」[28]

➲「系爭工程實際應挖除之土方量超出原設計甚多，係可歸責於上訴人提供設計圖預估土方量不足，……況工程開標前上訴人未將工地現況實測圖交付被上訴人，致其無法據以確實估算施作成本而正確投標，上訴人所提供資訊有誤，屬定作人指示不適當，上訴人不得執切結書要求被上訴人自行負擔多餘土方挖除責任。……系爭合約圖說既無法涵蓋基地整理項目所需工作，上訴人自應辦理契約變更修改圖說或追加此部分工程項目，使被上訴人得以繼續施作。」[29]

---

27 最高法院 106 年度台上字第 2881 號民事判決。

28 最高法院 107 年度台上字第 1855 號民事判決：「伊承攬被上訴人承包之『SKS32 光洋兼園一館機電設備配置工程電力及給排水工程』中之『給排水工程』（下稱系爭工程），爲配合工程進度，尚未簽約議價即先於民國 100 年 4 月間進場依被上訴人指示以暗管工法施作 1 樓工程，並依被上訴人提供之無管線路徑施工圖面以暗管工法估價，於同年 5 月 9 日與被上訴人訂立工程合約（下稱系爭合約），約定總價爲新臺幣（下同）三百五十二萬三千八百零一十元（含稅價爲三百七十萬零一元），詎被上訴人簽約時，私下抽換估價圖，更換以標示有管線路徑之施工圖，伊未察而立約。嗣被上訴人要求改以明管工法施作，伊反應須重行議價或辦理追加工程款。被上訴人工地主任王○利爲免工程逾期，要求上訴人先行施作，並允諾日後辦理追加工程款，伊遂配合其指示施工。……而依系爭合約各項計價方式之約定觀之，系爭工程款之結算計價方式並未限定於總價承攬，如上訴人因配合定作人指示致實際施作之數量或範圍增加或變更，即應依系爭合約第 19 項及合約詳細表之約定，以實作實算之方式辦理追加工程費。」

29 最高法院 99 年度台簡上字第 11 號民事判決：「系爭工程實際應挖除之土方量超出原設計甚多，係可歸責於上訴人提供設計圖預估土方量不足，致被上訴人施作廢土處理成本金額大幅揚升，且此實際挖除土方量與監造人估算土方量鉅額差異，難謂被上訴人有預見可能性，自非系爭合約按合約總價結算條款範圍所包含。況工程開標前上訴人未將工地現況實測圖交付被上訴人，致其無法據以確實估算施作成本而正確投標，上訴人所提供資訊有

➲「（四）營造業法第 26 條、第 37 條及第 39 條規定係針對承攬人查核工程書圖、製作細部具體工法並據以施工、及施工困難與公安之虞的通知義務，暨定作人及時提出改善計畫以資因應的責任，與系爭投標須知第 20 點及系爭工程契約圖說之工程特記事項 A01 規定均無關聯。且營造業法第 37 條第 3 項規定定作人違反『及時提出改善計畫為適當義務』時，如因而造成危險或損害，營造業不負損害賠償責任，並非規定為營造業者之承攬人即可拒絕進場施工。故上訴人主張其已向被上訴人提出上開設計規劃及數量錯誤之疑義，即構成其施工之障礙，其無進場施作之權限及義務云云，即有誤解。」[30]

誤，屬定作人指示不適當，上訴人不得執切結書要求被上訴人自行負擔多餘土方挖除責任。關於挖除土方量估算錯誤於差額超過百分之十，依工程施工說明書總則所定，超過百分之十以上土方量工程應由上訴人承擔。系爭合約圖說既無法涵蓋基地整理項目所需工作，上訴人自應辦理契約變更修改圖說或追加此部分工程項目，使被上訴人得以繼續施作。上訴人因未提供與現場實際情形相符之地形高程圖，所提供設計圖說對挖除土方量既估計錯誤，致被上訴人無法依約繼續施作完成約定工作，經通知此事由，上訴人拒絕調整高程，認處理土方費應由被上訴人自行負擔，仍不願更改圖說或追加此部分工程項目，而未辦理契約變更設計，致被上訴人無法按圖繼續施工而向上訴人報請停工，乃屬可歸責上訴人致無法繼續施工，且被上訴人自 90 年 7 月 20 日停工後，多次與上訴人協調未果，至 91 年 4 月 25 日起訴表示終止契約之意思，已達 9 個多月，被上訴人依系爭合約第 25 條第 3 項終止契約，即屬有據。」

30 最高行政法院 104 年度判字第 678 號判決：「原審斟酌全辯論意旨及調查證據之結果，以……（四）營造業法第 26 條、第 37 條及第 39 條規定係針對承攬人查核工程書圖、製作細部具體工法並據以施工、及施工困難與公安之虞的通知義務，暨定作人及時提出改善計畫以資因應的責任，與系爭投標須知第 20 點及系爭工程契約圖說之工程特記事項 A01 規定均無關連。且營造業法第 37 條第 3 項規定定作人違反『及時提出改善計畫為適當義務』時，如因而造成危險或損害，營造業不負損害賠償責任，並非規定爲營造業者之承攬人即可拒絕進場施工。故上訴人主張其已向被上訴人提出上開設計規劃及數量錯誤之疑義，即構成其施工之障礙，其無進場施作之權限及義務云云，即有誤解。……原判決已論明本件得標廠商係以總價承包，自行負擔盈虧，若有疑義，應於投標前即向被上訴人請求釋疑，得標後即應依約完成圖說及估價單所列載之全部工程，設計圖說如有不詳或不明之處，應以建築師之解釋及被上訴人指示施作，不得藉詞拒絕進場施作。上訴人於投標系爭工程前，應本於其專業知識、詳閱相關文件及至現場履勘評估後，就有關工程之細節及難度，已審慎考量其人力技術、械具設備，斟酌適當之工法，有能力且有意願安全完成系爭採購案之全部工程及品質要求，並將所需成本及利潤作爲投標底價，又因其無疑義而未請求釋疑，故其投標即屬專業廠商深思熟慮後認爲有利可圖所爲之決定。是以上訴人拒不進場施工而不履行系爭契約，並不具有正當理由。上訴人指摘被上訴人系爭採購案設計規劃錯誤、漏編預由前述司法實務所涉案例有關定作人指示之見解，不論係原設計藍晒圖說所記載者，或該原設計藍晒圖說之變更、工程之設計藍晒圖說規範及工程標單之數量主觀上產生疑義之說明，均屬於定作人指示。

按民法第 496 條規定：「工作之瑕疵，因定作人所供給材料之性質或依定作人之指示而生者，定作人無前三條所規定之權利。但承攬人明知其材料之性質或指示不適當，而不告知定作人者，不在此限。」可知現行法律關於定作人指示之相關規定，工作之瑕疵，若係因定作人所供給材料之性質或依定作人之指示而生者，定作人無工作瑕疵修補請求、瑕疵修補費用請求，或於承攬人拒絕修補或其瑕疵不能修補者，定作人得解除契約或請求減少報酬，及請求損害賠償之權利。易言之，定作人指示，係定作人對於工作或工作物瑕疵修補請求、瑕疵修補費用請求，或於承攬人拒絕修補或其瑕疵不能修補者，定作人得解除契約或請求減少報酬，及請求損害賠償等權利行使之法律上障礙。

如前所述，則該等因定作人指示所生之無工作瑕疵修補請求、瑕疵修補費用請求，或於承攬人拒絕修補或其瑕疵不能修補者，定作人得解除契約或請求減少報酬，及請求損害賠償之權利等，似與定作人違反對己義務所生失權之法律效果，有相同旨趣。

惟除前述之定作人違反對己義務所生失權之法律效果外，有關定作人指示之事項範圍，得否另成為承攬人主張系爭承攬標的之增減項，及承攬期間展延之理由。本文以為，**定作人指示一事，對於營造建築工程承攬標的之完成，係屬重要事項，而非僅係定作人之對己義務**。蓋於營造建築工程承攬實務當事人言，按圖施工，係為營造建築工程承攬之不變鐵則。

然而，**所謂的按圖施工，即係按定作人之指示為施作，不論係原設計藍晒圖說所記載者，或該原設計藍晒圖說之變更、工程之設計藍晒圖說規**

算、未能及時釋疑、不盡協力義務，致其無法進場施工等節，均非可採，上訴人確有系爭採購契約第 21 條第 1 項第 8 款所規定之『無正當理由而不履行契約者』之情形，被上訴人依系爭契約第 21 條第 1 項第 8 款規定解除契約及依政府採購法第 101 條第 1 項第 12 款規定通知上訴人將刊登政府採購公報，依法有據，因之駁回上訴人之起訴，核無不合。」

範及工程標單之數量主觀上產生疑義之說明，均屬於定作人指示。而該等原設計藍晒圖說之變更、工程之設計藍晒圖說規範及工程標單之數量主觀上產生疑義之說明，均可能造成系爭承攬標的項目或數量之增減，及承攬工作實際施作期間變化。因此，**應認定作人指示，得成為承攬人主張系爭承攬標的項目或數量上之增減項，及承攬工作期間展延之原因事項。**

筆者建議

題示情形，T 石油化學集團於其 T4 石油產品煉化工廠新建工程承攬投標文件之材料清單內容，有關塑膠排水管料及外牆防水材料等部分，已經預擬該等材料生產品牌為 M 塑膠化學公司。並於投標須知條款內容，明文所有進場施工材料，均須按投標文件材料清單內容所示之品牌、規格，未經定作人許可者，不可使用與投標文件材料清單內容所示之品牌、規格不符之材料。應認此一情形，係屬於定作人指示事項。

嗣因不可抗力因素，造成該 M 塑膠化學公司之生產線無法正常運作，導致供給丁營造公司承攬之 T4 石油產品煉化工廠新建工程塑膠排水管料，較原訂進貨到場日期遲延 90 日。於此情形，承攬人丁營造公司，應可據此一因定作人指示，造成其客觀上無法具備施作條件，而主張該 T4 石油產品煉化工廠新建工程承攬契約之施作期間，為一定合理之施作期間展延。

除前述外，如若因此一定作人指示，造成其客觀上無法具備施作條件，而有發生損害情形者，承攬人丁營造公司應得據此損害情形，主張定作人 T 石油化學集團之損害賠償責任。

第十三單元 次承攬人

案例十三

W 空調工業集團為不具官股之外國私法人，預計於 6 個月後來國內增設營運總部，遂將其 W 空調集團營運總部新建工程，以公開招標方式為該次新建工程承攬契約締結程序。嗣經正常招標程序，由乙綜合營造公司為該次 W 空調集團營運總部新建工程承攬招標之確定得標人。該次 W 空調集團營運總部新建工程承攬投標文件內容，明文該次招標之 W 空調集團營運總部新建工程，係為總價承攬。於 W 空調集團與乙營造公司締結該 W 空調集團營運總部新建工程承攬契約後，乙綜合營造公司將 W 空調集團營運總部新建工程之主體結構工程，分包予丁營造公司。嗣丁營造公司再將該主體結構部分以招標方式，由 B 結構工程公司為丁營造公司辦理之 W 空調集團營運總部新建工程主體結構工程之確定得標人。乙綜合營造公司並將 W 空調集團營運總部新建工程之空調機電工程部分，分包予戊空調機電工程公司。

Q70. 定作人提供材料

新建工程承攬投標文件之材料清單內容，並無任何有關空調主機、周邊設備及零組件之項目與數量表。嗣於確定得標人乙綜合營造公司與定作人 W 空調集團締結該 W 空調集團營運總部新建工程承攬契約時，始發現定作人 W 空調集團以其預擬訂定之專用條款內容，明文該次 W 空調集團營運總部新建工程承攬之空調主機、周邊設備及零組件等，均指定僅得使用 W 空調集團之品牌物件，且由定作人 W 空調集團自己為該空調主機、周邊設備及零組件之提供。此一情形，是否仍屬於定作人提供材料？

A70 解題說明

題示情形，如有發生部分工程項目內容，未經定作人於設計藍晒圖說為該部分之完整標示，或設計藍晒圖說已經標示，卻未於投標文件或材料清單、詳細價目表或單價分析表內明列該部分內容，且又無定作人提供材料之明文者，則該情形究應認係漏項（參閱 A71），或認係定作人提供材料，即有釐清之必要。蓋漏項與定作人提供材料之法律效果並不當然相同，有關該漏項或定作人提供材料部分，承攬人是否得依買賣關係之一般價金請求權時效為主張，或係受承攬報酬請求之短期時效拘束，即影響當事人之價金請求權時效的適用。

按現行民法第 490 條第 2 項規定：「約定由承攬人供給材料者，其材料之價額，推定為報酬之一部。」可知於無反證之情形下，約定由承攬人供給材料者，其材料之價額為該次承攬報酬之一部。然若於前述情形外，該材料之價額，應得主張適用有關承攬報酬以外之規定。

關於定作人提供材料，最高法院所涉案例有：

➲「約定由承攬人供給材料者，其材料之價額，推定為報酬之一部。民法第 490 條定有明文。準此，契約約定由承攬人供給材料之情形，如未就材料之內容及其計價之方式為具體約定，應推定該材料之價額為報酬之一部，除當事人之意思重在工作物（或材料）財產權之移轉，有買賣契約性質者外，當事人之契約仍應定性為單純承攬契約。次按所謂製造物供給契約，乃當事人之一方專以或主要以自己之材料，製成物品供給他方，而由他方給付報酬之契約。**此種契約之性質，究係買賣抑或承攬，仍應探求當事人之真意釋之。**如當事人之意思，重在工作之完成，應定性為承攬契約；如當事人之意思，重在財產權之移轉，即應解釋為買賣契約；兩者無所偏重或輕重不分時，則為承攬與買賣之混合契約，並非凡工作物供給契約即屬承攬與買賣之混合契約。是承攬關係重在勞務之給付及工作之完成，與著重在財產權之移轉之買賣關係不同，至承攬關係中，材料究應由何方當事人供給，通常係依契約之約定或參酌交易慣例定之，其材料可能由定作人提供，亦可能由承攬人自備。是工程合約究為『承攬契約』抑或『製造物供給契約』，關鍵應在於『是否移轉工作物所有權』而定，至材料由何人提供，並非承攬定性之必然要件。」[1]

➲「如有項目漏列或數量出入情形，概按設計圖施工，除圖說規定實做驗收者外，不予增減……除另有規定外，有關結算計價，依下列說明及工程數量表（兼訂價單）說明辦理：『2.1 若發包圖說已明示規格及施工，而工程數量表（兼訂價單）或單價分析表項目中未列者，投標人應將之合併於應需一併整體施工……估報價款。2.2 發包圖說所附之單價（項目、工料）分析表之數量，除另有註明者外，非經設計變更，概不增減。』等約定，僅係表明系爭契約係採總價制，非採實做實算制，並限制被上訴人不得以數量遺漏或誤算為由請求增加價款，尚難憑認系爭合約為單純的承攬契約。依系爭合約附件『工程數量表（含訂價單、發包單及單價分析表）』觀之，可知被上訴人承包範圍，尚包括各種物料材料之提供，……『在本工程未經正式驗收相符以前，所有已成工程及已到場材料包括甲方供給及乙方自備，經甲方估驗計算者，均由乙方負責保管倘有損壞短少，應由乙方負擔，凡遇因一切人力難做防範，或意外損壞者，亦皆由乙方負全責』，顯見系爭工程並非僅單純『完成工作』即可，系爭合約之性質，與承攬契約承攬人僅負責勞務之提供，關於完成工作所需之材料，則係由定作人提供之情形有別，其性質應屬學說上所稱『製造物供給契約』，為承攬與買賣之混合契約。」[2]

---

1 最高法院 102 年度台上字第 1468 號民事判決。

2 最高法院 100 年度台上字第 1354 號民事判決：「查系爭合約第 4 條『本工程總價……標單內原列項目及數量係供審查及參考之用，如有遺漏或誤算，均不影響本合約所定之總價，乙方不得藉任何理由要求加價』、及系爭合約附件之『本工程特別說明(2)』第 2 點『本工程發包圖說所附工程數量表（兼訂價單）或單價分析表等資料，僅供投標人估價之參考，投標人應自行按設計圖核算正確值，估報總價。如有項目漏列或數量出入情形，概按設

➲「按解釋契約，固須探求當事人立約時之真意，不能拘泥於契約之文字，但契約文字業已表示當事人真意，無須別事探求者，即不得反捨契約文字而更為曲解；……查承攬關係中，材料究應由何方當事人供給，通常係依契約之約定或參酌交易慣例定之，**其材料可能由定作人提供，亦可能由承攬人自備。是工程合約究為『承攬契約』抑或『製造物供給契約』，關鍵應在於『是否移轉工作物所有權』而定**，至材料由何人提供，並非承攬定性之必然要件。」[3]

由前述最高法院關於定作人提供材料所涉案例之相關見解，可知該工作物材料，不論係由定作人或承攬人為提供，只要契約當事人之意思，重在工作之完成，應定性為單純承攬關係。承攬標的所需材料非由定作人提供，而係由承攬人提供者，則須視該承攬契約當事人有無移轉工作物所有權約定，作為承攬契約或製造物供給契約之不同契約性質的判斷。如該承攬標的所需材料，並非由定作人提供，且該部分之工作物，有移轉工作物所有權之約定或事實者，則應認該部分係為買賣關係。

然而，前述最高法院102年度台上字第1468號民事判決：「**約定由承攬人供給材料者，其材料之價額，推定為報酬之一部**。民法第490條定有明文。準此，契約約定由承攬人供給材料之情形，如未就材料之內容及其

計圖施工，除圖說規定實做驗收者外，不予增減……除另有規定外，有關結算計價，依下列說明及工程數量表（兼訂價單）說明辦理：2.1 若發包圖說已明示規格及施工，而工程數量表（兼訂價單）或單價分析表項目中未列者，投標人應將之合併於應需一併整體施工……估報價款。2.1 發包圖說所附之單價（項目、工料）分析表之數量，除另有註明者外，非經設計變更，概不增減。』等約定，僅係表明系爭契約係採總價制，非採實做實算制，並限制被上訴人不得以數量遺漏或誤算爲由請求增加價款，尙難憑認系爭合約爲單純的承攬契約。依系爭合約附件『工程數量表（含訂價單、發包單及單價分析表）觀之，可知被上訴人承包範圍，尙包括各種物料材料之提供，……』、『在本工程未經正式驗收相符以前，所有已成工程及已到場材料**包括甲方供給及乙方自備，經甲方估驗計算者，均由乙方負責保管倘有損壞短少，應由乙方負擔，凡遇因一切人力難做防範，或意外損壞者，亦皆由乙方負全責』，顯見系爭工程並非僅單純『完成工作』即可，系爭合約之性質，與承攬契約承攬人僅負責勞務之提供，關於完成工作所需之材料，則係由定作人提供之情形有別，其性質應屬學說上所稱『製造物供給契約』，為承攬與買賣之混合契約**。故被上訴人之系爭工程尾款請求權，無民法第127條2年短期時效之適用。」

3　最高法院96年度台上字第2382號民事判決。

計價之方式為具體約定，應推定該材料之價額為報酬之一部，除當事人之意思重在工作物（或材料）財產權之移轉，有買賣契約性質者外，當事人之契約仍應定性為單純承攬契約。**次按所謂製造物供給契約，乃當事人之一方專以或主要以自己之材料，製成物品供給他方，而由他方給付報酬之契約。此種契約之性質，究係買賣抑或承攬，仍應探求當事人之真意釋之。**如當事人之意思，重在工作之完成，應定性為承攬契約；如當事人之意思，重在財產權之移轉，即應解釋為買賣契約；兩者無所偏重或輕重不分時，則為承攬與買賣之混合契約，並非凡工作物供給契約即屬承攬與買賣之混合契約。是承攬關係重在勞務之給付及工作之完成，與著重在財產權之移轉之買賣關係不同，至承攬關係中，材料究應由何方當事人供給，通常係依契約之約定或參酌交易慣例定之，其材料可能由定作人提供，亦可能由承攬人自備。**是工程合約究為『承攬契約』抑或『製造物供給契約』，關鍵應在於『是否移轉工作物所有權』而定，至材料由何人提供，並非承攬定性之必然要件。**」之契約定性的見解，固非無見。

惟觀諸承攬，若工作物材料之全部由定作人提供，於該工作物完成時，仍須將自己提供材料之工作物所有權移轉予自己者，殊難想像。然而，如若該完成之工作物，係由定作人**自己提供材料之主要或大部分者**，且定作人亦已經履行給付約定承攬報酬，此時，該定作人本於承攬契約關係，向債務人即承攬人所為請求者，究否需為該完成工作物之所有權移轉，或僅係由定作人直接受領該交付之完成工作物即可，非無推研餘地。

如該承攬契約當事人之意思，對於工作之完成及財產權移轉，兩者無所偏重或輕重不分時，為承攬與買賣之混合契約，則該買賣關係部分之價金請求權時效，即應適用關於買賣關係之規定。若該承攬契約當事人有移轉工作物所有權約定者，則該移轉工作物所有權部分之價金請求權，仍應適用關於買賣關係之規定，而無現行法律承攬報酬 2 年短期時效之適用餘地。

易言之，如該定作人未於投標文件之設計藍晒圖說標示，或未於材料清單提供項目及數量表，且又非由定作人提供材料之漏項部分，若該部分並需為所有權移轉者，則應認該漏項部分並需為所有權移轉者之價金請求權時效，或不在現行法律承攬報酬 2 年短期時效之適用範圍。

筆者建議

題示情形，因定作人 W 空調集團以其預擬訂定之專用條款內容，明文該次 W 空調集團營運總部新建工程承攬之空調主機、周邊設備及零組件等，均指定僅得使用 W 空調集團之品牌物件，且由定作人 W 空調集團自己為該空調主機、周邊設備及零組件提供之條款內容。故此一情形，與通常所稱漏項之要件，仍有其不同之處，而係屬於定作人提供材料之要件情形，應無所議。

惟本文以為，於定作人提供承攬工作材料情形，定作人仍應善盡其告知義務，將該定作人提供材料情形，於系爭工程承攬契約締結前，即應於投標文件或投標須知等文件內容為該等情形之明文，以避免因契約當事人對該等情形之認識不同，而造成紛爭。並應將定作人提供材料之品牌、規格、特性、數量、施作須知及注意事項等，明確標示於該次工程承攬之設計藍晒圖說及施工要點或注意事項內容，以利承攬人能預先認識，避免實際施作上之障礙。

蓋依一般工程實務觀念，如該標示於藍晒圖說之某一部分，而該部分並非某一工項施作完成所必須，且可為獨立之項目範圍者，則若定作人對於該部分**雖在投標文件之設計藍晒圖說已有標示，卻未於投標文件或材料清單、詳細價目表或單價分析表提供項目及數量表，且又無定作人提供材料之明文者，該情形通常皆可能會認係漏項，而非定作人提供材料**。而如於嗣後締約時，定作人再指定該漏項部分之材料品牌、規格、特性、施作工法、數量及價格等，或限縮承攬人對於前述部分之通常可選擇者，則在此等情形，極易造成當事人對於該漏項部分之材料品牌、規格、特性、施作工法、數量及價格等事項，發生因認識上不同而造成爭執。

Q71. 漏項之施作義務與報酬

今於該次招標之 W 空調集團營運總部新建工程藍晒圖說內容，有人員運載箱型升降機之標示，惟於投標文件之項目材料清單、詳細價目表或單價分析表等文件內容，並無任何有關箱型升降機主機、周邊設備及零組件之項目與數量之記載。嗣承攬人乙綜合營造公司於第一期工程施作完成，向定作人 W 空調集團申請該 W 空調集團營運總部新建工程承攬第一期工程款時，定作人 W 空調集團以其材料清單及單價分析表內容，並無該次 W 空調集團營運總部新建工程承攬之箱型升降機主機、周邊設備及零組件等項目及數量表，故而拒絕核算該箱型升降機工程部分之工程款項。此時，承攬人乙營造公司對於該箱型升降機工程部分，得否主張其並未於投標文件之項目材料清單、詳細價目表或單價分析表等文件內容，而拒絕施作？或在部分開始施作後，定作人未予核算該部分報酬前，主張該箱型升降機工程繼續施作之履行抗辯？

A71 解題說明

「漏項」一詞，就其字面解釋，可理解為漏為標示或記載之工作事務或項目。於營造建築工程承攬實務，漏項一般係因以下二種情形而發生：一為藍晒圖說有為該部分之標示，而於項目材料清單、詳細價目表或單價分析表等文件內容，未有該項目及數量標示情形。二係於項目材料清單、詳細價目表或單價分析表等文件內容，均有該項目及其數量標示，而未見該項目施作部分標示於藍晒圖說。前述之於材料清單、詳細價目表或單價分析表等文件內容，均有該項目及其數量標示，而未將該項目部分標示於藍晒圖說之情形，因該漏項部分已經於該次承攬報酬之顯示範圍內，承攬人應向定作人為疑義釋明之意思表示。如漏項部分對於該次承攬標的之完成，並不具其必需性與重要性者，則就該部分，承攬人應可拒絕施作。惟若漏項部分係該次承攬標的完成所必須施作內容者，則基於誠信原則與契約目的達成，承攬人就該漏項部分，則有實際施作之義務。

然而，於藍晒圖說有為該部分之標示，而於項目材料清單、詳細價目表或單價分析表等文件內容，未有該項目及數量標示之漏項情形，係發生於工程總價承攬契約者，則就該漏項所為之爭執，通常係在於承攬人有無該漏項部分之施作義務，及漏項部分之承攬報酬請求二部分。

1. 關於工程承攬之漏項情形，最高法院所涉案例

➲「又於總價承攬契約，因『遺漏（漏項）』而應核實支付之工程項目，應以其『遺漏』係一般廠商就所有招標資料，按通常情況所為解讀，均不認為係屬工程施作範圍者，始足當之。」[4]

➲「且於工程實務中，總價承攬之概念，係業主以一定之價金請承包商施作完成契約約定之工項，關於其中漏項或數量不足之部分，承包商於投標時，即可審閱施工圖、價目表、清單等，決定是否增列項目，或將缺漏項目之成本由其他項目分攤。……倘總分（含投標價金之分數）較高之廠商得標，嗣後卻以依契約所應承擔之漏項或數量不足之風險轉嫁給業主，進而要求提高工程款，此不啻為先低價搶標後，再巧立名目增加工程款，自與最有利標決標之目的及總價承攬契約之精神有悖。」[5]

---

4 最高法院106年度台上字第964號判決：「惟按解釋契約，固須探求當事人立約時之真意，不能拘泥於契約之文字，但契約文字業已表示當事人真意，無須別事探求者，即不得反捨契約文字而更爲曲解（本院17年上字第1118號判例參照）。系爭契約第2條第1項約定：本工程全部包價計六十八億五千萬元，如在本工程範圍內之實作工程數量有增減時，除另有規定外，均按本契約所訂工程項目單價核算計價（見一審卷（一）第15頁）。又於總價承攬契約，因『遺漏（漏項）』而應核實支付之工程項目，應以其『遺漏』係一般廠商就所有招標資料，按通常情況所為解讀，均不認為係屬工程施作範圍者，始足當之。……況兩造就系爭琺瑯板應列於何工程項目，及應如何計價，有所爭執，既爲原審所是認（見原判決第9頁），則系爭琺瑯板是否爲招標資料所遺漏（漏項）者？即非無再爲研酌之餘地。原審未詳加調查審認，遽認系爭琺瑯板係屬『漏項』，其單價宜另外訂定專屬之施工項目以爲計價，不應於月台照明燈箱之施工項目內辦理計價，進而爲上訴人敗訴之判決，自嫌速斷。」相同見解者；最高法院101年度台上字第962號民事判決，該判決認爲該遺漏部分若屬工作完成之必要工法者，即不認係漏項。

5 最高法院101年度台上字第962號民事判決：「按所謂總價承包之承攬契約，係由承包商計算出相關之成本與利潤，向業主報價或投標，經業主認可或決標後成立之承攬契約。且於工

然而工程契約關於總價決標約定所生之拘束力，應須以圖說與標單完整編製而無顯然漏列之情形為其前提。因此，圖說與標單完整編製而無顯然漏列者，係工程承攬契約定作人總價決標之拘束力範圍。如若投標文件藍晒圖說已有標示，僅於項目材料清單、詳細價目表或單價分析表等文件內容，未有該項目及數量標示者，是否仍可將該投標文件藍晒圖說已有標示部分，視為總價決標拘束力範圍之內容？

關於此一問題，本文以為，所謂漏項，係於投標文件藍晒圖說已有標示，僅於項目材料清單、詳細價目表或單價分析表等文件內容，未有該項目及數量標示情形。前述最高法院 106 年度台上字第 964 號判決理由所述：「又於總價承攬契約，因「遺漏（漏項）」而應核實支付之工程項目，應以其「遺漏」係一般廠商就所有招標資料，按通常情況所為解讀，均不認為係屬工程施作範圍者，始足當之。」之見解，恐非相當妥適。蓋若該部分係一般專業廠商就所有招標資料，按通常情況所為解讀，均不認為係屬工程施作範圍者，則該部分應認係該次工程施作範圍以外之增項，並非漏項。畢竟，於投標文件藍晒圖說已有標示者，即屬於該次工程施作範圍以內，僅於項目材料清單、詳細價目表或單價分析表等文件內容，未有該項目及數量標示情形，始堪稱為漏項。蓋若該部分不在該次工程施作範圍以內者，即無遺漏情形可言，必定該工作部分在該次工程施作範圍以內，始有遺漏標示或記載之可能。

2. 關於漏項部分之報酬給付，最高法院所涉案例

➲「按公共工程契約關於總價決標約定所生之拘束力，應須以圖說與標單

程實務中，總價承攬之概念，係業主以一定之價金請承包商施作完成契約約定之工項，關於其中漏項或數量不足之部分，承包商於投標時，即可審閱施工圖、價目表、清單等，決定是否增列項目，或將缺漏項目之成本由其他項目分攤。尤其決標方式採取最有利標評選，且價金納入計分項目，而其他未得標廠商之價格略高於得標廠商，因其評選分數較低而未能得標，倘總分（含投標價金之分數）較高之廠商得標，嗣後卻以依契約所應承擔之漏項或數量不足之風險轉嫁給業主，進而要求提高工程款，此不啻為先低價搶標後，再巧立名目增加工程款，自與最有利標決標之目的及總價承攬契約之精神有悖。」

完整編製而無顯然漏列之情形為其前提。蓋不論是機關（業主）或承包商（廠商），均係依賴按圖說轉載而成之詳細價目表進行估價工作，倘因機關未核實編製標單，致圖說已有繪製而標單詳細價目表漏列，使廠商無法合理估算施工所需之費用時，除業主能舉證證明廠商投標時，係依據圖說詳細計算而自行斟酌後，仍願以決標之價格參與投標，應由廠商自負圖說與詳細價目表不符之風險外，本於誠實信用原則，並參酌民法第 491 條第 1 項規定，該漏列之工作項目仍應認為允與報酬，而由機關負給付報酬之義務，以符政府採購法第 6 條第 1 項所揭櫫之公平合理原則，初不因該工程係採總價決標（總價承攬）而有異。」[6]

由前述最高法院關於漏項之見解，可知漏項係指圖說已有繪製，而標單詳細價目表漏列情形，除定作人能舉證證明廠商投標時，係依據圖說詳細計算而自行斟酌後，仍願以決標之價格參與投標，應由廠商自負圖說與詳細價目表不符之風險外，本於誠實信用原則，並參酌民法第 491 條第 1 項規定，該漏列之工作項目仍應認為允與報酬，而由定作人負給付報酬之義務，以符公平合理原則。

目前國內營造建築工程承攬報酬之計價方式，通常為實作實算與總價承攬二種方式。今如漏項部分工程，於投標文件之藍晒圖說已經標示，亦具有其施作之必需性與重要性者，該漏項部分之實際施作，於實作實算計價方式下，固然較無所爭執，而於總價承攬計價方式下，亦僅係該漏項部分實際施作之工作承攬報酬的終局負擔歸屬問題。因此，應可推論該已經標示於投標文件藍晒圖說內容者，均應為確定得標人之要約，與定作人承諾之拘束力範圍所及。易言之，於工程總價承攬契約，該已經標示於投標文件之藍晒圖說內容，僅於項目材料清單、詳細價目表或單價分析表等文件內容，未有該項目及數量標示之漏項部分，仍應視為總價決標拘束力範圍之內容。

除此之外，就目前國內營造建築工程承攬實務，程序參與人及契約當

---

6 最高法院 104 年度台上字第 1513 號判決。

事人對於承攬標的施作及解釋，均係以藍晒圖說、單價分析表、詳細價目表及項目材料清單等為施作及解釋之依據。於前述施作及解釋依據之藍晒圖說、單價分析表、詳細價目表及項目材料清單等文件內容，如有發生該等依據內容相異，或當事人認知歧異之情形，不論該等施作及解釋依據之適用順序為何，一般皆係以藍晒圖說為最主要，亦是最終之施作及解釋依據。蓋該藍晒圖說，終究係該工程承攬施作項目所在及計價之基礎與依據[7]。

筆者建議

今定作人 W 空調集團於該次 W 空調集團營運總部新建工程承攬投標文件之材料清單內容，並無任何有關箱型升降機主機、周邊設備及零組件之項目與數量表。嗣承攬人乙綜合營造公司進場施作，向定作人 W 空調集團申請該 W 空調集團營運總部新建工程承攬第一期工程款時，定作人 W 空調集團以其材料清單及單價分析表內容，並無該次 W 空調集團營運總部新建工程承攬之箱型升降機主機、周邊設備及零組件等項目及數量表，故而拒絕核算該箱型升降機工程部分之工程款項。

如前所述，既然**該漏項部分工程，於投標文件之藍晒圖說已經標示，而投標文件藍晒圖說之標示內容，均應為確定得標人要約與定作人承諾之**

---

7 原最高法院 91 年台上字第 812 號民事判例：「查系爭契約第 5 條前段約定：『本合約總包價，按照標單所列，並經雙方同意爲五千七百三十八萬元整（含新制營業稅，詳如標單）。本工程結算時，如因變更設計致工程項目或數量有增減時，應就變更部分按合約條款第 6 條辦理加減帳結算。』，第 33 條約定：『本合約附件（含投標須知、標單，單價分析表）視爲本合約之一部分，具備與本合約同等之效力』，投標須知第 8 條第 1 款約定：『標單以總價爲準，並以總價爲決標之依據。』，系爭工程費總表並載明『本工程以總價決標』、『本標單總數量僅供參考之用』、『參加投標廠商應至施工現場實際勘查及按照圖說規定精確估算』等語，足證系爭工程係採總價承包，標單所載數量僅供參考，非以實作實算，僅於變更設計致工程項目或數量有增減時，始得就變更部分辦理加減帳。上訴人雖以系爭工程建築師之設計、指示有錯誤，伊按設計圖施工，多支出估算工程數量百分之二十五之用料量，因認系爭工程有變更、追加之情形云云。但查系爭工程既係以總價承包，上訴人於投標前應按照圖說規定精確估算所需要之材料數量，其提出之材料重量明細表及台灣省土木技師公會鑑定報告書，僅能證明其用料之數量，不足以證明系爭工程有變更設計之情事。」

拘束力範圍所及。因此，**承攬人**乙營造公司對於該漏項之箱型升降機工程部分，**不得為拒絕繼續施作之主張**。再者，基於定作人承攬報酬後付原則，除契約當事人有特別約定外，承攬人乙營造公司亦不能在定作人未予核算該漏項前，主張該箱型升降機工程施作之履行抗辯。

另外，因該次W空調集團營運總部新建工程承攬之箱型升降機主機、周邊設備及零組件等，其材料價金及工程施作報酬並非屬小額項目。因此，除定作人W空調集團公司，能舉證證明確定得標人乙營造公司於投標時，係依據圖說詳細計算而自行斟酌後，仍願以決標之價格參與投標，應由確定得標人乙營造公司自負圖說與詳細價目表不符之風險外，**本於誠實信用原則，並參酌民法第491條第1項規定，該漏列之工作項目仍應認為允與報酬**，而由定作人W空調集團公司負給付報酬之義務，不因該工程係採總價承攬或實作實算契約類型而有所異，始符公平合理原則及保護當事人契約上利益，與該次工程承攬標的完整施作之契約目的。

Q72. 工作完成與無瑕疵工作

在定作人W空調集團公司，與確定得標人乙綜合營造公司締結該次W空調集團營運總部新建工程承攬契約後，乙綜合營造公司並將W空調集團營運總部新建工程之空調機電工程部分，分包予戊空調機電工程公司。嗣戊空調機電工程公司於空調主機安裝工程完成時，並將該空調主機安裝工程施作完成部分，提出予乙綜合營造公司。經乙綜合營造公司將該空調主機安裝工程施作完成部分，提出予定作人W空調集團公司，並通知W空調集團公司於一定期間內，為該空調主機安裝工程施作完成部分之驗收。W空調集團公司之驗收人員，於驗收該空調主機安裝工程施作部分時，發現有空調主機安裝配置上瑕疵情形存在，W空調集團公司因而拒絕該空調主機安裝工程施作完成部分之項目數量核算，並據此一空調主機安裝配置上瑕疵情形，不為該空調主機安裝工程施作完成部分之承攬報酬價金給付。試問，W空調集團公司不為該空調主機安裝工程施作完成部分之承攬報酬價金給付，是否有理由？

A72 解題說明

按民法第 490 條第 1 項規定：「稱承攬者，謂當事人約定，一方為他方完成一定之工作，他方俟工作完成，給付報酬之契約。」與同法第 492 條：「承攬人完成工作，應使其具備約定之品質及無減少或滅失價值或不適於通常或約定使用之瑕疵。」承攬關係當事人一方有完成約定工作之義務，並無所議。惟該完成之約定工作，是否需具備無瑕疵之要件，始得謂該約定工作為完成？易言之，定作人得否以該完成之工作具有瑕疵為由，主張承攬人並未完成該約定工作，容有討論空間。

關於約定工作之完成與無瑕疵工作二者間，及其與承攬報酬之給付，以下為學說與最高法院之觀點及見解：

1. 學說

➲「而且承攬人請求定作人給付報酬時，在定作人瑕疵修補請求權之限度內，定作人所負之報酬給付義務與承攬人修補瑕疵，係處於同時履行之關係。換言之，即使在受領工作之前，定作人已得依抗辯之方式主張其修補請求權。其次，即使定作人受領工作後，始發現工作有瑕疵，若定作人尚未給付全部或一部報酬，則定作人依第 493 條第 1 項規定得請求承攬人修補瑕疵之情形下，仍得主張工作有瑕疵，而拒絕報酬之給付。若承攬人訴請定作人給付報酬，而定作人得請求承攬人修補瑕疵並已主張之時，法院即應就承攬人修補瑕疵與定作人給付報酬為同時履行之判決。」[8]

此一學說論述，認為承攬人請求定作人給付報酬時，在定作人瑕疵修補請求權之限度內，定作人所負之報酬給付義務與承攬人修補瑕疵，係處於同時履行之關係。亦即，如工作具有瑕疵者，於該瑕疵未修補完成前，則定作人依第 493 條第 1 項規定得請求承攬人修補瑕疵之情形下，不論該

---

8 黃立主編，楊芳賢等合著，民法債編各論（上），元照出版，2002 年 7 月，初版一刷，第 594 頁。

瑕疵係發現於工作受領前或受領後，定作人對於其尚未給付之全部或一部報酬，仍得主張工作有瑕疵，而拒絕報酬之給付。

2. 最高法院

➲「惟按建築法第 70 條第 1 項前段規定：建築工程完竣後，應由起造人會同承造人及監造人申請使用執照。直轄市、（市）（局）主管建築機關應自接到申請之日起，10 日內派員查驗完竣。其主要構造、室內隔間及建築物主要設備等與設計圖樣相符者，發給使用執照，並得核發謄本。是取得使用執照表示建築物主要構造、室內隔間及建築物主要設備等與設計圖樣相符。原審亦謂**完工與驗收應係分屬二事，系爭工程所謂完工，係指取得使用執照，且其主要構造及建築物之主要設備等均已按核定工程圖說施工完成而言**。……而系爭工程已於 102 年 12 月 9 日取得使用執照，為原審所認定。**則上訴人主張其於該日已完工，於該日之後所作諸如漏水、排水不良等改善應僅係瑕疵修補之問題，不能以此推論其未完工等語，是否為無可採，自非無再為探究之餘地**。乃原審徒以上訴人取得使用執照後，仍有工程未完工，應以被上訴人同意驗收前 1 日為完工日，進而為上訴人不利之論斷，不免速斷。」[9]

➲「工作進行中，因承攬人之過失，顯可預見工作有瑕疵或有其他違反契約之情事者，定作人得定相當期限，請求承攬人或使第三人改善其工作或依約履行。民法第 492 條、第 497 條第 1 項分別定有明文。準此，承攬工作完成前發生瑕疵，定作人得請求承攬人改善，承攬人得於完成前除去該瑕疵，而交付無瑕疵之工作，**民法第 493 條至第 495 條有關瑕疵擔保責任之規定，原則上僅於完成工作後始有其適用**。」[10]

---

9 最高法院 108 年度台上字第 2672 號民事判決。

10 最高法院 107 年度台上字第 1598 號民事判決：「按承攬人完成工作，應使其具備約定之品質及無減少或滅失價值或不適於通常或約定使用之瑕疵。工作進行中，因承攬人之過失，顯可預見工作有瑕疵或有其他違反契約之情事者，定作人得定相當期限，請求承攬人或使第三人改善其工作或依約履行。民法第 492 條、第 497 條第 1 項分別定有明文。準此，承攬工作完成前發生瑕疵，定作人得請求承攬人改善，承攬人得於完成前除去該瑕疵，而交

➲「查承攬人未完成工作，與其完成之工作有瑕疵，係屬兩事。承攬人之工作是否完成，應就契約之內容觀察，非可因其應負品質保證及瑕疵修補之擔保責任，而將未完成之工作，均委之於承攬人擔保責任之範疇。……故倘被上訴人就該未完工之新增路改工作，並未給付工程款，上訴人於完成系爭路改工作後，能否謂其不得請求該部分之工作報酬，非無研求餘地。」[11]

➲「承攬工作完成與承攬工作有無瑕疵，兩者之概念不同，前者係指是否完成約定之工作？後者則是指完成之工作是否具備約定品質及有無減少或滅失價值或不適於通常或約定使用之瑕疵。而承攬之工作是否完成？不以檢視當事人所約定之工作內容是否已實質完成為限，定作人主觀上認定工作已經完成，且從形式外表觀察，該工作亦具有契約所約定之外觀型態，應認定工作完成。」[12]

由前最高法院所涉案例，關於工程承攬工作完成與無瑕疵工作二者間之相關見解，可知承攬工作完成與承攬工作有無瑕疵，兩者分屬不同之概念，所謂工作完成，係指是否完成約定之工作；而工作有無瑕疵，則是指

付無瑕疵之工作，民法第 493 條至第 495 條有關瑕疵擔保責任之規定，原則上僅於完成工作後始有其適用。惟若定作人依民法第 497 條第 1 項規定請求承攬人改善其工作瑕疵，該瑕疵性質上不能除去，或瑕疵雖可除去，但承攬人明確表示拒絕除去，則繼續等待承攬人完成工作，已無實益，甚至反而造成瑕疵或損害之擴大，於此情形，定作人始得例外在工作完成前，主張承攬人應負民法第 493 條至第 495 條規定之瑕疵擔保責任。」

11 最高法院 106 年度台上字第 1879 號民事判決：「查承攬人未完成工作，與其完成之工作有瑕疵，係屬兩事。承攬人之工作是否完成，應就契約之內容觀察，非可因其應負品質保證及瑕疵修補之擔保責任，而將未完成之工作，均委之於承攬人擔保責任之範疇。兩造 97 年間就新增路改工作，係約定改善系爭工程路段全面路基，而上訴人僅就當時路面出現龜裂部分之路基施作。上訴人 99 年間所為之系爭路改工作，原屬新增路改工作應完成之工作內容，為原審認定之事實。果爾，上訴人 97 年間，除上開路面龜裂之路基外，就系爭工程其餘路段路基不良部分，如未依約施作，似難謂已完成新增路改工作。則其於 99 年間施作系爭路改工作，既屬新增路改工作約定之工作內容，自係施作尚未完成之新增路改工作。故倘被上訴人就該未完工之新增路改工作，並未給付工程款，上訴人於完成系爭路改工作後，能否謂其不得請求該部分之工作報酬，非無研求餘地。原審就此未詳加審酌，徒以系爭路改工作，原屬上訴人就新增路改工作應完成之內容，即謂其係修補瑕疵，應自行負擔費用，進而為其不利之判決，不無可議。」

12 最高法院 106 年度台上字第 1494 號民事判決。

完成之工作是否具備約定品質及有無減少或減失價值或不適於通常或約定使用之瑕疵。而承攬之工作是否完成，不以檢視當事人所約定之工作內容是否已實質完成為限，定作人主觀上認定工作已經完成，且從形式外表觀察，該工作亦具有契約所約定之外觀型態，應認定工作完成。

再者，承攬人未完成工作，與其完成之工作有瑕疵，係屬相異之二事。承攬人之工作是否完成，應就契約之內容觀察，非可因其應負品質保證及瑕疵修補之擔保責任，而將未完成之工作，均委之於承攬人擔保責任之範疇。

易言之，**承攬工作是否已經完成，不以檢視當事人所約定之工作內容是否全部已實質完成為限，定作人主觀上認定該約定部分或分部給付之工作已經完成，且從形式外表觀察，該約定部分或分部給付之工作亦具有契約所約定之外觀型態，即應認該工作業已經完成**。是定作人不得因該完成**之約定部分或分部給付**工作具有瑕疵情形，而於該瑕疵情形未修補或除去前，即為該工作並未為完成之主張，從而拒絕履行報酬給付義務。

筆者建議

題示情形，乙綜合營造公司將 W 空調集團營運總部新建工程之空調機電工程部分，分包予戊空調機電工程公司。嗣戊空調機電工程公司於空調主機安裝工程完成時，並將該空調主機安裝工程施作完成部分，提出予乙綜合營造公司。經乙綜合營造公司將該空調主機安裝工程施作完成部分，提出於定作人 W 空調集團公司，並通知 W 空調集團公司於一定期間內，為該空調主機安裝工程施作完成部分驗收之情形。應認乙綜合營造公司，已經完成該 W 空調集團營運總部新建工程之空調主機安裝工程部分，並將該空調主機安裝工程完成部分，提出於定作人 W 空調集團公司。

按民法第 505 條：「報酬應於工作交付時給付之，無須交付者，應於工作完成時給付之。工作係分部交付，而報酬係就各部分定之者，應於每部分交付時，給付該部分之報酬。」**應可知定作人之承攬報酬給付時點，**

除契約當事人有其特別約定外，該承攬報酬應在約定工作交付時，或無須交付之工作完成時為給付。並非指於該約定工作不具瑕疵情形，定作人始需為承攬報酬之給付。

綜上所述，因驗收之提出（請參閱 A68），係為承攬人對於該工作約定部分或分部給付工作完成之交付的通知，是按民法第 505 條關於報酬給付規定之明文，即便定作人 W 空調集團公司之驗收人員，於驗收該空調主機安裝工程施作部分時，發現有空調主機安裝配置上瑕疵情形存在，W 空調集團公司不得因此而拒絕該空調主機安裝工程施作完成部分之項目數量核算，更不得據此一空調主機安裝配置上有瑕疵情形，而不為該空調主機安裝工程施作完成部分之承攬報酬價金給付的原因事項。

Q73. 次承攬人之再招標

今於 W 空調集團與乙營造公司締結該 W 空調集團營運總部新建工程承攬契約後，乙綜合營造公司將營運總部新建工程之主體結構工程，分包予丁營造公司。嗣丁營造公司再將該主體結構部分以招標方式，由 B 結構工程公司為丁營造公司辦理之營運總部新建工程主體結構工程之確定得標人。該丁營造公司之再招標行為，是否需經該營運總部新建工程之原定作人 W 空調集團的同意？或次定作人乙營造公司之同意？

A73 解題說明

乙綜合營造公司將 W 空調集團營運總部新建工程之主體結構工程，分包予丁營造公司。則就 W 空調集團營運總部新建工程承攬而言，該丁營造公司與承攬人乙綜合營造公司之間，即為次承攬關係。於此次承攬關係，乙綜合營造公司為次定作人，丁營造公司則為次承攬人。

該 W 空調集團係為不具官股之外國私法人，外國私法人於我國內經營事業及有關私經濟活動，原則上應以我國法律為依據，合先敘明。是該 W 空調集團為一般私法人，因此，除非該 W 空調集團營運總部新建工程之定作人W空調集團，於該次W空調集團營運總部新建工程承攬招標公告或投標須知等內容，有禁止次承攬之明文，或契約當事人有特別約定者外，當事人之次承攬或再承攬行為，皆應係被允許之契約履行方式之一種（有關再承攬禁止情形，請參閱A61）。

關於次承攬人之再招標，最高法院所涉案例：「本件中華基金會與達○公司於86年3月21日簽訂工程總包契約，達○公司同意中華基金會於工程進行中分項分階段發包，並依契約文件、分包契約圖樣等，執行、完成及保固本工程；中華基金會有權指定分包人，達○公司應與該分包人簽訂分包契約；中華基金會依上開約定行使其指定分包人之權利，向上訴人發出邀標通知書，邀請其參加系爭工程之投標；雙方簽立意向書後，上訴人並簽發以達○公司為受款人之系爭本票交付達○公司收執，供作押標金。兩造三方且曾兩度派員協商工程總價及提出合約草案之時間，達○公司本於系爭工程之總包契約，對系爭工程負有管理、完成及接受中華基金會所指定分包人之義務，為原審認定之事實，且有總包契約、押標金收據及意向書等足稽。依上開意向書所載，在簽訂正式合約前，該意向書為合法之約定，對雙方有法律上之約束力。」[13]

由前述最高法院關於次承攬人之再招標所涉案例之見解，可知於次承攬被允許情形下，除當事人有特別之約定外，該次承攬人以其次承攬內容之再次招標與收受押標金等行為，係不被禁止，亦無需事先得到原定作人與次定作人即原承攬人之同意。而如若是類似前述最高法院所涉案例情形，係為當事人有分包或相類行為之約定者，則為分包或相類行為之當事人，仍應按其約定為之。

因此，**於次承攬行為在未受到禁止之前提下，該次承攬人之招標行為，係屬於該次承攬人為完成契約目的之通常履約行為之一，應無需經過原工程承攬契約定作人或次定作人之同意，始得為之。**蓋在契約利益及契約目的實現，與契約義務遵守之基礎，債務人令第三人完成給付義務之清

---

13 最高法院101年度台上字第249號民事判決。

償行為，除法律有禁止規定，或當事人有其特別約定外，該債務人令第三人完成契約給付義務之清償情形，應無將之否定或非難之必要。

筆者建議

題示情形，該 W 空調集團營運總部新建工程承攬契約之承攬人乙綜合營造公司，將 W 空調集團營運總部新建工程之主體結構工程，分包予丁營造公司，係屬於不被禁止之次承攬行為。嗣次承攬人丁營造公司，再將自己以該主體結構部分之次定作人地位，以招標方式，由 B 結構工程公司為該 W 空調集團營運總部新建工程主體結構工程之確定得標人之情形，應屬次承攬人丁營造公司，為完成主體結構工程之契約目的，所做之通常履約行為。

在遵守該次 W 空調集團營運總部新建工程承攬契約約定內容之前提下，該丁營造公司之再招標行為，應無需經該 W 空調集團營運總部新建工程定作人 W 空調集團，或次定作人乙營造公司之同意，始得為之。

Q74. 次承攬人可否主張原承攬人對於定作人之抗辯權

今如於 W 空調集團營運總部新建工程之空調機電工程部分，因定作人 W 空調集團提供之空調主機配件，發生大量之部品瑕疵，造成多部空調主機於運轉測試時，產生異常高溫而導致損壞，並需將已經安裝完成之部分拆除，且於拆除後重新施作情形。此時，次定作人即原承攬人乙綜合營造公司，所得對原定作人 W 空調集團主張之責任與抗辯權利，次承攬人丁營造公司，是否仍得以之對原定作人 W 空調集團為主張？

A74 解題說明

題示之多部空調主機於運轉測試時，產生異常高溫而導致損壞，並需將已經安裝完成之部分拆除，且於拆除後重新施作之情形，係因定作人

W 空調集團提供之空調主機配件，發生大量之部品瑕疵所致。此一損害發生情形，應屬於定作人提供材料之過失。次定作人即原承攬人乙綜合營造公司，固得本於該 W 空調集團營運總部新建工程承攬契約之承攬人地位，主張因定作人提供材料之過失，而發生之損害、費用負擔增加及施工期間展延等責任。

然而，次定作人即原承攬人乙綜合營造公司，所得對原定作人 W 空調集團主張之責任與抗辯權利，次承攬人丁營造公司，是否仍得以之對原定作人 W 空調集團為主張？

關於次承攬人之抗辯權問題，最高法院所涉案例有：

1. 當事人無約定

➲「在次承攬之場合，已完成之工作物通常轉交原定作人使用。倘次承攬人提供之工作物有瑕疵致生損害，而原定作人於損害之發生或擴大與有過失時，原定作人向原承攬人（即次定作人）請求賠償，原承攬人得抗辯原定作人與有過失，以減輕或免除責任。**但次定作人向次承攬人請求賠償時，倘次承攬人不能抗辯原定作人之與有過失，而按損害全額賠償，恐將負擔超額之賠償責任。**原定作人雖與次承攬人無直接契約關係，亦非次定作人之代理人或使用人，惟次定作人將工作物交由原定作人管理使用，其本身與有過失之風險降低，原定作人之風險增高。原定作人倘對損害之發生或擴大與有過失，依公平原則，亦應有民法第 217 條第 1 項過失相抵規定之適用。**次承攬人亦得抗辯原定作人之與有過失，俾使承攬關係與次承攬關係之風險取得平衡，並簡化三者間之求償關係。**」[14]

2. 當事人已有約定

➲「況要求上訴人切結保證就其所僱用之人、分包商、材料供應商、販賣

14　最高法院 107 年度台上字第 769 號民事判決裁判要旨。

商、勞工及其他有關團體及個體得向被上訴人及高工局求償權利，……」[15]

➲「又按監督付款之約定，乃業主或承包商與分包商協商約定由分包商得直接向業主請求付款，或約定由業主直接將承包商可得領取之工程款，逕向分包商付款者，僅發生原契約付款方式重新約定之法律效果，係縮短工程款給付流程，並未改變業主與承包商間原有之法律關係，承包商對業主應負違約金責任，依民法第 299 條規定，業主均得以之對抗分包商，或主張抵銷。」[16]

由前述最高法院所涉案例，可知在未改變原工程承攬契約當事人間之原有法律關係前提，以及使原承攬關係與次承攬關係之風險取得平衡，並簡化三者間之求償關係的考量基礎上，即便原定作人雖與次承攬人間並無直接契約關係，或該次契約內容並無可為抗辯援引之約定者，仍應肯認該次承攬人得以次定作人可為抗辯定作人之原因事項，對於原工程承攬契約定作人，主張其之抗辯權。

筆者建議

綜上所述，W 空調集團營運總部新建工程之多部空調主機於運轉測試時，產生異常高溫而導致損壞，並需將已經安裝完成之部分拆除，且於拆除後重新施作情形，係因定作人 W 空調集團提供之空調主機配件，發生大量之部品瑕疵所致。此一損害發生情形，應屬於定作人提供材料之過失責任。

於此情形，次定作人即原承攬人乙綜合營造公司，得本於該 W 空調集團營運總部新建工程承攬契約之承攬人地位，主張因定作人提供材料之過失，而發生之損害、費用負擔增加及施工期間展延等責任。

如前述，在未改變原工程承攬契約當事人間之原有法律關係前提，以

15 最高法院 101 年度台上字第 1341 號號民事判決。註：本件上訴人爲三〇發工程有限公司，被上訴人爲榮〇工程股份有限公司。

16 最高法院 100 年度台上字第 1418 號民事判決。

及使原承攬關係與次承攬關係之風險取得平衡，並簡化三者間之求償關係的考量基礎。即便原定作人 W 空調集團與次承攬人丁營造公司間，並無直接工程承攬契約關係，且該次承攬人丁營造公司，亦非次定作人乙綜合營造公司之代理人或使用人，仍應肯認該次承攬人丁營造公司，得以次定作人乙綜合營造公司可為抗辯定作人 W 空調集團之原因事項，對於原工程承攬契約定作人 W 空調集團，行使其之抗辯權。主張因定作人提供材料之過失，而發生之損害、費用負擔增加及施工期間展延等責任。

Q75. 次承攬人之侵權責任

今於 W 空調集團營運總部新建工程主體結構工程施作時，因實際施作之 B 結構工程公司之過失，發生 W 空調集團營運總部新建工程之基礎坍塌，造成 W 空調集團營運總部新建工程基地周邊鄰房毀損。嗣經調解未果，該毀損之周邊鄰房所有人，欲向定作人 W 空調集團主張其應負損害賠償責任。試問，定作人 W 空調集團是否需負擔該次周邊鄰房毀損責任？

A75 解題說明

就國內營造建築工程承攬之實務觀之，於較大型之新建工程承攬，原承攬人為次承攬之行為者，幾乎係為常見情形。而該次承攬人對於原承攬契約，除有經原定作人（債權人）所認之債務承擔，或有契約利益第三人情形，或有其他特殊情形外，該次承攬人應認係原承攬人之債務履行輔助人之地位。而民法第 224 條規定：「債務人之代理人或使用人，關於債之履行有故意或過失時，債務人應與自己之故意或過失負同一責任。但當事人另有訂定者，不在此限。」即係法律課予債務人使用債務履行輔助人之責任。

一般情形言，債務履行輔助人於該契約債務履行時，可能發生債務不履行及侵害權利等二種情形，而於此二種情形發生時，債務履行輔助人對於債權人所應負擔之責任，亦有所異。

1. 債務履行責任

關於債務人與履行輔助人之債務履行責任，以下國內學者與司法實務之觀點及見解：

（1）學說

➲「債務人之履輔責任為債務不履行的責任，其適用對象除給付遲延、給付不能所構成之消極的債務不履行外，還包括締約上過失及因履行行為所構成之積極侵害債權。……其在義務人面之特徵為僅債務人是其義務人，履行輔助人雖是該加害行為之行為人，但仍不因此對於債權人負債務不履行責任。惟履行輔助人仍可能以行為人的地位，為自己的行為負責。其責任態樣為侵權行為責任。構成該侵權行為之違法性基礎的保護義務除一般的保護義務外，還可能基於債務人與履行輔助人間之契約對於債權人所負之個別的保護義務。此為契約對於第三人之保護效力。」[17]

依前述學者論述，可知對於債權人言，即便該履行輔助人是該加害行為之行為人，但仍不因此對於債權人負債務不履行責任。僅在該履行輔助人具有侵權行為時，始可能以侵權行為人的地位，為自己的行為負責。

（2）最高法院

➲「另民法第 224 條規定，係指除當事人另有訂定外，債務人之代理人或使用人就債之履行有故意、過失時，債務人應與自己之故意或過失負同一責任，非謂該代理人或使用人應與債務人同負債務不履行之責。查系爭機械受損原因係設計不當，而非合○公司操作不當，合○公司對上訴人無庸負民法第 227 條第 2 項關於不完全給付之損害賠償責任；且加○公司非合○公司之代理人或使用人，不論加○公司有無於系爭機械加裝攪拌棒，均無由令合○公司負民法第 224 條之責任，為上揭第 350 號確

---

17 黃茂榮，債法總論（第二冊），自版，2004 年 7 月，增訂版，第 180 頁。

定判決所論斷（見第一審卷第54頁），上訴人應受拘束。加〇公司又非系爭承攬契約、使用保管契約之當事人，為原審認定之事實，其自不受關此契約之拘束，對上訴人即無債務不履行可言。上訴人依民法第227條、第224條之規定及系爭使用保管契約第7條、第8條之約定，請求被上訴人連帶給付訟爭金額本息，尚非有據。原審為上訴人不利之判決，經核並無不合。」[18]

題示情形，該造成承攬標的周邊鄰房毀損之B結構工程公司，係W空調集團與乙營造公司締結該W空調集團營運總部新建工程承攬契約後，乙綜合營造公司將營運總部新建工程之主體結構工程，分包予丁營造公司。嗣由丁營造公司再將該主體結構部分以招標方式，由次承攬人丁營造公司決標之營運總部新建工程主體結構工程之確定得標人。對於原定作人而言，該造成承攬標的周邊鄰房毀損之B結構工程公司與其並無契約上之關係。對於原承攬人乙營造公司，其與該B結構工程公司亦無契約上關係。僅次承攬人丁營造公司與該B結構工程公司具有其契約上關係。

綜上所述，於工程承攬契約關係，僅原承攬人居於該原承攬契約之債務人地位，對於原定作人即原契約債權人負契約履行義務，而次承攬人即居於該原承攬人之債務履行輔助人地位，該次承攬人與原定作人間無直接契約關係，其對於原定作人並不負債務不履行責任。

2. 侵權責任

次承攬人與原定作人間無直接契約關係，其對於原定作人並不負債務不履行責任，已如前述。惟該次承攬人仍可能以侵權行為人的地位，為自己的侵權行為負責。而此一次承攬人之侵權行為責任，按民法第184條規定：「因故意或過失，不法侵害他人之權利者，負損害賠償責任。故意以背於善良風俗之方法，加損害於他人者亦同。違反保護他人之法律，致生

18 最高法院105年度台上字第337號民事判決。

損害於他人者，負賠償責任。但能證明其行為無過失者，不在此限。」次承攬人對於其不法侵害他人之權利的過失行為，仍須負其侵權責任。

另按民法第 189 條：「承攬人因執行承攬事項，不法侵害他人之權利者，定作人不負損害賠償責任。但定作人於定作或指示有過失者，不在此限。」可知定作人除於定作或指示有過失者，對於承攬人因執行承攬事項，不法侵害他人之權利者，定作人不負損害賠償責任。題示情形，該實際為 W 空調集團營運總部新建工程主體結構工程施作之 B 結構工程公司，係為次承攬人丁營造公司之再次承攬人[19]。而該次發生 W 空調集團營運總部新建工程之基礎坍塌，造成 W 空調集團營運總部新建工程基地周邊鄰房毀損之情形，該侵權之終局責任，究係歸屬於誰？

關於承攬關係之侵權責任，最高法院所涉案例：

➲「按民法第 189 條規定：承攬人因執行承攬事項，不法侵害他人權利者，定作人不負損害賠償責任。但定作人於定作或指示有過失者，不在此限。所謂定作有過失者，係指定作之事項具有侵害他人權利之危險性，因承攬人之執行，果然引起損害之情形；而指示有過失者，係指定作並無過失，但指示工作之執行有過失之情形而言，故定作過失及指示

---

19 最高法院 90 年度台上字第 1015 號民事判決：「而H型鋼工程部分，係第一階段工程之範圍，該工程合約雖未將此部分列入工作項目，惟唐○公司基於安全防護，自行施設，已爲唐○公司陳明在卷，並有第一階段工程合約足憑。另鋼軌樁部分，爲第二階段工程合約所編列之項目，爲一擋土措施，亦爲兩造所不爭執。H型鋼係 82 年 6 月間施作完畢，鋼軌樁則同年 9 月 6 日完成架設，則被上訴人受領H型鋼及鋼軌樁均在與唐○公司間終止契約之前，已堪認定。次查，系爭第一、二階段工程承攬契約締結於定作人即被上訴人，與承攬人即唐○公司之間，唐○公司與茂○公司間之協力契約應屬『次承攬契約』，茂○公司與上訴人間所締結之契約，則為學理所稱連鎖承攬中之『再次承攬契約』。然不論次承攬、再次承攬契約，依債權契約相對性原則，僅得拘束契約當事人，第三人並不受契約兩造合意所羈束。主、次、再次承攬契約之履行或終止，而衍生之法律關係，自應分別以觀。本件既係被上訴人與唐○公司締結承攬契約，唐○公司與茂○公司有次承攬關係，茂○公司就H型鋼、鋼軌樁部分再由上訴人承攬，H型鋼、鋼軌樁工程之施作，對被上訴人而言，係唐○公司以第三人之給付履行其與被上訴人之契約義務。是被上訴人與上訴人間無任何契約關係，而受領該部分之給付時，並非無法律上之原因甚明。按契約終止，使契約效力向將來消滅，故已造作之部分，包括已用於工作或其他已移屬於定作人所有之材料，應交與定作人，僅承攬人得請求給付已完成工作之報酬。是承攬契約終止，應向將來失其效力，定作人在終止契約前所受領之給付，具有法律上之原因，自不待言。」

過失，係二個不同之負責態様，……次按承攬人執行承攬事項，有其獨立自主之地位，定作人對於承攬人並無監督其完成工作之權限，如因承攬人執行承攬事項而不法侵害他人權利，倘與定作人之定作或指示無關，則依民法第189條規定，定作人應不負損害賠償責任。」[20]

➲「承攬人因執行承攬事項，不法侵害他人之權利者，定作人除於定作或指示有過失外，不負損害賠償責任，民法第189條規定甚明。……是被上訴人僅係與喬○公司間承攬契約之定作人，亦否認對於承攬人喬○公司設計或次承攬人和○公司及陳某有所指示，則因次承攬人陳某執行承攬事項不法侵害他人之權利，自不負損害賠償責任。又所謂違反保護他人之法律者，係指以保護他人為目的之法律，亦即一般防止妨害他人權益或禁止侵害他人權益之法律而言。」[21]

➲「按承攬人因執行承攬事項，不法侵害他人之權利者，定作人不負損害賠償責任。但定作人於定作或指示有過失者，不在此限，民法第189條訂有明文。是定作人對於承攬人雖無監督之義務，但對於定作及工作之指示，仍有加以注意之義務，如其於此有過失，仍應負責。又定作有過失者，指定作之事項具有侵害他人權利之危險性，因承攬人之執行，果然引起損害之情形。但其定作是否具有特殊之危險，往往與承攬人之技

---

20 最高法院108年度台上字第1049號民事判決。

21 最高法院86年度台上字第3076號民事判決裁判要旨：「承攬人因執行承攬事項，不法侵害他人之權利者，定作人除於定作或指示有過失外，不負損害賠償責任，民法第189條規定甚明。被上訴人所有坐落南投市民族路二五五號房屋後段屋頂因增建四樓鋼架屋、三樓重新裝潢工程交由喬○公司承攬，喬○公司將其中鋼構工程委由和○公司承包，和○公司將之再轉包予陳某，由陳某施工，爲上訴人所不爭。是被上訴人僅係與喬○公司間承攬契約之定作人，亦否認對於承攬人喬○公司設計或次承攬人和○公司及陳某有所指示，則因次承攬人陳某執行承攬事項不法侵害他人之權利，自不負損害賠償責任。又所謂違反保護他人之法律者，係指以保護他人爲目的之法律，亦即一般防止妨害他人權益或禁止侵害他人權益之法律而言。建築法第25條固規定：『建築物未經申請直轄市、縣、（市）（局）主管建築機關之審查許可並發給執照，不得擅自建造或使用或拆除。』但被上訴人未依該規定申請建造執照即行建築，充其量僅其建築物為違章建築，違反行政管理之規定，尚難謂為保護他人之法律，上訴人不得依民法第184條第2項之規定，主張推定被上訴人為有過失。」

能經驗有關，故對於承攬人選任有過失者，亦應認為定作有過失。」[22]

由前述最高法院關於承攬關係之侵權責任所涉案件之見解，可知承攬人因執行承攬事項，不法侵害他人權利者，定作人不負損害賠償責任。但定作人於定作或指示有過失者，不在此限。前述最高法院所涉案件，明確指出於定作人有定作過失、指示過失及選任過失者，在發生承攬人因執行承攬事項，不法侵害他人權利情形，定作人仍須就該部分負責。而所謂定作有過失者，係指定作之事項具有侵害他人權利之危險性，因承攬人之執行，果然引起損害之情形。而指示有過失者，係指定作並無過失，但指示工作之執行有過失之情形而言，故定作過失及指示過失，係二個不同之責任態樣。

承攬人執行承攬事項，有其獨立自主之地位，定作人對於承攬人並無監督其完成工作之權限，如因承攬人執行承攬事項而不法侵害他人權利，倘與定作人之定作或指示無關，則依民法第 189 條規定，定作人應不負損害賠償責任。雖然定作人對於承攬人並無監督之義務，但對於定作及工作之指示，仍有加以注意之義務，如定作人於此有過失，仍應負責。

又定作有過失者，指定作之事項具有侵害他人權利之危險性，因承攬人之執行，果然引起損害之情形。但其定作是否具有特殊之危險，往往與承攬人之技能經驗有關，故對於承攬人選任有過失者，亦應認為定作有過失，例如於超高層建築之深層基礎工程，其深層基礎工程即屬於定作具有特殊之危險，如定作人對於該深層基礎工程承攬人之選任有過失，而因該深層基礎工程施作而發生侵害他人權利者，即為定作之事項具有侵害他人權利之危險性，因承攬人之執行，果然引起損害之情形。

綜上所述，可知定作人於定作或指示有過失時，定作人仍不能免其賠償之義務，蓋此時承攬人有似定作人之使用人[23]。職是，於承攬人因執行

---

22 最高法院 107 年度台上字第 1502 號民事判決。

23 參閱民法第 189 條立法理由：「查民律草案第九百五十三條理由謂承攬人獨立承辦一事，如加害於第三人，其定作人不能負損害賠償之責，因承攬人獨立爲其行爲，而定作人非使用主比故也。但定作人於定作或指示有過失時，仍不能免賠償之義務，蓋此時承攬人有似定作人

承攬事項，不法侵害他人權利者，若定作人對於定作及工作之指示與承攬人之選任，均業已盡其注意義務，且於此無過失，則該定作人不負損害賠償責任。又承攬人執行承攬事項而不法侵害他人權利，倘與定作人之定作或指示無關，則依民法第189條規定，該定作人亦不負損害賠償責任。

筆者建議

綜上所述，今再次承攬人B結構工程公司，於W空調集團營運總部新建工程主體結構工程施作時，發生W空調集團營運總部新建工程之基礎坍塌，造成W空調集團營運總部新建工程基地周邊鄰房毀損情形，係因實際施作之B結構工程公司之過失所致。若該再次承攬人B結構工程公司之W空調集團營運總部新建工程主體結構工程施作，與原定作人W空調集團或次定作人乙營造公司之定作或指示無關者，則依民法第189條規定，該原定作人W空調集團或次定作人乙營造公司，不負該次新建工程基地周邊鄰房毀損之損害賠償責任。

惟該**次承攬人仍可能以侵權行為人的地位，為自己的侵權行為負責。**而此一次承攬人之侵權行為責任，按現行民法第184條規定：「因故意或過失，不法侵害他人之權利者，負損害賠償責任。故意以背於善良風俗之方法，加損害於他人者亦同。違反保護他人之法律，致生損害於他人者，負賠償責任。但能證明其行為無過失者，不在此限。」該受有毀損之周邊鄰房所有人，得因該再次承攬人B結構工程公司對於其不法侵害他人權利的過失行為，主張負其侵權責任。

因最高法院對於定作人之定作是否具有特殊之危險，往往與承攬人之技能經驗有關，故對於承攬人選任有過失者，亦應認為係定作有過失。是

之使用人。此本條所由設也。」

無論係原工程承攬契約之定作人、次定作人或再次定作人，均應將承攬人、次承攬人或再次承攬人之選任，盡其注意義務。

因此，本文建議，除原定作人對於其選任該承攬人並無過失，或已經盡其義務等之相關資料應予以保留者外，次定作人或再次定作人，均應將承攬人、次承攬人或再次承攬人之選任程序、結果，與該承攬人、次承攬人或再次承攬人所提供之資質地位等適格資料等證明文件，通知原工程承攬契約之原定作人或次定作人。並將該承攬人、次承攬人或再次承攬人所提供之資質地位等適格資料證明文件，作為承攬、次承攬或再次承攬契約之內容。以盡選任承攬人、次承攬人或再次承攬人之注意義務，並藉此為因該承攬人、次承攬人或再次承攬人執行承攬事項，而不法侵害他人權利之終局責任歸屬的界定。

除前述建議外，如能將營造建築工程承攬之危險，運用保險行為以分擔危險與責任者，亦屬當事人之契約履行危險分擔的可能選擇。蓋不論營造建築工程承攬之承攬人、次承攬人，甚至是定作人，均未能樂觀地避免漫長履約期間之危險發生。

參考文獻

一、專書著作

- 王澤鑑，債法原理（一），基本理論、債之發生，三民書局，2006 年 9 月，再刷。
- 王澤鑑，債法原理，三民書局，2012 年 3 月，增訂三版。
- 古嘉諄、劉志鵬主編，工程法律實務研析（一），寰瀛法律事務所，2005 年 9 月，二版一刷。
- 邱聰智，新訂民法債編通則（下冊），自版，2014 年 2 月，新訂二版一刷。
- 邱聰智，姚志明校訂，新訂債法各論（中），自版，2002 年 10 月，初版一刷。
- 林更盛，論契約控制—從 Rawls 的正義論到離職後競業禁止約款的控制，自版，2009 年 3 月。
- 林誠二，債法總論新解，體系化解說（上），瑞興，2010 年 9 月，初版。
- 林誠二，債法總論新解，體系化解說（下），瑞興，2013 年 1 月，二版一刷。
- 林誠二，民法債編各論（中），瑞興圖書，2011 年 1 月，三刷。
- 林誠二，債編各論新解—體系化解說（中），瑞興，2015 年 6 月，三版一刷。
- 姚志明，債務不履行之研究（一）—給付不能、給付遲延與拒絕給付，自版，2004 年 9 月，初版。
- 姚志明，工程法律基礎理論與判決研究：以營建工程為中心，自版，2014 年 10 月，二版一刷。
- 姚志明，契約法總論，自版，2011 年 9 月，初版一刷。
- 姚志明，契約法總論，修訂二版，元照，2014 年 9 月，初版一刷。

➢ 陳忠五，契約責任與侵權責任的保護客體，新學林，2008 年 12 月，初版一刷。
➢ 陳自強，契約之成立與生效，元照，2014 年 2 月，三版。
➢ 陳自強，契約違反與履行請求，元照，2015 年 9 月，初版一刷。
➢ 陳自強，契約之內容與消滅，元照，2016 年 3 月，三版一刷。
➢ 孫森焱，民法債編總論上冊，自版，2012 年 2 月，修訂版。
➢ 黃立，民法總則，自版，2001 年 1 月，二版二刷。
➢ 黃立主編，楊芳賢等合著，民法債編各論（上），元照，2002 年 7 月，初版一刷。
➢ 黃立主編，黃立、謝銘洋、楊佳元等合著，民法債編各論（下），元照，2002 年 7 月，初版一刷。
➢ 黃茂榮，債法各論（第一冊），自版，2006 年 9 月，再版。
➢ 黃茂榮，債法總論（第二冊），自版，2004 年 7 月，增訂版。
➢ 黃茂榮，債法總論（第三冊），自版，2010 年 9 月，增訂三版。
➢ 楊芳賢，民法債編總論，三民書局，2016 年 8 月，初版一刷。
➢ 鄭玉波，民法債編總論，三民書局，1988 年 3 月，十二版。
➢ 鄭玉波著，陳榮隆修訂，民法債編總論，三民書局，2010 年 3 月，修訂二版七刷。

二、期刊論文

➢ 林誠二，聯合承攬法律關係之定性與區辨，台灣法學，第 349 期，2018 年 8 月。
➢ 姚志明，公共營建工程契約之成立—以營建工程之招標、決標為中心，月旦法學雜誌，元照，2010 年 6 月，第 181 期。
➢ 陳英鈴，追繳押標金之救濟途徑，月旦法學教室，元照，2009 年 4 月，第 78 期。
➢ 黃正光，論工程契約之擔保—以押標金、保留款及保固保證金為中心，東海學法學院法律學系碩士論文。

三、司法實務

司法院解釋

- 司法院院字第 1597 號。
- 司法院院字第 2193 號。
- 司法院院解字第 3131 號。

大理院解釋

- 大理院解釋統字第 1983 號。

最高法院解釋

- 最高法院解字第 190 號。

最高法院民庭決議

- 87 年度最高法院第二次民事庭會議決議。

最高法院民事判例

- 原最高法院 40 年台上字第 1241 號民事判例。
- 原最高法院 43 年台上字第 99 號民事判例。
- 原最高法院 43 年台上字第 476 號民事判例。
- 原最高法院 50 年台上字第 1852 號民事判例。
- 原最高法院 50 年台上字第 2705 號民事判例。
- 原最高法院 59 年台上字第 850 號民事判例。
- 原最高法院 59 年台上字第 1663 號民事判例。
- 原最高法院 61 年台上字第 964 號民事判例。
- 原最高法院 61 年台上字第 1326 號民事判例。
- 原最高法院 62 年台上字第 787 號民事判例。
- 原最高法院 64 年台上字第 1567 號民事判例。
- 原最高法院 65 年台上字第 2936 號民事判例。
- 原最高法院 66 年台上字第 2975 號民事判例。
- 原最高法院 71 年台上字第 2992 號民事判例。
- 原最高法院 72 年台上字第 85 號民事判例。

- 原最高法院 74 年台上字第 2322 號民事判例。
- 原最高法院 75 年台上字第 534 號民事判例。
- 原最高法院 79 年台上字第 1612 號民事判例。
- 原最高法院 87 年台上字第 1205 號民事判例。
- 原最高法院 91 年台上字第 812 號民事判例。

最高法院民事判決

- 最高法院 69 年度台上字第 2596 號民事判決。
- 最高法院 74 年度台上字第 376 號民事判決。
- 最高法院 81 年度台上字第 396 號民事判決。
- 最高法院 81 年度台上字第 856 號民事判決。
- 最高法院 81 年度台上字第 1907 號民事判決。
- 最高法院 81 年度台上字第 2963 號民事判決。
- 最高法院 84 年度台上字第 848 號民事判決。
- 最高法院 86 年度台上字第 3076 號民事判決。
- 最高法院 89 年度台上字第 1499 號民事判決。
- 最高法院 89 年度台上字第 2282 號民事判決。
- 最高法院 90 年度台上字第 1015 號民事判決。
- 最高法院 92 年度台上字第 2744 號民事判決。
- 最高法院 94 年度台上字第 75 號民事判決。
- 最高法院 94 年度台上字第 1669 號民事判決。
- 最高法院 95 年度台上字第 1074 號民事判決。
- 最高法院 95 年度台上字第 1731 號民事判決。
- 最高法院 95 年度台上字第 2263 號民事判決。
- 最高法院 95 年度台上字第 2553 號民事判決。
- 最高法院 96 年度台上字第 153 號民事判決。
- 最高法院 96 年度台上字第 957 號民事判決。
- 最高法院 96 年度台上字第 2382 號民事判決。
- 最高法院 97 年度台上字第 319 號民事判決。

- 最高法院 98 年度台上字第 1138 號民事判決。
- 最高法院 98 年度台上字第 1761 號民事判決。
- 最高法院 98 年度台上字第 1914 號民事判決。
- 最高法院 98 年度台上字第 1961 號民事判決。
- 最高法院 98 年度台上字第 2059 號民事判決。
- 最高法院 99 年度台簡上字第 11 號民事判決。
- 最高法院 99 年度台上字第 818 號民事判決。
- 最高法院 100 年度台上字第 533 號民事判決。
- 最高法院 100 年度台上字第 1161 號民事判決。
- 最高法院 100 年度台上字第 1354 號民事判決。
- 最高法院 100 年度台上字第 1418 號民事判決。
- 最高法院 100 年度台上字第 1588 號民事判決。
- 最高法院 100 年度台上字第 1632 號民事判決。
- 最高法院 100 年度台上字第 1930 號民事判決。
- 最高法院 101 年度台上字第 249 號民事判決。
- 最高法院 101 年度台上字第 962 號民事判決。
- 最高法院 101 年度台上字第 1341 號民事判決。
- 最高法院 102 年度台上字第 69 號民事判決。
- 最高法院 102 年度台上字第 488 號民事判決。
- 最高法院 102 年度台上字第 1242 號民事判決。
- 最高法院 102 年度台上字第 1447 號民事判決。
- 最高法院 102 年度台上字第 1468 號民事判決。
- 最高法院 102 年度台上字第 2017 號民事判決。
- 最高法院 103 年度台上字第 87 號民事判決。
- 最高法院 103 年度台上字第 141 號民事判決。
- 最高法院 103 年度台上字第 182 號民事判決。
- 最高法院 103 年度台上字第 308 號民事判決。
- 最高法院 103 年度台上字第 718 號民事判決。

- 最高法院101年度台上字第1113號民事判決。
- 最高法院103年度台上字第1844號民事判決。
- 最高法院103年度台上字第1981號民事判決。
- 最高法院103年度台上字第2572號民事判決。
- 最高法院103年度台上字第2680號民事判決。
- 最高法院104年度台上字第125號民事判決。
- 最高法院104年度台上字第472號民事判決。
- 最高法院104年度台上字第1481號民事判決。
- 最高法院104年度台上字第1513號民事判決。
- 最高法院104年度台上字第1901號民事判決。
- 最高法院104年度台上字第2148號民事判決。
- 最高法院104年度台上字第2160號民事判決。
- 最高法院104年度台上字第2463號民事判決。
- 最高法院105年度台上字第129號民事判決。
- 最高法院105年度台上字第274號民事判決。
- 最高法院105年度台上字第337號民事判決。
- 最高法院106年度台上字第4號民事判決。
- 最高法院106年度台上字第287號民事判決。
- 最高法按106年度台上字第466號民事判決。
- 最高法院106年度台上字第964號民事判決。
- 最高法院106年度台上字第1060號民事判決。
- 最高法院106年度台上字第1166號民事判決。
- 最高法院106年度台上字第1494號民事判決。
- 最高法院106年度台上字第1627號民事判決。
- 最高法院106年度台上字第1879號民事判決。
- 最高法院106年度台上字第2881號民事判決。
- 最高法院106年度台上字第2897號民事判決。
- 最高法院107年度台上字第88號民事判決。

- 最高法院 107 年度台上字第 409 號民事判決。
- 最高法院 107 年度台上字第 769 號民事判決。
- 最高法院 107 年度台上字第 867 號民事判決。
- 最高法院 107 年度台上字第 1270 號民事判決。
- 最高法院 107 年度台上字第 1502 號民事判決。
- 最高法院 107 年度台上字第 1598 號民事判決。
- 最高法院 107 年度台上字第 1610 號民事判決。
- 最高法院 107 年度台上字第 1855 號民事判決。
- 最高法院 107 年度台上字第 2348 號民事判決。
- 最高法院 107 年度台上字第 2449 號民事判決。
- 最高法院 108 年度台上字第 19 號民事判決。
- 最高法院 108 年度台上字第 57 號民事判決。
- 最高法院 108 年度台上字第 369 號民事判決。
- 最高法院 108 年度台上字第 370 號民事判決。
- 最高法院 108 年度台上字第 373 號民事判決。
- 最高法院 108 年度台上字第 558 號民事判決。
- 最高法院 108 年度台上字第 1006 號民事判決。
- 最高法院 108 年度台上字第 1037 號民事判決。
- 最高法院 108 年度台上字第 1049 號民事判決。
- 最高法院 108 年度台上字第 1243 號民事判決。
- 最高法院 108 年度台上字第 1349 號民事判決。
- 最高法院 108 年度台上字第 1470 號民事判決。
- 最高法院 108 年度台上字第 1651 號民事判決。
- 最高法院 108 年度台上字第 1721 號民事判決。
- 最高法院 108 年度台上字第 1854 號民事判決。
- 最高法院 108 年度台上字第 2183 號民事判決。
- 最高法院 108 年度台上字第 2185 號民事判決。
- 最高法院 108 年度台上字第 2672 號民事判決。

- 最高法院 109 年度台上字第 34 號民事判決。
- 最高法院 109 年度台上字第 282 號民事判決。
- 最高法院 109 年度台上字第 626 號民事判決。
- 最高法院 109 年度台上字第 873 號民事判決。
- 最高法院 109 年度台上字第 1022 號民事判決。
- 最高法院 109 年度台上字第 1638 號民事判決。
- 最高法院 109 年度台上字第 2068 號民事判決。

最高法院民事裁定

- 最高法院 87 年度台抗字第 292 號民事裁定。

高等法院民事判決

- 臺灣高等法院 105 年度建上更一字第 19 號民事判決。
- 臺灣高等法院臺中分院 95 年度上易字第 154 號民事判決。
- 臺灣高等法院臺南分院 97 年度重上字第 32 號民事判決。
- 臺灣高等法院 100 年度建上易字第 22 號民事判決。

地方法院民事判決

- 臺灣臺北地方法院 86 年度訴字第 525 號民事判決。

最高行政法院庭長法官聯席會議

- 最高行政法院 93 年 2 月份庭長法官聯席會議（二）。
- 最高行政法院 97 年 5 月份第 1 次庭長法官聯席會議（二）。
- 最高行政法院 102 年 11 月份第 1 次庭長法官聯席會議。

最高行政法院判決

- 最高行政法院 90 年度判字第 646 號判決。
- 最高行政法院 95 年度判字第 1996 號判決。
- 最高行政法院 98 年度判字第 38 號判決。
- 最高行政法院 104 年度判字第 286 號判決。
- 最高行政法院 104 年度判字第 678 號判決。
- 最高行政法院 105 年度判字第 5 號判決。

- 最高行政法院 105 年度判字第 323 號判決。
- 最高行政法院 107 年度判字第 746 號判決。
- 最高行政法院 108 年度判字第 50 號判決。
- 最高行政法院 108 年度判字第 332 號判決。
- 最高行政法院 109 年度判字第 358 號判決。

最高行政法院裁定

- 最高行政法院 99 年度裁字第 2464 號裁定。

最高法院刑事判決

- 最高法院 102 年度台上字第 1448 號刑事判決。

四、網路電子資料

- 立法院法律系統，https://lis.ly.gov.tw（最後瀏覽日期：2020/5/29）。
- 法務部全國法規資料庫，https://law.moj.gov.tw（最後瀏覽日期：2020/6/22）。
- 國家教育研究院，http://terms.naer.edu.tw（最後瀏覽日期：2020/4/19）。
- 月旦知識庫，http://www.lawdata.com.tw（最後瀏覽日期：2020/6/18）。
- 法源法律網，https://www.lawbank.com.tw（最後瀏覽日期：2020/6/27）。
- 中華民國行政院內政部營建署，https://www.cpami.gov.tw（最後瀏覽日期：2020/10/20）。
- 中華民國經濟部主管法規系統，https://law.moea.gov.tw（最後瀏覽日期：2020/8/7）。
- 行政院公共工程委員會，https://www.pcc.gov.tw（最後瀏覽日期：2020/8/19）。
- 行政院經濟部水利署，http://wralaw.wra.gov.tw（最後瀏覽日期：2020/9/28）。

常用參考法規（節錄）

民法

第 1 條

民事，法律所未規定者，依習慣；無習慣者，依法理。

第 2 條

民事所適用之習慣，以不背於公共秩序或善良風俗者為限。

第 88 條

意思表示之內容有錯誤，或表意人若知其事情即不為意思表示者，表意人得將其意思表示撤銷之。但以其錯誤或不知事情，非由表意人自己之過失者為限。

當事人之資格或物之性質，若交易上認為重要者，其錯誤，視為意思表示內容之錯誤。

第 89 條

意思表示，因傳達人或傳達機關傳達不實者，得比照前條之規定撤銷之。

第 90 條

前二條之撤銷權，自意思表示後，經過一年而消滅。

第 99 條

附停止條件之法律行為，於條件成就時，發生效力。

附解除條件之法律行為，於條件成就時，失其效力。

依當事人之特約，使條件成就之效果，不於條件成就之時發生者，依其特約。

第 100 條

附條件之法律行為當事人，於條件成否未定前，若有損害相對人因條件成就所應得利益之行為者，負賠償損害之責任。

第101條

因條件成就而受不利益之當事人，如以不正當行為阻其條件之成就者，視為條件已成就。

因條件成就而受利益之當事人，如以不正當行為促其條件之成就者，視為條件不成就。

第102條

附始期之法律行為，於期限屆至時，發生效力。

附終期之法律行為，於期限屆滿時，失其效力。

第一百條之規定，於前二項情形準用之。

第111條

法律行為之一部分無效者，全部皆為無效。但除去該部分亦可成立者，則其他部分，仍為有效。

第112條

無效之法律行為，若具備他法律行為之要件，並因其情形，可認當事人若知其無效，即欲為他法律行為者，其他法律行為，仍為有效。

第116條

撤銷及承認，應以意思表示為之。

如相對人確定者，前項意思表示，應向相對人為之。

第125條

請求權，因十五年間不行使而消滅。但法律所定期間較短者，依其規定。

第127條

左列各款請求權，因二年間不行使而消滅：

一、旅店、飲食店及娛樂場之住宿費、飲食費、座費、消費物之代價及其墊款。

二、運送費及運送人所墊之款。

三、以租賃動產為營業者之租價。

四、醫生、藥師、看護生之診費、藥費、報酬及其墊款。

五、律師、會計師、公證人之報酬及其墊款。

六、律師、會計師、公證人所收當事人物件之交還。
七、技師、承攬人之報酬及其墊款。
八、商人、製造人、手工業人所供給之商品及產物之代價。

第 148 條

權利之行使，不得違反公共利益，或以損害他人為主要目的。
行使權利，履行義務，應依誠實及信用方法。

第 153 條

當事人互相表示意思一致者，無論其為明示或默示，契約即為成立。
當事人對於必要之點，意思一致，而對於非必要之點，未經表示意思者，推定其契約為成立，關於該非必要之點，當事人意思不一致時，法院應依其事件之性質定之。

第 154 條

契約之要約人，因要約而受拘束。但要約當時預先聲明不受拘束，或依其情形或事件之性質，可認當事人無受其拘束之意思者，不在此限。
貨物標定賣價陳列者，視為要約。但價目表之寄送，不視為要約。

第 155 條

要約經拒絕者，失其拘束力。

第 189 條

承攬人因執行承攬事項，不法侵害他人之權利者，定作人不負損害賠償責任。但定作人於定作或指示有過失者，不在此限。

第 191 條

土地上之建築物或其他工作物所致他人權利之損害，由工作物之所有人負賠償責任。但其對於設置或保管並無欠缺，或損害非因設置或保管有欠缺，或於防止損害之發生，已盡相當之注意者，不在此限。
前項損害之發生，如別有應負責任之人時，賠償損害之所有人，對於該應負責者，有求償權。

第 217 條

損害之發生或擴大，被害人與有過失者，法院得減輕賠償金額，或免除之。

重大之損害原因，為債務人所不及知，而被害人不預促其注意或怠於避免或減少損害者，為與有過失。
前二項之規定，於被害人之代理人或使用人與有過失者，準用之。

第227-2條

契約成立後，情事變更，非當時所得預料，而依其原有效果顯失公平者，當事人得聲請法院增、減其給付或變更其他原有之效果。
前項規定，於非因契約所發生之債，準用之。

第234條

債權人對於已提出之給付，拒絕受領或不能受領者，自提出時起，負遲延責任。

第237條

在債權人遲延中，債務人僅就故意或重大過失，負其責任。

第245-1條

契約未成立時，當事人為準備或商議訂立契約而有左列情形之一者，對於非因過失而信契約能成立致受損害之他方當事人，負賠償責任：
一、就訂約有重要關係之事項，對他方之詢問，惡意隱匿或為不實之說明者。
二、知悉或持有他方之秘密，經他方明示應予保密，而因故意或重大過失洩漏之者。
三、其他顯然違反誠實及信用方法者。
前項損害賠償請求權，因二年間不行使而消滅。

第247條

契約因以不能之給付為標的而無效者，當事人於訂約時知其不能或可得而知者，對於非因過失而信契約為有效致受損害之他方當事人，負賠償責任。
給付一部不能，而契約就其他部分仍為有效者，或依選擇而定之數宗給付中有一宗給付不能者，準用前項之規定。
前二項損害賠償請求權，因二年間不行使而消滅。

第 247-1 條

依照當事人一方預定用於同類契約之條款而訂定之契約，為左列各款之約定，按其情形顯失公平者，該部分約定無效：

一、免除或減輕預定契約條款之當事人之責任者。

二、加重他方當事人之責任者。

三、使他方當事人拋棄權利或限制其行使權利者。

四、其他於他方當事人有重大不利益者。

第 248 條

訂約當事人之一方，由他方受有定金時，推定其契約成立。

第 249 條

定金，除當事人另有訂定外，適用左列之規定：

一、契約履行時，定金應返還或作為給付之一部。

二、契約因可歸責於付定金當事人之事由，致不能履行時，定金不得請求返還。

三、契約因可歸責於受定金當事人之事由，致不能履行時，該當事人應加倍返還其所受之定金。

四、契約因不可歸責於雙方當事人之事由，致不能履行時，定金應返還之。

第 250 條

當事人得約定債務人於債務不履行時，應支付違約金。

違約金，除當事人另有訂定外，視為因不履行而生損害之賠償總額。其約定如債務人不於適當時期或不依適當方法履行債務時，即須支付違約金者，債權人除得請求履行債務外，違約金視為因不於適當時期或不依適當方法履行債務所生損害之賠償總額。

第 252 條

約定之違約金額過高者，法院得減至相當之數額。

第 264 條

因契約互負債務者，於他方當事人未為對待給付前，得拒絕自己之給付。但自己有先為給付之義務者，不在此限。

他方當事人已為部分之給付時，依其情形，如拒絕自己之給付有違背誠實及信用方法者，不得拒絕自己之給付。

第265條

當事人之一方，應向他方先為給付者，如他方之財產，於訂約後顯形減少，有難為對待給付之虞時，如他方未為對待給付或提出擔保前，得拒絕自己之給付。

第334條

二人互負債務，而其給付種類相同，並均屆清償期者，各得以其債務，與他方之債務，互為抵銷。但依債之性質不能抵銷或依當事人之特約不得抵銷者，不在此限。

前項特約，不得對抗善意第三人。

第347條

本節規定，於買賣契約以外之有償契約準用之。但為其契約性質所不許者，不在此限。

第354條

物之出賣人對於買受人，應擔保其物依第三百七十三條之規定危險移轉於買受人時無滅失或減少其價值之瑕疵，亦無滅失或減少其通常效用或契約預定效用之瑕疵。但減少之程度，無關重要者，不得視為瑕疵。

出賣人並應擔保其物於危險移轉時，具有其所保證之品質。

第356條

買受人應按物之性質，依通常程序從速檢查其所受領之物。如發見有應由出賣人負擔保責任之瑕疵時，應即通知出賣人。

買受人怠於為前項之通知者，除依通常之檢查不能發見之瑕疵外，視為承認其所受領之物。

不能即知之瑕疵，至日後發見者，應即通知出賣人，怠於為通知者，視為承認其所受領之物。

第369條

買賣標的物與其價金之交付，除法律另有規定或契約另有訂定或另有習慣外，應同時為之。

第 379 條

出賣人於買賣契約保留買回之權利者，得返還其所受領之價金，而買回其標的物。

前項買回之價金，另有特約者，從其特約。

原價金之利息，與買受人就標的物所得之利益，視為互相抵銷。

第 398 條

當事人雙方約定互相移轉金錢以外之財產權者，準用關於買賣之規定。

第 399 條

當事人之一方，約定移轉前條所定之財產權，並應交付金錢者，其金錢部分，準用關於買賣價金之規定。

第 474 條

稱消費借貸者，謂當事人一方移轉金錢或其他代替物之所有權於他方，而約定他方以種類、品質、數量相同之物返還之契約。

當事人之一方對他方負金錢或其他代替物之給付義務而約定以之作為消費借貸之標的者，亦成立消費借貸。

第 490 條

稱承攬者，謂當事人約定，一方為他方完成一定之工作，他方俟工作完成，給付報酬之契約。

約定由承攬人供給材料者，其材料之價額，推定為報酬之一部。

第 491 條

如依情形，非受報酬即不為完成其工作者，視為允與報酬。

未定報酬額者，按照價目表所定給付之；無價目表者，按照習慣給付。

第 492 條

承攬人完成工作，應使其具備約定之品質及無減少或滅失價值或不適於通常或約定使用之瑕疵。

第 493 條

工作有瑕疵者，定作人得定相當期限，請求承攬人修補之。

承攬人不於前項期限內修補者，定作人得自行修補，並得向承攬人請求償還修補必要之費用。

如修補所需費用過鉅者，承攬人得拒絕修補，前項規定，不適用之。

第 494 條

承攬人不於前條第一項所定期限內修補瑕疵，或依前條第三項之規定拒絕修補或其瑕疵不能修補者，定作人得解除契約或請求減少報酬。但瑕疵非重要，或所承攬之工作為建築物或其他土地上之工作物者，定作人不得解除契約。

第 495 條

因可歸責於承攬人之事由，致工作發生瑕疵者，定作人除依前二條之規定，請求修補或解除契約，或請求減少報酬外，並得請求損害賠償。

前項情形，所承攬之工作為建築物或其他土地上之工作物，而其瑕疵重大致不能達使用之目的者，定作人得解除契約。

第 496 條

工作之瑕疵，因定作人所供給材料之性質或依定作人之指示而生者，定作人無前三條所規定之權利。但承攬人明知其材料之性質或指示不適當，而不告知定作人者，不在此限。

第 497 條

工作進行中，因承攬人之過失，顯可預見工作有瑕疵或有其他違反契約之情事者，定作人得定相當期限，請求承攬人改善其工作或依約履行。

承攬人不於前項期限內，依照改善或履行者，定作人得使第三人改善或繼續其工作，其危險及費用，均由承攬人負擔。

第 498 條

第四百九十三條至第四百九十五條所規定定作人之權利，如其瑕疵自工作交付後經過一年始發見者，不得主張。

工作依其性質無須交付者，前項一年之期間，自工作完成時起算。

第 499 條

工作為建築物或其他土地上之工作物或為此等工作物之重大之修繕者，前條所定之期限，延為五年。

第 500 條

承攬人故意不告知其工作之瑕疵者，第四百九十八條所定之期限，延為五年，第四百九十九條所定之期限，延為十年。

第 501 條

第四百九十八條及第四百九十九條所定之期限，得以契約加長。但不得減短。

第 501-1 條

以特約免除或限制承攬人關於工作之瑕疵擔保義務者，如承攬人故意不告知其瑕疵，其特約為無效。

第 502 條

因可歸責於承攬人之事由，致工作逾約定期限始完成，或未定期限而逾相當時期始完成者，定作人得請求減少報酬或請求賠償因遲延而生之損害。

前項情形，如以工作於特定期限完成或交付為契約之要素者，定作人得解除契約，並得請求賠償因不履行而生之損害。

第 503 條

因可歸責於承攬人之事由，遲延工作，顯可預見其不能於限期內完成而其遲延可為工作完成後解除契約之原因者，定作人得依前條第二項之規定解除契約，並請求損害賠償。

第 504 條

工作遲延後，定作人受領工作時不為保留者，承攬人對於遲延之結果，不負責任。

第 505 條

報酬應於工作交付時給付之，無須交付者，應於工作完成時給付之。

工作係分部交付，而報酬係就各部分定之者，應於每部分交付時，給付該部分之報酬。

第 506 條

訂立契約時，僅估計報酬之概數者，如其報酬，因非可歸責於定作人之事由，超過概數甚鉅者，定作人得於工作進行中或完成後，解除契約。

前項情形，工作如為建築物或其他土地上之工作物或為此等工作物之重大修繕者，定作人僅得請求相當減少報酬，如工作物尚未完成者，定作人得通知承攬人停止工作，並得解除契約。

定作人依前二項之規定解除契約時，對於承攬人，應賠償相當之損害。

第 507 條

工作需定作人之行為始能完成者，而定作人不為其行為時，承攬人得定相當期限，催告定作人為之。

定作人不於前項期限內為其行為者，承攬人得解除契約，並得請求賠償因契約解除而生之損害。

第 508 條

工作毀損、滅失之危險，於定作人受領前，由承攬人負擔，如定作人受領遲延者，其危險由定作人負擔。

定作人所供給之材料，因不可抗力而毀損、滅失者，承攬人不負其責。

第 509 條

於定作人受領工作前，因其所供給材料之瑕疵或其指示不適當，致工作毀損、滅失或不能完成者，承攬人如及時將材料之瑕疵或指示不適當之情事通知定作人時，得請求其已服勞務之報酬及墊款之償還，定作人有過失者，並得請求損害賠償。

第 510 條

前二條所定之受領，如依工作之性質，無須交付者，以工作完成時視為受領。

第 511 條

工作未完成前，定作人得隨時終止契約。但應賠償承攬人因契約終止而生之損害。

第 512 條

承攬之工作，以承攬人個人之技能為契約之要素者，如承攬人死亡或非因其過失致不能完成其約定之工作時，其契約為終止。

工作已完成之部分，於定作人為有用者，定作人有受領及給付相當報酬之義務。

第 513 條

承攬之工作為建築物或其他土地上之工作物，或為此等工作物之重大修繕者，承攬人得就承攬關係報酬額，對於其工作所附之定作人之不動產，請求定作人為抵押權之登記；或對於將來完成之定作人之不動產，請求預為抵押權之登記。

前項請求，承攬人於開始工作前亦得為之。

前二項之抵押權登記，如承攬契約已經公證者，承攬人得單獨申請之。

第一項及第二項就修繕報酬所登記之抵押權，於工作物因修繕所增加之價值限度內，優先於成立在先之抵押權。

第 514 條

定作人之瑕疵修補請求權、修補費用償還請求權、減少報酬請求權、損害賠償請求權或契約解除權，均因瑕疵發見後一年間不行使而消滅。

承攬人之損害賠償請求權或契約解除權，因其原因發生後，一年間不行使而消滅。

第 758 條

不動產物權，依法律行為而取得、設定、喪失及變更者，非經登記，不生效力。

前項行為，應以書面為之。

第 860 條

稱普通抵押權者，謂債權人對於債務人或第三人不移轉占有而供其債權擔保之不動產，得就該不動產賣得價金優先受償之權。

第 881-1 條

稱最高限額抵押權者，謂債務人或第三人提供其不動產為擔保，就債權人對債務人一定範圍內之不特定債權，在最高限額內設定之抵押權。

最高限額抵押權所擔保之債權，以由一定法律關係所生之債權或基於票據所生之權利為限。

基於票據所生之權利，除本於與債務人間依前項一定法律關係取得者外，如抵押權人係於債務人已停止支付、開始清算程序，或依破產法有和解、破產之聲請或有公司重整之聲請，而仍受讓票據者，不屬最高限額抵押權所擔保之債權。但抵押權人不知其情事而受讓者，不在此限。

政府採購法

第 24 條

機關基於效率及品質之要求，得以統包辦理招標。

前項所稱統包，指將工程或財物採購中之設計與施工、供應、安裝或一定期間之維修等併於同一採購契約辦理招標。

統包實施辦法，由主管機關定之。

第 28 條

機關辦理招標，其自公告日或邀標日起至截止投標或收件日止之等標期，應訂定合理期限。其期限標準，由主管機關定之。

第 29 條

公開招標之招標文件及選擇性招標之預先辦理資格審查文件，應自公告日起至截止投標日或收件日止，公開發給、發售及郵遞方式辦理。發給、發售或郵遞時，不得登記領標廠商之名稱。

選擇性招標之文件應公開載明限制投標廠商資格之理由及其必要性。

第一項文件內容，應包括投標廠商提交投標書所需之一切必要資料。

第 30 條

機關辦理招標，應於招標文件中規定投標廠商須繳納押標金；得標廠商須繳納保證金或提供或併提供其他擔保。但有下列情形之一者，不在此限：

一、勞務採購，以免收押標金、保證金為原則。

二、未達公告金額之工程、財物採購，得免收押標金、保證金。

三、以議價方式辦理之採購，得免收押標金。

四、依市場交易慣例或採購案特性，無收取押標金、保證金之必要或可能。

押標金及保證金應由廠商以現金、金融機構簽發之本票或支票、保付支票、郵政匯票、政府公債、設定質權之金融機構定期存款單、銀行開發或保兌之不可撤銷擔保信用狀繳納，或取具銀行之書面連帶保證、保險公司之連帶保證保險單為之。

押標金、保證金與其他擔保之種類、額度、繳納、退還、終止方式及其他相關作業事項之辦法，由主管機關另定之。

第 31 條

機關對於廠商所繳納之押標金，應於決標後無息發還未得標之廠商。廢標時，亦同。

廠商有下列情形之一者，其所繳納之押標金，不予發還；其未依招標文件規定繳納或已發還者，並予追繳：

一、以虛偽不實之文件投標。

二、借用他人名義或證件投標，或容許他人借用本人名義或證件參加投標。

三、冒用他人名義或證件投標。

四、得標後拒不簽約。

五、得標後未於規定期限內，繳足保證金或提供擔保。

六、對採購有關人員行求、期約或交付不正利益。

七、其他經主管機關認定有影響採購公正之違反法令行為。

前項追繳押標金之情形，屬廠商未依招標文件規定繳納者，追繳金額依招標文件中規定之額度定之；其為標價之一定比率而無標價可供計算者，以預算金額代之。

第二項追繳押標金之請求權，因五年間不行使而消滅。

前項期間，廠商未依招標文件規定繳納者，自開標日起算；機關已發還押標金者，自發還日起算；得追繳之原因發生或可得知悉在後者，自原因發生或可得知悉時起算。

追繳押標金，自不予開標、不予決標、廢標或決標日起逾十五年者，不得行使。

第 32 條

機關應於招標文件中規定，得不發還得標廠商所繳納之保證金及其孳息，或擔保者應履行其擔保責任之事由，並敘明該項事由所涉及之違約責任、保證金之抵充範圍及擔保者之擔保責任。

第 33 條

廠商之投標文件，應以書面密封，於投標截止期限前，以郵遞或專人送達招標機關或其指定之場所。

前項投標文件，廠商得以電子資料傳輸方式遞送。但以招標文件已有訂明者為限，並應於規定期限前遞送正式文件。

機關得於招標文件中規定允許廠商於開標前補正非契約必要之點之文件。

第34條

機關辦理採購，其招標文件於公告前應予保密。但須公開說明或藉以公開徵求廠商提供參考資料者，不在此限。

機關辦理招標，不得於開標前洩漏底價，領標、投標廠商之名稱與家數及他足以造成限制競爭或不公平競爭之相關資料。

底價於開標後至決標前，仍應保密，決標後除有特殊情形外，應予公開。但機關依實際需要，得於招標文件中公告底價。

機關對於廠商投標文件，除供公務上使用或法令另有規定外，應保守秘密。

第50條

投標廠商有下列情形之一，經機關於開標前發現者，其所投之標應不予開標；於開標後發現者，應不決標予該廠商：

一、未依招標文件之規定投標。

二、投標文件內容不符合招標文件之規定。

三、借用或冒用他人名義或證件投標。

四、以不實之文件投標。

五、不同投標廠商間之投標文件內容有重大異常關聯。

六、第一百零三條第一項不得參加投標或作為決標對象之情形。

七、其他影響採購公正之違反法令行為。

決標或簽約後發現得標廠商於決標前有第一項情形者，應撤銷決標、終止契約或解除契約，並得追償損失。但撤銷決標、終止契約或解除契約反不符公共利益，並經上級機關核准者，不在此限。

第一項不予開標或不予決標，致採購程序無法繼續進行者，機關得宣布廢標。

第65條

得標廠商應自行履行工程、勞務契約，不得轉包。

前項所稱轉包，指將原契約中應自行履行之全部或其主要部分，由其他廠商代為履行。

廠商履行財物契約，其需經一定履約過程，非以現成財物供應者，準用前二項規定。

第 66 條

得標廠商違反前條規定轉包其他廠商時，機關得解除契約、終止契約或沒收保證金，並得要求損害賠償。

前項轉包廠商與得標廠商對機關負連帶履行及賠償責任。再轉包者，亦同。

第 67 條

得標廠商得將採購分包予其他廠商。稱分包者，謂非轉包而將契約之部分由其他廠商代為履行。

分包契約報備於採購機關，並經得標廠商就分包部分設定權利質權予分包廠商者，民法第五百十三條之抵押權及第八百十六條因添附而生之請求權，及於得標廠商對於機關之價金或報酬請求權。

前項情形，分包廠商就其分包部分，與得標廠商連帶負瑕疵擔保責任。

第 68 條

得標廠商就採購契約對於機關之價金或報酬請求權，其全部或一部得為權利質權之標的。

第 71 條

機關辦理工程、財物採購，應限期辦理驗收，並得辦理部分驗收。

驗收時應由機關首長或其授權人員指派適當人員主驗，通知接管單位或使用單位會驗。

機關承辦採購單位之人員不得為所辦採購之主驗人或樣品及材料之檢驗人。

前三項之規定，於勞務採購準用之。

第 72 條

機關辦理驗收時應製作紀錄，由參加人員會同簽認。驗收結果與契約、圖說、貨樣規定不符者，應通知廠商限期改善、拆除、重作、退貨或換貨。其驗收結果不符部分非屬重要，而其他部分能先行使用，並經機關檢討認為確有先行使用之必要者，得經機關首長或其授權人員核准，就其他部分辦理驗收並支付部分價金。

驗收結果與規定不符，而不妨礙安全及使用需求，亦無減少通常效用或契約預定效用，經機關檢討不必拆換或拆換確有困難者，得於必要時減價收受。其在查核金額以上之採購，應先報經上級機關核准；未達查核金額之採購，應經機關首長或其授權人員核准。

驗收人對工程、財物隱蔽部分，於必要時得拆驗或化驗。

第73-1條

機關辦理工程採購之付款及審核程序，除契約另有約定外，應依下列規定辦理：

一、定期估驗或分階段付款者，機關應於廠商提出估驗或階段完成之證明文件後，十五日內完成審核程序，並於接到廠商提出之請款單據後，十五日內付款。

二、驗收付款者，機關應於驗收合格後，填具結算驗收證明文件，並於接到廠商請款單據後，十五日內付款。

三、前二款付款期限，應向上級機關申請核撥補助款者，為三十日。

前項各款所稱日數，係指實際工作日，不包括例假日、特定假日及退請受款人補正之日數。

機關辦理付款及審核程序，如發現廠商有文件不符、不足或有疑義而需補正或澄清者，應一次通知澄清或補正，不得分次辦理。

財物及勞務採購之付款及審核程序，準用前三項之規定。

第78條

廠商提出申訴，應同時繕具副本送招標機關。機關應自收受申訴書副本之次日起十日內，以書面向該管採購申訴審議委員會陳述意見。

採購申訴審議委員會應於收受申訴書之次日起四十日內完成審議，並將判斷以書面通知廠商及機關。必要時得延長四十日。

第79條

申訴逾越法定期間或不合法定程式者，不予受理。但其情形可以補正者，應定期間命其補正；逾期不補正者，不予受理。

第87條

意圖使廠商不為投標、違反其本意投標，或使得標廠商放棄得標、得標後轉包或分包，而施強暴、脅迫、藥劑或催眠術者，處一年以上七年以下有期徒刑，得併科新臺幣三百萬元以下罰金。

犯前項之罪，因而致人於死者，處無期徒刑或七年以上有期徒刑；致重傷者，處三年以上十年以下有期徒刑，各得併科新臺幣三百萬元以下罰金。以詐術或其他非法之方法，使廠商無法投標或開標發生不正確結果者，處五年以下有期徒刑，得併科新臺幣一百萬元以下罰金。

意圖影響決標價格或獲取不當利益，而以契約、協議或其他方式之合意，使廠商不為投標或不為價格之競爭者，處六月以上五年以下有期徒刑，得併科新臺幣一百萬元以下罰金。

意圖影響採購結果或獲取不當利益，而借用他人名義或證件投標者，處三年以下有期徒刑，得併科新臺幣一百萬元以下罰金。容許他人借用本人名義或證件參加投標者，亦同。第一項、第三項及第四項之未遂犯罰之。

第 101 條

機關辦理採購，發現廠商有下列情形之一，應將其事實、理由及依第一百零三條第一項所定期間通知廠商，並附記如未提出異議者，將刊登政府採購公報：

一、容許他人借用本人名義或證件參加投標者。

二、借用或冒用他人名義或證件投標者。

三、擅自減省工料，情節重大者。

四、以虛偽不實之文件投標、訂約或履約，情節重大者。

五、受停業處分期間仍參加投標者。

六、犯第八十七條至第九十二條之罪，經第一審為有罪判決者。

七、得標後無正當理由而不訂約者。

八、查驗或驗收不合格，情節重大者。

九、驗收後不履行保固責任，情節重大者。

十、因可歸責於廠商之事由，致延誤履約期限，情節重大者。

十一、違反第六十五條規定轉包者。

十二、因可歸責於廠商之事由，致解除或終止契約，情節重大者。

十三、破產程序中之廠商。

十四、歧視性別、原住民、身心障礙或弱勢團體人士，情節重大者。

十五、對採購有關人員行求、期約或交付不正利益者。

廠商之履約連帶保證廠商經機關通知履行連帶保證責任者，適用前項規定。機關為第一項通知前，應給予廠商口頭或書面陳述意見之機會，機關並應成立採購工作及審查小組認定廠商是否該當第一項各款情形之一。

機關審酌第一項所定情節重大，應考量機關所受損害之輕重、廠商可歸責之程度、廠商之實際補救或賠償措施等情形。

第 102 條

廠商對於機關依前條所為之通知，認為違反本法或不實者，得於接獲通知之次日起二十日內，以書面向該機關提出異議。

廠商對前項異議之處理結果不服，或機關逾收受異議之次日起十五日內不為處理者，無論該案件是否逾公告金額，得於收受異議處理結果或期限屆滿之次日起十五日內，以書面向該管採購申訴審議委員會申訴。

機關依前條通知廠商後，廠商未於規定期限內提出異議或申訴，或經提出申訴結果不予受理或審議結果指明不違反本法或並無不實者，機關應即將廠商名稱及相關情形刊登政府採購公報。

第一項及第二項關於異議及申訴之處理，準用第六章之規定。

第 103 條

依前條第三項規定刊登於政府採購公報之廠商，於下列期間內，不得參加投標或作為決標對象或分包廠商：

一、有第一百零一條第一項第一款至第五款、第十五款情形或第六款判處有期徒刑者，自刊登之次日起三年。但經判決撤銷原處分或無罪確定者，應註銷之。

二、有第一百零一條第一項第十三款、第十四款情形或第六款判處拘役、罰金或緩刑者，自刊登之次日起一年。但經判決撤銷原處分或無罪確定者，應註銷之。

三、有第一百零一條第一項第七款至第十二款情形者，於通知日起前五年內未被任一機關刊登者，自刊登之次日起三個月；已被任一機關刊登一次者，自刊登之次日起六個月；已被任一機關刊登累計二次以上者，自刊登之次日起一年。但經判決撤銷原處分者，應註銷之。

機關因特殊需要，而有向前項廠商採購之必要，經上級機關核准者，不適用前項規定。

本法中華民國一百零八年四月三十日修正之條文施行前，已依第一百零一條第一項規定通知，但處分尚未確定者，適用修正後之規定。

政府採購法施行細則

第 5 條

本法第九條第二項所稱上級機關，於公營事業或公立學校為其所隸屬之政府機關。

本法第九條第二項所稱辦理採購無上級機關者，在中央為國民大會、總統府、國家安全會議與五院及院屬各一級機關；在地方為直轄市、縣（市）政府及議會。

第 8 條

機關辦理查核金額以上採購之決標，其決標不與開標、比價或議價合併辦理者，應於預定決標日三日前，檢送審標結果，報請上級機關派員監辦。

前項決標與開標、比價或議價合併辦理者，應於決標前當場確認審標結果，並列入紀錄。

第 9 條

機關辦理查核金額以上採購之驗收，應於預定驗收日五日前，檢送結算表及相關文件，報請上級機關派員監辦。結算表及相關文件併入結算驗收證明書編送時，得免另行填送。

財物之驗收，其有分批交貨、因緊急需要必須立即使用或因逐一開箱或裝配完成後方知其數量，報請上級機關派員監辦確有困難者，得視個案實際情形，事先敘明理由，函請上級機關同意後自行辦理，並於全部驗收完成後一個月內，將結算表及相關文件彙總報請上級機關備查。

第 16 條

本法第十六條所稱請託或關說，指不循法定程序，對採購案提出下列要求：

一、於招標前，對預定辦理之採購事項，提出請求。

二、於招標後，對招標文件內容或審標、決標結果，要求變更。

三、於履約及驗收期間，對契約內容或查驗、驗收結果，要求變更。

第 28-1 條

機關依本法第二十九條第一項規定發售文件，其收費應以人工、材料、郵遞等工本費為限。其由機關提供廠商使用招標文件或書表樣品而收取押金或押圖費者，亦同。

第29條

本法第三十三條第一項所稱書面密封，指將投標文件置於不透明之信封或容器內，並以漿糊、膠水、膠帶、釘書針、繩索或其他類似材料封裝者。信封上或容器外應標示廠商名稱及地址。其交寄或付郵所在地，機關不得予以限制。

本法第三十三條第一項所稱指定之場所，不得以郵政信箱為唯一場所。

第32條

本法第三十三條第三項所稱非契約必要之點，包括下列事項：

一、原招標文件已標示得更改或補充之項目。

二、不列入標價評比之選購項目。

三、參考性質之事項。

四、其他於契約成立無影響之事項。

第33條

同一投標廠商就同一採購之投標，以一標為限；其有違反者，依下列方式處理：

一、開標前發現者，所投之標應不予開標。

二、開標後發現者，所投之標應不予接受。

廠商與其分支機構，或其二以上之分支機構，就同一採購分別投標者，視同違反前項規定。

第一項規定，於採最低標，且招標文件訂明投標廠商得以同一報價載明二以上標的供機關選擇者，不適用之。

第49條

公開招標及選擇性招標之開標，有下列情形之一者，招標文件得免標示開標之時間及地點：

一、依本法第二十一條規定辦理選擇性招標之資格審查，供建立合格廠商名單。

二、依本法第四十二條規定採分段開標，後續階段開標之時間及地點無法預先標示。

三、依本法第五十七條第一款規定，開標程序及內容應予保密。

四、依本法第一百零四條第一項第二款規定辦理之採購。

五、其他經主管機關認定者。

前項第二款之情形，後續階段開標之時間及地點，由機關另行通知前一階段合格廠商。

第 49-1 條

公開招標、選擇性招標及限制性招標之比價，其招標文件所標示之開標時間，為等標期屆滿當日或次一上班日。但採分段開標者，其第二段以後之開標，不適用之。

第 58 條

機關依本法第五十條第二項規定撤銷決標或解除契約時，得依下列方式之一續行辦理：

一、重行辦理招標。

二、原係採最低標為決標原則者，得以原決標價依決標前各投標廠商標價之順序，自標價低者起，依序洽其他合於招標文件規定之未得標廠商減至該決標價後決標。其無廠商減至該決標價者，得依本法第五十二條第一項第一款、第二款及招標文件所定決標原則辦理決標。

三、原係採最有利標為決標原則者，得召開評選委員會會議，依招標文件規定重行辦理評選。

四、原係採本法第二十二條第一項第九款至第十一款規定辦理者，其評選為優勝廠商或經勘選認定適合需要者有二家以上，得依序遞補辦理議價。

前項規定，於廠商得標後放棄得標、拒不簽約或履約、拒繳保證金或拒提供擔保等情形致撤銷決標、解除契約者，準用之。

第 59 條

機關發現廠商投標文件所標示之分包廠商，於截止投標或截止收件期限前屬本法第一百零三條第一項規定期間內不得參加投標或作為決標對象或分包廠商之廠商者，應不決標予該投標廠商。

廠商投標文件所標示之分包廠商，於投標後至決標前方屬本法第一百零三條第一項規定期間內不得參加投標或作為決標對象或分包廠商之廠商者，得依原標價以其他合於招標文件規定之分包廠商代之，並通知機關。

機關於決標前發現廠商有前項情形者，應通知廠商限期改正；逾期未改正者，應不決標予該廠商。

第 79 條

本法第五十八條所稱總標價偏低，指下列情形之一：

一、訂有底價之採購，廠商之總標價低於底價百分之八十者。

二、未訂底價之採購，廠商之總標價經評審或評選委員會認為偏低者。

三、未訂底價且未設置評審委員會或評選委員會之採購，廠商之總標價低於預算金額或預估需用金額之百分之七十者。預算案尚未經立法程序者，以預估需用金額計算之。

第 80 條

本法第五十八條所稱部分標價偏低，指下列情形之一：

一、該部分標價有對應之底價項目可供比較，該部分標價低於相同部分項目底價之百分之七十者。

二、廠商之部分標價經評審或評選委員會認為偏低者。

三、廠商之部分標價低於其他機關最近辦理相同採購決標價之百分之七十者。

四、廠商之部分標價低於可供參考之一般價格之百分之七十者。

第 92 條

廠商應於工程預定竣工日前或竣工當日，將竣工日期書面通知監造單位及機關。除契約另有規定者外，機關應於收到該書面通知之日起七日內會同監造單位及廠商，依據契約、圖說或貨樣核對竣工之項目及數量，確定是否竣工；廠商未依機關通知派代表參加者，仍得予確定。

工程竣工後，除契約另有規定者外，監造單位應於竣工後七日內，將竣工圖表、工程結算明細表及契約規定之其他資料，送請機關審核。有初驗程序者，機關應於收受全部資料之日起三十日內辦理初驗，並作成初驗紀錄。

財物或勞務採購有初驗程序者，準用前二項規定。

第 93 條

採購之驗收，有初驗程序者，初驗合格後，除契約另有規定者外，機關應於二十日內辦理驗收，並作成驗收紀錄。

第 94 條

採購之驗收，無初驗程序者，除契約另有規定者外，機關應於接獲廠商通知備驗或可得驗收之程序完成後三十日內辦理驗收，並作成驗收紀錄。

第 97 條

機關依本法第七十二條第一項通知廠商限期改善、拆除、重作或換貨，廠商於期限內完成者，機關應再行辦理驗收。

前項限期，契約未規定者，由主驗人定之。

第 98 條

機關依本法第七十二條第一項辦理部分驗收，其所支付之部分價金，以支付該部分驗收項目者為限，並得視不符部分之情形酌予保留。

機關依本法第七十二條第二項辦理減價收受，其減價計算方式，依契約規定。契約未規定者，得就不符項目，依契約價金、市價、額外費用、所受損害或懲罰性違約金等，計算減價金額。

第 99 條

機關辦理採購，有部分先行使用之必要或已履約之部分有減損滅失之虞者，應先就該部分辦理驗收或分段查驗供驗收之用，並得就該部分支付價金及起算保固期間。

押標金保證金暨其他擔保作業辦法

第6條

招標文件規定廠商須繳納押標金者，應一併載明廠商應於截止投標期限前繳納至指定之收受處所或金融機構帳號。除現金外，廠商並得將其押標金附於投標文件內遞送。

招標文件規定廠商須繳納保證金或提供其他擔保者，應一併載明繳納期限及收受處所或金融機構帳號。

押標金或保證金以設定質權之金融機構定期存款單繳納者，應不受特定存款金融機構之限制；其向金融機構申請設定質權時，無需質權人會同辦理。

押標金及保證金，得以主管機關核定之電子化方式繳納。

第8條

保證金之種類如下：

一、履約保證金。保證廠商依契約規定履約之用。

二、預付款還款保證。保證廠商返還預先支領而尚未扣抵之預付款之用。

三、保固保證金。保證廠商履行保固責任之用。

四、差額保證金。保證廠商標價偏低不會有降低品質、不能誠信履約或其他特殊情形之用。

五、其他經主管機關認定者。

第9條

押標金之額度，得為一定金額或標價之一定比率，由機關於招標文件中擇定之。

前項一定金額，以不逾預算金額或預估採購總額之百分之五為原則；一定比率，以不逾標價之百分之五為原則。但不得逾新臺幣五千萬元。

採單價決標之採購，押標金應為一定金額。

第9-1條

機關得於招標文件規定採電子投標之廠商，其押標金得予減收一定金額或比率。其減收額度以不逾押標金金額之百分之十為限。

第 10 條

廠商以銀行開發或保兌之不可撤銷擔保信用狀、銀行之書面連帶保證或保險公司之保證保險單繳納押標金者，除招標文件另有規定外，其有效期應較招標文件規定之報價有效期長三十日。廠商延長報價有效期者，其所繳納押標金之有效期應一併延長之。

第 11 條

廠商得將繳納押標金之單據附於下列投標文件檢送。但現金應繳納至指定之收受處所或金融機構帳號。

一、公開招標附於投標文件。屬分段開標者，附於第一階段開標之投標文件。

二、選擇性招標附於資格審查後之下一階段投標文件。

三、限制性招標附於議價或比價文件。比價採分段開標者，附於第一階段開標之投標文件。

第 12 條

投標廠商或採購案有下列情形之一者，相關廠商所繳納之押標金應予發還。但依本法第三十一條第二項規定不予發還者，不在此限：

一、未得標之廠商。

二、因投標廠商家數未滿三家而流標。

三、機關宣布廢標或因故不予開標、決標。

四、廠商投標文件已確定為不合於招標規定或無得標機會，經廠商要求先予發還。

五、廠商報價有效期已屆，且拒絕延長。

六、廠商逾期繳納押標金或繳納後未參加投標或逾期投標。

七、已決標之採購，得標廠商已依規定繳納保證金。

第 13 條

依本法第五十二條第一項第四款採用複數決標並以項目分別決標之採購，廠商得依其所投標之項目分別或合併繳納押標金。其屬合併者，應為所投標項目應繳押標金之和。

前項合併繳納押標金者，得依所投標之項目分別發還之。

第 14 條

得標廠商以其原繳納之押標金轉為履約保證金者，押標金金額如超出招標文件規定之履約保證金金額，超出之部分應發還得標廠商。

廠商繳納之押標金有不予發還之情形者，扣除溢繳之金額後全部不予發還。但採用複數決標之採購，廠商依其所投標之項目合併繳納押標金者，其不予發還之金額應依個別項目計算之。

第 21 條

機關得視案件性質及實際需要，於招標文件中規定得標廠商得支領預付款及其金額，並訂明廠商支領預付款前應先提供同額預付款還款保證。

機關必要時得通知廠商就支領預付款後之使用情形提出說明。

第 22 條

預付款還款保證，得依廠商已履約部分所占進度或契約金額之比率遞減，或於驗收合格後一次發還，由機關視案件性質及實際需要，於招標文件中訂明。

廠商未依契約規定履約或契約經終止或解除者，機關得就預付款還款保證尚未遞減之部分加計利息隨時要求返還或折抵機關尚待支付廠商之價金。

前項利息之計算方式及機關得要求返還之條件，應於招標文件中訂明，並記載於預付款還款保證內。

第 23 條

廠商以銀行開發或保兌之不可撤銷擔保信用狀、銀行之書面連帶保證或保險公司之保證保險單繳納預付款還款保證者，除招標文件另有規定外，其有效期應較契約規定之最後施工、供應或安裝期限長九十日。

廠商未能依契約規定期限履約或因可歸責於廠商之事由致無法於前項有效期內完成驗收者，預付款還款保證之有效期應按遲延期間延長之。

第 30 條

廠商以差額保證金作為本法第五十八條規定之擔保者，依下列規定辦理：

一、總標價偏低者，擔保金額為總標價與底價之百分之八十之差額，或為總標價與本法第五十四條評審委員會建議金額之百分之八十之差額。

二、部分標價偏低者，擔保金額為該部分標價與該部分底價之百分之七十之差額。該部分無底價者，以該部分之預算金額或評審委員會之建議金額代之。

三、廠商未依規定提出差額保證金者，得不決標予該廠商。

差額保證金之繳納，應訂定五日以上之合理期限。其有效期、內容、發還及不發還等事項，準用履約保證金之規定。

第 33 條

未達公告金額之採購，機關得於招標文件中規定得標廠商應繳納之履約保證金或保固保證金，得以符合招標文件所定投標廠商資格條件之其他廠商之履約及賠償連帶保證代之。

第 33-1 條

公告金額以上之採購，機關得於招標文件中規定得標廠商提出符合招標文件所定投標廠商資格條件之其他廠商之履約及賠償連帶保證者，其應繳納之履約保證金或保固保證金得予減收。

前項減收額度，得為一定金額或比率，由招標機關於招標文件中擇定之。其額度以不逾履約保證金或保固保證金額度之百分之五十為限。

第 33-5 條

機關辦理採購，得於招標文件中規定優良廠商應繳納之押標金、履約保證金或保固保證金金額得予減收，其額度以不逾原定應繳總額之百分之五十為限。繳納後方為優良廠商者，不溯及適用減收規定；減收後獎勵期間屆滿者，免補繳減收之金額。

前項優良廠商，指經主管機關或相關中央目的事業主管機關就其主管法令所適用之廠商，依其所定獎勵措施、獎勵期間及政府採購契約履約成果評定為優良廠商，並於評定後三個月內檢附相關資料，報主管機關，經認定而於指定之資料庫公告，且在獎勵期間內者。獎勵期間自資料庫公告日起逾二年者，以二年為限；無獎勵期間者，自資料庫公告日起一年。機關並得於招標文件就個案所適用之優良廠商種類予以限制。

第一項得予減收之情形，機關應於招標文件規定，其有不發還押標金或保證金之情形者，廠商應就不發還金額中屬減收之金額補繳之。其經主管機關或相關中央目的事業主管機關取消優良廠商資格，或經各機關依本法第一百零二條第三項規定刊登政府採購公報，且尚在本法第一百零三條第一項所定期限內者，亦同。
經直轄市或縣（市）政府比照第二項之規定評為優良之廠商，於各該政府及所屬機關所辦理之採購，得準用第一項及前項之規定，並免報主管機關及於指定之資料庫公告。
依其他法令得予減收押標金、履約保證金或保固保證金金額，而該法令未明定需於招標文件規定或於主管機關指定之資料庫公告者，從其規定。

營造業法

第3條

本法用語定義如下：

一、營繕工程：係指土木、建築工程及其相關業務。

二、營造業：係指經向中央或直轄市、縣（市）主管機關辦理許可、登記，承攬營繕工程之廠商。

三、綜合營造業：係指經向中央主管機關辦理許可、登記，綜理營繕工程施工及管理等整體性工作之廠商。

四、專業營造業：係指經向中央主管機關辦理許可、登記，從事專業工程之廠商。

五、土木包工業：係指經向直轄市、縣（市）主管機關辦理許可、登記，在當地或毗鄰地區承攬小型綜合營繕工程之廠商。

六、統包：係指基於工程特性，將工程規劃、設計、施工及安裝等部分或全部合併辦理招標。

七、聯合承攬：係指二家以上之綜合營造業共同承攬同一工程之契約行為。

八、負責人：在無限公司、兩合公司係指代表公司之股東；在有限公司、股份有限公司係指代表公司之董事；在獨資組織係指出資人或其法定代理人；在合夥組織係指執行業務之合夥人；公司或商號之經理人，在執行職務範圍內，亦為負責人。

九、專任工程人員：係指受聘於營造業之技師或建築師，擔任其所承攬工程之施工技術指導及施工安全之人員。其為技師者，應稱主任技師；其為建築師者，應稱主任建築師。

十、工地主任：係指受聘於營造業，擔任其所承攬工程之工地事務及施工管理之人員。

十一、技術士：係指領有建築工程管理技術士證或其他土木、建築相關技術士證人員。

第8條

專業營造業登記之專業工程項目如下：

一、鋼構工程。

二、擋土支撐及土方工程。

三、基礎工程。
四、施工塔架吊裝及模板工程。
五、預拌混凝土工程。
六、營建鑽探工程。
七、地下管線工程。
八、帷幕牆工程。
九、庭園、景觀工程。
十、環境保護工程。
十一、防水工程。
十二、其他經中央主管機關會同主管機關增訂或變更，並公告之項目。

共同投標辦法

第 2 條

共同投標，包括下列情形：

一、同業共同投標：參加共同投標之廠商均屬同一行業者。

二、異業共同投標：參加共同投標之廠商均為不同行業者。

參加共同投標之廠商有二家以上屬同一行業者，視同同業共同投標。

第 3 條

本法第二十五條第一項所稱個別採購之特性，為下列情形之一：

一、允許共同投標有利工作界面管理者。

二、允許共同投標可促進競爭者。

三、允許共同投標，以符合新工法引進或專利使用之需要者。

四、其他經主管機關認定者。

機關依前項採購之特性允許共同投標，其有同業共同投標之情形者，應符合本法第二十五條第四項之規定。

第 4 條

機關於招標文件中規定允許一定家數內之廠商共同投標者，以不超過五家為原則。機關並得就共同投標廠商各成員主辦事項之金額，於其共同投標協議書所載之比率下限予以限制。

機關於招標文件中規定允許共同投標時，應並載明廠商得單獨投標。

第 7 條

機關允許共同投標時，應於招標文件中規定共同投標廠商之成員，不得對同一採購另行提出投標文件或為另一共同投標廠商之成員。但有下列情形之一者，不在此限：

一、該採購涉及專利或特殊之工法或技術，為使擁有此等專利或工法、技術之廠商得為不同共同投標廠商之成員，以增加廠商競爭者。

二、預估合於招標文件規定之投標廠商競爭不足，規定廠商不得為不同共同投標廠商之成員反不利競爭者。

三、其他經主管機關認定者。

第 8 條

機關允許共同投標時，應於招標文件中規定共同投標廠商之投標文件應由各成員共同具名，或由共同投標協議書指定之代表人簽署。投標文件之補充或更正及契約文件之簽訂、補充或更正，亦同。

第 9 條

機關允許共同投標時，應於招標文件中規定，由共同投標廠商共同繳納押標金及保證金，或由共同投標協議書所指定之代表廠商繳納。其並須提供擔保者，亦同。

第 10 條

共同投標廠商於投標時應檢附由各成員之負責人或其代理人共同具名，且經公證或認證之共同投標協議書，載明下列事項，於得標後列入契約：

一、招標案號、標的名稱、機關名稱及共同投標廠商各成員之名稱、地址、電話、負責人。

二、共同投標廠商之代表廠商、代表人及其權責。

三、各成員之主辦項目及所占契約金額比率。

四、各成員於得標後連帶負履行契約責任。

五、契約價金請（受）領之方式、項目及金額。

六、成員有破產或其他重大情事，致無法繼續共同履約者，同意將其契約之一切權利義務由其他成員另覓之廠商或其他成員繼受。

七、招標文件規定之其他事項。

前項協議書內容與契約規定不符者，以契約規定為準。

第一項協議書內容，非經機關同意不得變更。

第 11 條

有前條第一項第六款之情事者，共同投標廠商之其他成員得經機關同意，共同提出與該成員原資格條件相當之廠商，共同承擔契約之一切權利義務。機關非有正當理由，不得拒絕。

政府採購公告及公報發行辦法

第 1 條

本辦法依政府採購法（以下簡稱本法）第二十七條第二項規定訂定之。

第 4 條

下列政府採購資訊應刊登採購公報一日，並公開於主管機關之政府採購資訊網站（以下簡稱採購網站）：

一、本法第二十二條第一項第九款至第十一款、第十四款規定之公開評選、公開徵求或審查之公告。

二、本法第二十七條第一項規定之招標公告及辦理資格審查之公告。

三、本法第四十一條第二項規定之變更或補充招標文件內容之公告及必要之釋疑公告。

四、本法第六十一條規定之決標結果或無法決標之公告。

五、本法第七十五條第二項規定應另行辦理之變更或補充招標文件內容之公告。

六、本法第一百零二條第三項規定之廠商名稱與相關情形。

七、本法第一百零三條第一項規定之註銷公告。

八、本法第一百十一條第二項規定之年度重大採購事件之效益評估。

九、我國締結之條約或協定規定公告之事項。

十、前列各款之更正公告。

前項第九款公告之事項，我國締結之條約或協定未規定應刊登採購公報者得僅公開於採購網站。

第 6 條

下列資訊得公開於採購網站，必要時並得刊登採購公報：

一、本法第八十二條第一項採購申訴審議委員會之審議判斷。

二、本法第八十五條之一採購申訴審議委員會之調解文書。

三、未達公告金額採購之決標公告。

四、與政府採購有關之法令、司法裁判、訴願決定、仲裁判斷或宣導資訊。

五、財物之變賣或出租公告。

六、須為公示送達而刊登之政府採購有關文書或其節本。

七、其他與政府採購有關之資訊。

統包實施辦法

第 6 條

機關以統包辦理招標，除法令另有規定者外，應於招標文件載明下列事項：

一、統包工作之範圍。

二、統包工作完成後所應達到之功能、效益、標準、品質或特性。

三、設計、施工、安裝、供應、測試、訓練、維修或營運等所應遵循或符合之規定、設計準則及時程。

四、主要材料或設備之特殊規範。

五、甄選廠商之評審標準。

六、投標廠商於投標文件須提出之設計、圖說、主要工作項目之時程、數量、價格或計畫內容等。

第 8 條

機關以統包辦理招標，應於招標文件規定下列事項：

一、得標廠商之設計應送機關或其指定機構審查後，始得據以施工或供應、安裝。

二、設計有變更之必要者，應經機關同意或依機關之通知辦理。其變更係不可歸責於廠商者，廠商得向機關請求償付履約所增加之必要費用。

三、設計結果不符合契約規定或無法依機關之通知變更者，機關得終止或解除契約。

採購契約要項

第 1 點（訂定依據及目的）

本要項依政府採購法（以下簡稱本法）第六十三條第一項規定訂定之。

本要項內容，由機關依採購之特性及實際需要擇訂於契約。

第 18 點（限期改善）

機關於廠商履約中，若可預見其履約瑕疵，或其有其他違反契約之情事者，得通知廠商限期改善。廠商不於前項期限內，依照改善或履行者，機關得採行下列措施：

（一）使第三人改善或繼續其工作，其危險及費用，均由廠商負擔。

（二）終止或解除契約，並得請求損害賠償。

第 20 點（機關通知廠商變更契約）

機關於必要時得於契約所約定之範圍內通知廠商變更契約。除契約另有規定外，廠商於接獲通知後應向機關提出契約標的、價金、履約期限、付款期程或其他契約內容須變更之相關文件。

廠商於機關接受其所提出須變更之相關文件前，不得自行變更契約。除機關另有請求者外，廠商不得因第一項之通知而遲延其履約責任。

機關於接受廠商所提出須變更之事項前即請求廠商先行施作或供應，其後未依原通知辦理契約變更或僅部分辦理者，應補償廠商所增加之必要費用。

第 21 點（廠商要求變更契約）

契約約定之採購標的，其有下列情形之一者，廠商得敘明理由，檢附規格、功能、效益及價格比較表，徵得機關書面同意後，以其他規格、功能及效益相同或較優者代之。但不得據以增加契約價金。其因而減省廠商履約費用者，應自契約價金中扣除：

（一）契約原標示之廠牌或型號不再製造或供應。

（二）契約原標示之分包廠商不再營業或拒絕供應。

（三）因不可抗力原因必須更換。

（四）較契約原標示者更優或對機關更有利。

（五）契約所定技術規格違反本法第二十六條規定。

屬前項第四款情形，而有增加經費之必要，其經機關綜合評估其總體效益更有利於機關者，得不受前項但書限制。

第31點（契約價金之給付）

契約價金之給付，得為下列方式之一，由機關載明於契約：

（一）依契約總價給付。

（二）依實際施作或供應之項目及數量給付。

（三）部分依契約標示之價金給付，部分依實際施作或供應之項目及數量給付。

（四）其他必要之方式。

第32點（契約價金之調整）

契約價金係以總價決標，且以契約總價給付，而其履約有下列情形之一者，得調整之。但契約另有規定者，不在此限。

（一）因契約變更致增減履約項目或數量時，就變更之部分加減賬結算。

（二）工程之個別項目實作數量較契約所定數量增減達百分之五以上者，其逾百分之五之部分，變更設計增減契約價金。未達百分之五者，契約價金不予增減。

（三）與前二款有關之稅捐、利潤或管理費等相關項目另列一式計價者，依結算金額與原契約金額之比率增減之。

第33點（工程數量清單之效用）

工程採購契約所附供廠商投標用之數量清單，其數量為估計數，不應視為廠商完成履約所須供應或施作之實際數量。

第34點（契約價金給付條件）

下列契約價金給付條件，應載明於契約。

（一）廠商請求給付前應完成之履約事項。

（二）廠商應提出之文件。

（三）給付金額。

（四）給付方式。

（五）給付期限。

契約價金依履約進度給付者，應訂明各次給付所應達成之履約進度及廠商應提出之履約進度報告，由機關核實給付。

第 36 點（繳納預付款還款保證之情形）

機關得視需要，於契約中明定廠商得支領預付款之情形，廠商並應先提出預付款還款保證。

第 39 點（契約價金依物價指數調整）

契約價金依契約規定得依物價、薪資或其指數調整者，應於契約載明下列事項：

（一）得調整之項目及金額。

（二）調整所依據之物價、薪資或其指數及基期。

（三）得調整及不予調整之情形。

（四）調整公式。

（五）廠商應提出之調整數據及佐證資料。

（六）管理費及利潤不予調整。

（七）逾履約期限之部分，以契約規定之履約期限當時之物價、薪資或其指數為當期資料。但逾期履約係可歸責於機關者，不在此限。

第 45 點（逾期違約金之計算）

逾期違約金，為損害賠償額預定性違約金，以日為單位，擇下列方式之一計算，載明於契約，並訂明扣抵方式：

（一）定額。

（二）契約金額之一定比率。

前項違約金，以契約價金總額之百分之二十為上限。

第一項扣抵方式，機關得自應付價金中扣抵；其有不足者，得通知廠商繳納或自保證金扣抵。

國家圖書館出版品預行編目資料

營建工程法律實務QA（一） / 林更盛, 黃正光 著. --；初版. -- 臺北市：五南圖書出版股份有限公司, 2021.09

面； 公分.

ISBN: 978-626-317-045-2（平裝）

1.營建法規 2.問題集

441.51 110012636

1RC3

營建工程法律實務 QA（一）

作　　者 — 林更盛（120.5）、黃正光（305.9）
發 行 人 — 楊榮川
總 經 理 — 楊士清
總 編 輯 — 楊秀麗
副總編輯 — 劉靜芬
責任編輯 — 呂伊真
封面設計 — 王麗娟
出 版 者 — 五南圖書出版股份有限公司
地　　址：106 台北市大安區和平東路二段 339 號 4
電　　話：(02)2705-5066　　傳　　真：(02)2706-
網　　址：https://www.wunan.com.tw
電子郵件：wunan@wunan.com.tw
劃撥帳號：01068953
戶　　名：五南圖書出版股份有限公司

法律顧問　林勝安律師事務所　林勝安律師

出版日期　2021 年 9 月 初版一刷
定　　價　新臺幣 450 元

經典永恆・名著常在

五十週年的獻禮——經典名著文庫

五南，五十年了，半個世紀，人生旅程的一大半，走過來了。
思索著，邁向百年的未來歷程，能為知識界、文化學術界作些什麼？
在速食文化的生態下，有什麼值得讓人雋永品味的？

歷代經典・當今名著，經過時間的洗禮，千錘百鍊，流傳至今，光芒耀人；
不僅使我們能領悟前人的智慧，同時也增深加廣我們思考的深度與視野。
我們決心投入巨資，有計畫的系統梳選，成立「經典名著文庫」，
希望收入古今中外思想性的、充滿睿智與獨見的經典、名著。
這是一項理想性的、永續性的巨大出版工程。
不在意讀者的眾寡，只考慮它的學術價值，力求完整展現先哲思想的軌跡；
為知識界開啟一片智慧之窗，營造一座百花綻放的世界文明公園，
任君遨遊、取菁吸蜜、嘉惠學子！